计算机系列教材

史令 王占全 编著

数据库技术
与应用教程

U0383298

清华大学出版社
北京

内 容 简 介

本书以数据库初学者为读者对象,用通俗的语言和实例解释抽象的概念。在结构上采取"每部分突出一个主题、上升一个台阶"的做法,通过单机版和网络版应用系统开发实例,为读者自行开发小型信息管理系统提供切实可行的模板。本书以 Access 2010 和 SQL Server 2008 为操作环境,主要内容包括数据库系统概述、关系模型和关系数据操作、关系数据语言 SQL、初识 Access、单机系统开发数据表、单机系统开发窗体与报表、单机系统开发宏与 VBA、网络应用系统开发、Web 数据库应用开发实例、关系数据库设计、数据库保护、数据仓库的建立与应用、数据挖掘相关技术和上机实验安排。

本书可作为大学各专业本科学生"数据库应用"课程的入门教材,也可作为高职、高专计算机应用专业的教材,还可作为数据库应用开发人员的参考书。

图书在版编目(CIP)数据

数据库技术与应用教程/史令,王占全编著. —北京:清华大学出版社,2018
(计算机系列教材)
ISBN 978-7-302-51293-6

Ⅰ. ①数… Ⅱ. ①史… ②王… Ⅲ. ①数据库系统—高等学校—教材 Ⅳ. ①TP311.13

中国版本图书馆 CIP 数据核字(2018)第 218646 号

责任编辑:张 民 赵晓宁
封面设计:常雪影
责任校对:胡伟民
责任印制:李红英

出版发行:清华大学出版社
        网　　　址:http://www.tup.com.cn, http://www.wqbook.com
        地　　　址:北京清华大学学研大厦 A 座　　邮　　编:100084
        社 总 机:010-62770175　　邮　　购:010-62786544
        投稿与读者服务:010-62776969,c-service@tup.tsinghua.edu.cn
        质量反馈:010-62772015,zhiliang@tup.tsinghua.edu.cn
        课件下载:http://www.tup.com.cn,010-62795954
印 装 者:清华大学印刷厂
经　　销:全国新华书店
开　　本:185mm×260mm　　印　　张:17.75　　字　　数:435 千字
版　　次:2018 年 11 月第 1 版　　印　　次:2018 年 11 月第 1 次印刷
定　　价:45.00 元

产品编号:072646-01

前　言

信息和数据无处不在、无时不在。对信息和数据的收集、存储、管理、利用推动了数据库技术不断发展。本书通过实例,循序渐进地介绍了单机版和网络版数据库应用系统开发的整体过程。近年来,随着大数据概念的提出及其应用的迅速普及,数据挖掘技术也日新月异。本书也用少量篇幅对其做了初步介绍,让学生对大数据分析和应用前景有一定了解。

Access 以其兼顾单机应用与网络应用、支持面向对象机制与可视化设计的"集成开发环境"和学生上机条件较易满足等特点,在从事非计算机专业数据库教学的教师中也颇受青睐。为此,我们编写了本书,并确定下列 3 条编写原则。

(1)"重在应用、兼顾必要理论"。所谓"必要"理论,主要是指与数据库应用密切相关、对保证和提高应用质量有直接影响的基本原理、共性技术和方法。既要克服"重操作、轻原理"的偏向,又要防止过分追求理论的系统性,避免与计算机专业的教材相混淆。

(2)尽可能做到"案例先行",按照"提出问题、解决问题、归纳分析"的思路来编写教材。

(3)通过在教材编写中以"启发代替灌输",帮助学生建立"自主地构建知识"的思想。

本书内容包括 4 大部分。第 1 部分为数据库系统概述(第 1 章)作为全书的引论,主要从数据模型、数据库管理系统、数据库应用系统等方面概述了数据库的技术与应用;第 2 部分为关系数据库系统基础,包括关系模型和关系数据操作、关系数据语言 SQL 和初识 Access 等 3 章;第 3 部分为数据库应用系统开发,包括单机系统开发数据表、单机系统开发窗体与报表、单机系统开发宏与 VBA、网络应用系统的开发和 Web 数据库应用开发实例 5 章;第 4 部分为进一步的知识,包括关系数据库设计、数据库保护、数据仓库和数据挖掘相关技术 4 章。另外增加附录"上机实验安排"。

本书结构合理,层次分明,深入浅出,语言通俗。

原全国高校计算机基础教育研究会谭浩强会长对本书的编写十分关心,并提出过宝贵的意见。本书的编写也得到了各级领导和同事的关心和支持,在此一并表示诚挚的感谢。

本书王占全编写本书第 11 和第 12 章,王占全和史令共同编写第 6 章,史令编写其余10 章。

由于编者水平有限,书中难免存在不足之处,诚恳希望读者与专家批评指正。

编　者

2018 年于上海

目 录

第1部分　数据库系统概述

第2部分　关系数据库系统基础

第 3 部分　数据库应用系统开发

第 4 部分   进一步的知识

第1部分
数据库系统概述

第1章 数据库系统概述

当今社会是一个信息化的社会,信息已经成为各行各业的重要资源。数据库技术作为信息系统的核心技术和基础也更加引人注意。

本章是教材的开篇,在简述计算机数据管理的发展后,主要从数据模型、数据库管理系统、数据库应用系统等三个方面说明数据库系统的一些基本概念,然后以当前流行的微机数据库平台为例,在本章末介绍其工作方式和环境。

1.1 计算机数据管理

1.1.1 数据与数据管理

进入数据库领域,首先遇到的是信息、数据、数据处理与数据管理等基本概念,掌握好这些概念,对更好地学习数据库意义重大。下面首先解释常用的基本概念。

1. 信息与数据

在计算机世界中,信息(information)与数据(data)是一对既有联系又有区别的术语。信息总是用数据来表示的;而信息本身则来源于对现实世界客观事物的抽象。它们之间的关系如图1.1所示。

图 1.1 信息与数据既有联系又有区别

现实世界的事物,可以是具体的人或物,如一台计算机、一辆汽车、一个学生等;也可以是某种抽象的概念,如年龄、身高、体重等。这些客观事物反映到人的头脑里,通过抽象就形成信息,可见客观事物是一切信息的源泉。在信息世界中,事物的个体被称为实体,个体的特征称为属性;拥有相同属性的实体称为同类实体,它们的集合则构成实体集。在数据库中,所有的信息均被转换为计算机能够接受的数据形式,并通过适当的软件对它们进行存储和管理。表1.1所示为现实世界、信息世界和计算机世界中相互对应的部分术语。

表 1.1 3个世界的术语对应表

现实世界	信息世界	计算机世界
个体(individual)	实体(entity)	记录(record)
特征(character)	属性(attribute)	数据项(data item)

简而言之,信息是客观世界中各种事物的反映,而数据则是信息在计算机中的表示形式。换句话说,信息是数据所包含的内涵,而数据则是信息的载体(carrier)。一般地,计算机数据是指有用的信息而不是垃圾信息(如病毒)。

2. 数据处理与数据管理

从本质上来说,计算机可以看成是"数据处理的自动机"。数据(信息)处理包括数据的获取、表示、组织、存储、维护、加工/计算、转换、传输、查询检索等技术,而其中数据的组织、存储等技术又属于数据(信息)管理,它们是数据处理的核心。

数据处理的基本目的是从大量、可能是杂乱无章、难以理解的数据中,抽取并推导出对于某些特定的人们来说有价值、有意义的数据。

数据库体现了现代最先进的数据管理,主要关心与数据管理相关的技术。

1.1.2 数据管理技术的发展

在过去的半个多世纪中,计算机数据管理经历了人工管理、文件系统和数据库系统三个阶段。

1. 人工管理阶段

20 世纪 50 年代中期以前,计算机主要用于科学计算,输入和输出数据一般刻录在纸带、卡片或磁带上,用人工来管理。其特点是数据随用随丢,不能长期保存。

2. 文件系统阶段

到了 20 世纪 50 年代后期,计算机应用大量扩展到数据处理领域,人工管理方式已不能满足需要。因此,在外存储器已配备磁鼓、磁盘等直接存取设备的情况下,在操作系统中也增设了专门管理数据的软件,用于对数据进行分类、检索和维护,通常称为文件系统。与人工管理相比,把数据存储到文件中既可以长期保存,也便于存取或修改。为了提高文件管理的效率,除传统的顺序存取数据文件外,还出现了多种其他文件,如直接存取文件、索引文件、链接文件等。从第一个高级语言 FORTRAN 到广泛流行的 C 语言,大多数高级语言都支持使用数据文件。

3. 数据库系统阶段

20 世纪 60 年代后期,计算机管理的数据量迅速增长,对数据共享的要求也越来越迫切。一些规模较大的组织,如大银行、大企业等,不仅要求在部门之间实现数据共享,还要求组织内部的各种数据文件能相互联系。例如,如果把一个单位的职工人事数据分解存储为人员基本记录、岗位变动记录、工资调整记录等多个数据文件,并让这些文件通过某些共同的数据项实现相互联系,则既可分别满足不同部门对数据的需要,又可以达到保密的目的。这就是数据库管理的雏形。1969 年,美国 IBM 公司成功开发了取名 IMS (Information Management System)的信息管理系统,宣告了世界上第一个商品化"数据库系统"的诞生。

1.1.3 数据库系统的特征

数据独立性高、冗余度小和共享,是数据库系统的主要特征。表 1.2 列出了数据库应用系统和基于一般数据文件应用系统的重要区别。

表 1.2 数据库应用系统与一般文件应用系统的比较

序号	文件应用系统	数据库应用系统
1	数据从属于程序,两者相互依赖	数据独立于程序,强调数据的独立性
2	每个用户拥有自己的数据,导致数据重复存储	原则上可消除重复。但为了方便查询,允许有少量数据重复存储,冗余度可以控制
3	文件中的数据一般由特定的用户专用	数据库内数据可由众多用户共享
4	各数据文件彼此独立,从整体看是"无结构"的	各文件的数据相互联系,从总体看是"有结构"的

数据独立性是数据库系统最重要的特征。在一般文件应用系统中,数据是从属于应用程序的。如果改变了数据文件的结构,应用程序必须随之进行相应的修改;反之亦然,两者相互依赖。数据库系统则以实现数据的独立性为目标,力求减小这种相互依赖。它一方面要求当数据库的存储结构(或物理结构)改变时,能通过重新定义逻辑结构到物理结构的"映射"(mapping,参阅图 1.3),使数据库的逻辑结构保持不变,从而保证应用程序也不必改变,这就是数据的物理独立性;另一方面,数据库系统通常拥有许多用户,而每个用户使用的数据一般是总体数据的子集。通过从用户模式(子模式)到数据库逻辑模式的映射,可保证用户按自己的需要让数据库提供数据。因此,当数据库的逻辑模式改变时,只要重新定义子模式到数据库逻辑模式的映射(如 SQL 语言中提供的视图),即可保持子模式不变,应用程序也就不用修改了。通常把这一独立性称为数据的逻辑独立性。

实现逻辑独立性和物理独立性的目的,是把对数据的定义和描述从应用程序中分离,从而简化应用程序的编制,减少应用程序的维护工作量。由此也可说明,为什么在开发数据库应用系统时,数据库设计总是一项独立、核心的活动,而在开发基于一般文件的应用系统时,数据文件的设计却是从属于应用程序设计的一项附带活动。

数据共享既是数据库系统的特征,又是采用数据库管理的重要目的。在由用户自己开发的数据库中,原则上可避免数据的重复存储,但实际上为了方便查询,仍有少量数据将重复存储,不过冗余度可以控制到最小。

最后还要介绍另一个重要特征,即前面已提到过的、数据库内各文件的相互联系。不同于一般的文件应用系统,数据库中的所有文件常常是相互联系的,或者说从总体看是"有结构的"。但不同的数据库系统,其处理联系的方式也往往不同,并且可据此区分为不同的数据模型。

1.2　数据模型

在现实世界中,经常以模型来模拟事物的主要特征。在数据库中,可以用数据模型(data model)来描述它的主要基本特征。第一代数据库多采用层次模型(hierarchical model)和网状模型(network model);当前应用最多的是关系模型(relational model),属于第二代数据库;以对象-关系数据模型(object-relational data model)为代表的是第三代数据库。

数据模型是数据库系统的一个核心概念,通常包括数据结构、数据操作和完整性约束条件三个方面的内容(合称为数据模型三要素)。记住数据模型的这些概念是理解数据库系统的重要基础。

1. 数据结构

由数据项组成的记录是一切数据库的基本结构。例如,在关系型数据库中,每个关系都相当于一个特定的"记录型"(record type)。在表1.1中,组成数据库的所有记录型从总体来看应该是"有结构的",但记录型之间通过何种手段来实现相互联系,则随着数据模型的不同而改变。例如,在三种传统的数据模型中,关系模型的联系手段仍然是"关系",网状模型的联系手段称为"系"(set),而层次模型则"通过指定父节点"来指明这种联系。

若干记录型,加上相关记录型之间的联系手段,一起构成数据库的数据结构,共同描述了数据的静态特性。由于记录型是各型数据库共同采用的数据结构,所以记录型之间的联系方式实际上就成为区分不同数据模型的主要根据。

2. 数据操作

数据操作用于描述数据库系统的动态特性。它主要包括操作的种类与规则,有时还定义实现操作的语言。一般地,对数据库的数据操作可分为查询操作和维护操作两大类,其中的维护包括插入、删除和修改等操作。它们在数据模型中都应该明确地定义。

在现有的数据操作语言中,最常用的有SQL、QBE等语言,其中SQL流行更广。

3. 完整性约束条件

为使数据库中的数据在任何时候都保持正确,还需要在数据操作中给定一组约束条件(constraints),称为完整性(integrity)规则。例如,在学生数据库中可规定"年龄至多为两位数值型整数;性别非男即女;学号不允许为'空值'"等规则。无论是插入还是修改数据,如果违反了这些规则,数据库将拒绝执行相关的数据操作。

完整性规则通常包含数据正确性(correctness)和数据一致性(consistency)两个方面。

1.3　数据库管理系统

数据库管理系统(database management system,DBMS)是处于用户(应用程序)和操作系统之间的一类软件(见图1.2),其作用是对数据库中的数据实现有效的组织与管理。

无论是开发还是运行数据库应用系统,都需要 DBMS 的支持。本节简要说明 DBMS 的基本功能与发展现状。

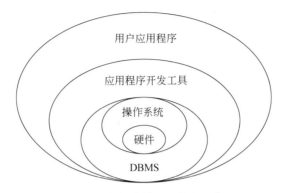

图 1.2 数据库管理系统的地位

由于数据库的建立和查询都是通过数据(库)语言进行的,所以 DBMS 首先要具有支持某一特定数据语言的功能。例如,关系数据库通常都支持"结构查询语言"(structured query language,SQL),就像编译程序总是要支持某种高级语言一样。一般地,数据库管理系统的基本功能主要应包括以下几个方面。

1. 数据定义功能

DBMS 能向用户提供"数据定义语言"(data definition language,DDL),用于描述数据库的结构。以上述的 SQL 为例,其 DDL 一般设置有 Create Table/Index、Alter Table、Drop Table/Index 等语句,可分别供用户建立、修改或删除关系数据库的二维表结构,或定义或删除数据库表的索引。

2. 数据操作功能

对数据进行检索和查询是数据库的主要应用。为此,DBMS 向用户提供"数据操作语言"(data manipulation language,DML),支持用户对数据库中的数据进行查询、更新(包括增加、删除、修改)等操作。以 SQL 语言为例,其查询语句的基本格式为:

```
Select <查询的字段名表达式列表>
From <库表的名称>
Where <查询条件>
```

这种语句灵活多变,可包含多达十几种子句,使用十分方便。

3. 控制和管理功能

除 DDL 和 DML 两类语句外,DBMS 还具有必要的控制和管理功能。其中包括:在多用户使用时对数据进行的"并发控制";对用户权限实施监督的"安全性检查";数据的备份、恢复和转储功能;以及对数据库运行情况的监控和报告等。通常数据库系统的规模越大,这类功能就越强,所以大型机 DBMS 的管理功能一般比 PC 使用的 DBMS 更强。

4. 数据通信功能

数据通信功能主要用于数据库与操作系统的接口，以及用户应用程序与数据库的接口。

1.4 数据库应用系统

数据库应用系统(database application systems,DBAS)是指建立在数据库上的应用系统。本节将首先介绍 DBAS 的三级模式结构，然后简述 DBAS 的应用模式与开发环境。

1.4.1 数据库系统的分级结构

1975 年，美国国家标准协会(ANSI)下属的"标准规划和要求委员会"(Standards Planning And Requirements Committee,SPARC)对数据库系统的结构提出了一个标准模型。该委员会指出，不管实际的数据库系统采用何种模型或有多大差异，其基本结构都可以划分为外模式、概念模式和内模式三级，如图 1.3 所示。这就是著名的 SPARC 报告。它提出了数据库系统的三级模式结构，现分述如下。

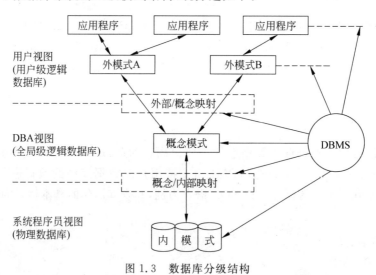

图 1.3　数据库分级结构

1. 外模式

一个大型数据库通常拥有许多用户。对某一特定的用户而言，可能他仅对其中的一部分数据感兴趣，不需要访问库中所有的数据，也不必了解数据库的全局结构。以大型企业的管理信息系统为例，在它的数据库中，可能包括生产、供销、财务、人事等内容广泛的数据库文件。外模式的作用就是定义满足不同用户需要的数据库。

一个数据库只能有一个概念模式,但却允许有多个外模式,每个外模式都是概念模式的一个子集,包含了允许某些特定用户使用的那部分数据。由于外模式是对应于用户的,是用户观点下的数据库,所以有时也称为用户模式或子模式。

外模式是用户与数据库的接口,是应用程序可见到的数据描述。它由若干个外部"记录型"组成。用户使用数据操作语言对数据库进行操作,实际上就是对外模式的记录型进行操作。用户对数据库的操作只能与外模式发生联系,按照外模式的结构来使用数据库。这也是保证数据库安全性的一个有力措施。

2. 概念模式

概念模式也称逻辑模式,是对数据库的整体逻辑描述,通常以图形的方式来描述应用系统中的实体、属性和它们之间的联系类型。作为三级结构的中间级,它既与应用程序及其所使用的语言及工具无关,也不涉及数据库采用的存储结构和硬件环境。

一个数据库可以有多个外模式,但概念模式只有一个。它是整个数据库的核心,也是在选定的某种数据模型的基础上,综合考虑了各种不同用户的公共需求后,对数据库整体逻辑结构和特征所进行的描述。具体地说,它可能包括:数据记录的构成,数据项的名称、数据类型、取值范围,数据之间的联系以及有关数据完整性的要求等。

规模较大的数据库一般都设置数据库管理员(data base administrator,DBA),由他们来统一管理对数据库的定义、使用与维护。他们对数据库的全局结构必须有清楚的了解。所以这一模式有时也称为DBA视图,表明它是DBA观点下的数据库。

3. 内模式

内模式也称存储模式,简称为模式,是数据在数据库内部的表示方式。作为对数据物理结构和存储结构的描述,它将定义所有的内部记录类型、索引和文件的组织方式,以及数据控制方面的细节。

由于早期的数据库都建立在大、中型计算机上,其内模式通常由系统程序员设计,由他来确定所有数据库文件与索引文件的物理结构。所以内模式有时也称为系统程序员视图,表明它是系统程序员观点下的数据库。

三级模式其实是对同一数据库系统的3种不同的描述。内模式是计算机上实际存在的数据库,即常说的物理数据库。概念模式是对内模式的逻辑抽象,外模式则是对概念模式中某些局部的抽象,它们分别对应于全局的和用户级的逻辑数据库。这里的概念模式与后文数据库设计中讨论的概念设计(详见第10章)是两回事,两者不应混淆。概念设计的结果是E-R模型,而概念模式则代表数据库的全局逻辑模型。

从一种模式到另一种模式,是通过级间映射(mapping)来实现的。在外模式与概念模式之间,在概念模式与内模式之间各有一次映射,以实现相关模式的对应和转换。

这种映射功能通常都是由DBMS提供的,不需要用户进行干预。3.5节介绍的SQL视图,就是外模式在SQL Server中的应用。

SPARC分级结构展示了系统程序员、数据库管理员和普通用户心目中的系统视图,并指明了它们之间的联系。了解这些知识对数据库系统的开发有重要的参考价值。

1.4.2　数据库系统的应用模式

随着计算机应用由单机扩展到网络,数据库系统也发生了从集中式到分布式、从单用户到多用户等重要变化,并随之出现了单用户数据库系统、集中式多用户数据库系统、客户机/服务器分布式数据库(二层)、客户机/服务器多层数据库等不同的应用模式。

应用模式集中反映了数据库系统的应用特点与工作方式。实际上,正是计算机软件和硬件配置的演变,推动着数据库应用模式不断地发生变化。有些教材从计算机结构体系出发,又将数据库系统划分为单用户结构、主从式结构、客户机/服务器结构等系统结构。两者所讨论的内容基本对应,只是考察的角度不同罢了。表1.3列出了数据库系统的主要应用模式与系统结构。

表 1.3　数据库系统的主要应用模式

应用模式	适用环境	主要特点
集中式单用户数据库	PC 单机	控制管理简单,运行效率较高
集中式多用户数据库	"主机-终端型"大、小型计算机	负载集中于主机
	早期局域网(资源共享型)	负载集中于工作站,"瘦"服务器
分布式二层 C/S 结构	局域网,Intranet	网络负载均衡,"胖"服务器
分布式多层 C/S 结构	面向整个 Internet 提供数据共享	客户机配标准浏览器,升级简单

由此可见,正是对多用户应用和分布式存储的需求,导致数据库应用的一系列新模式和新技术。从早期的局域网到目前广泛流行的 Web 数据库,网络数据库就先后采用过W/S、C/S 及 B/W/S 等应用模式。

1. W/S(workstation/server,工作站/服务器)模式

W/S 模式是局域网数据库最初使用的模式。其主要特点是数据库的所有数据处理全都由工作站来完成;而服务器则用于存储公用数据库,有时还加上 DBMS 和应用程序,供所有工作站的用户调用。在这类模式中,服务器显然未发挥它的潜能,加之所有数据都要在工作站与服务器之间来回传输,网络流量大,很容易造成拥挤和堵塞。在 20 世纪 90 年代广泛流行的 Novell 局域网上常见的 dBase、FoxPro 等数据库应用系统,就是这类模式的代表。

2. C/S(client/server,客户机/服务器)模式

C/S 模式是为了克服 W/S 模式的缺点、针对局域网环境进行设计的,现已成为局域网 DBAS 采用的主流模式。如图 1.4 所示,在这种模式中,局域网内的节点被区分为客户机和服务器两层,系统前、后台的分工也改进了:客户机发出需要数据库服务的请求,并对访问结果进行显示逻辑(如用户界面)等简单处理;服务器则负责完成对后台数据库的访问,处理各种事务逻辑(transaction logic,其中包括对数据并发访问的控制),并且把结果返回客户机。这样,每次任务均由客户机和服务器分担,既充分利用了网络资源,也大大减少了网络流量。有人把 W/S 模式中的服务器形象地称为"瘦"(thin)服务器,C/S 模式中的服务器称为"胖"(thick)服务器,以突出它们在负载轻、重上的差异。

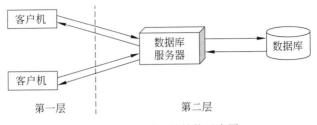

图 1.4   C/S 模式的结构示意图

在 Internet 中,C/S 模式最初应用于 Web 的网页浏览,称为浏览器/Web 服务器 (browser/Web server,B/W)模式,它其实是 C/S 模式在 Web 应用上的延伸。

3. B/W/S(browser/Web server/DB server,浏览器/Web 服务器/数据库服务器)模式

B/W/S 模式为三层 C/S 结构,适用于向整个 Internet 提供数据共享,是 Web 数据库 经常采用的模式。它实际上是由 B/W 结构(含第一、二两层)与应用服务器/数据库服务 器(含第二、三两层)"级联"(cascade)而成,是 B/W 结构的延伸,如图 1.5 所示。

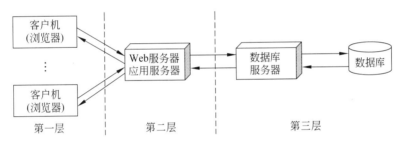

图 1.5   三层 C/S 结构示意图

在图 1.5 中,位于第二层的服务器实际上承担着 Web 服务器与应用服务器的双重角 色。一方面作为 Web 服务器,它与第一层的浏览器组成为 B/W 结构,负责与用户的交互 和客户端的数据显示;另一方面,它兼作应用服务器,又与第三层的数据库服务器组成 C/S 结构,可以对数据库内的数据存取和修改。

早在 20 世纪 90 年代,Web 已经成为世界上最大的网络信息系统,但是这一信息系 统是建立在文件系统的基础上的。随着 Web 规模的增大,管理和维护成千上万的分散文 件变得十分困难,搜索信息的效率也越来越低。在 Web 数据库中,用数据库系统代替文件 系统对信息进行管理,使它既保持了 Web 容易使用的优点,又有数据库系统的强大功能。 加上浏览器的使用已经被许多用户所熟悉,也大大节约了 Web 数据库用户的培训费用。

1.4.3   网络数据库的相关技术

Web 数据库的详细工作过程这里不再细述。下面介绍两种常用的相关技术——并发存取与远程访问。

1. 数据的"并发存取"(concurrent access)

网络的应用扩大了数据库的共享范围。但如果对数据库表的存取仍像对单用户系统一样,等一个用户使用结束后才允许另一个用户开始存取,效率就太低了。假如众多用户都不加约束地同时访问相同的数据库,又可能破坏数据的完整性。例如,两位乘客通过航空公司的不同终端订票,就可能出现两人同订一票的错误。通常,多用户数据库管理系统普遍采用数据并发存取技术,并通过"加锁"和"解锁"等方法来实现并发控制,以防止在并发存取中出现异常。

2. 数据的"远程访问"(remote access)

为了实现对网上非本地数据库的访问,还必须解决对网络远程数据源的连接技术,其中常用的有 ODBC 技术和 ADO 技术。如果使用 ASP 技术,还可以通过动态网页与远程数据库进行动态交互。

1.5 数据库应用系统的开发环境

一个 DBAS 通常由数据库和应用程序两部分组成,它们都需要在 DBMS 支持下开发。目前常见的 DBAS 开发环境,都是在 DBMS 的基础上,集成一组开发工具。由于 DBAS 可区分为单机应用与网络应用两大类,其开发环境也随之划分为两类,其中 Web 数据库开发环境的发展尤为迅速。随着 CASE(计算机辅助软件工程)技术的发展,还涌现了一批主要由"快速开发工具"(rapid development Tools,RDT)集成的数据库应用系统开发环境,并广泛流行,如 Delphi、PowerBuilder 等。

1.5.1 单机应用与网络应用

在表 1.3 的 4 种应用模式中,常用的有如下三种。

1. 单机 DBAS

集中式单用户数据库应用系统通常运行在 PC 上,在同一时间内只能由一个用户使用,可以在如 Access、Visual FoxPro 等 DBMS 平台上进行开发。这类 DBMS 小巧灵活,主要用于开发单用户数据库应用系统,也适用于开发网络数据库应用系统的前端(客户机)应用程序。

2. 网络 DBAS

分布式网络数据库应用系统采用二层或三层的 C/S 结构,其客户机端应用程序可以用 PC DBMS 支持开发,服务器端应用程序通常在大、中型 DBMS 的支持下开发,如 Oracle、Sybase、SQL Server 2008 等。以当前流行较广的 Microsoft SQL Server 2008 为例,用它来开发的 Web 数据库应用系统,可支持成百上千个用户进行连接,足以满足大型数据库系统的需要。

1.5.2 网络数据库系统开发环境

网络 DBAS 采用 C/S 结构或 B/W/S 结构,其开发通常包括客户机端与服务器端两部分,每部分又包含建立数据库和应用程序两个方面的内容。

需要指出的是,Web DBAS 虽然可以直接在 Web 平台上进行开发,但是在多数情况下(特别是学校教学中),都借助适当的开发工具在用户的本地计算机上开发,然后发布到Internet 的相关站点上。为此,开发者一般要先创建一个三层的 B/W/S 结构。例如,用Microsoft 公司的 IIS(Internet Information Server)来创建一个 Web 服务器,用 MicrosoftSQL Server 2008 来创建一个数据库服务器,然后在这种模拟的网络环境下开发与调试。

第 8 章将介绍网络数据库的开发环境与开发方法。

1.5.3 数据库集成开发环境

随着数据库从关系模型到对象-关系模型的扩展,现有 RDBMS 的功能也不断完善,从单一的支持关系模式和 SQL 语言的系统软件,逐步演变为基于 SQL 和面向对象技术、支持 C/S 应用模式的数据库集成开发环境(Integrated Development Environment,IDE)。20 世纪末期涌现出来的 Delphi(Borland 公司)、PowerBuilder(Sybase 公司)、Developer/2000(Oracle 公司),就是这类 IDE 的代表。前面提到的 Access、Visual FoxPro 等 PC 小型 DBMS 和 Visual Basic(均为 Microsoft 公司)等,也可以归入这类环境。一般地,它们通常都具有下列特征。

(1) 引入了面向对象程序设计的思想,把数据表、窗体、报表等均定义为对象,并以面向对象的方式进行管理。

(2) 支持可视化设计,能方便地实现"所见即所得"(What you see is what you get)的图形用户界面。

(3) 大量提供向导、设计器、生成器等工具软件,能自动生成所需的应用或应用程序代码,大大减少用户的编程工作量。

(4) 能与各种数据库系统提供方便的交互。

由此可见,IDE 实际上已超越了单一的 RDBMS,成为介于第二代与第三代 DBMS 之间的一类数据库开发环境。由于它们一般都能在 PC 上运行,而且有效地提高了 DBAS的开发效率,是开发单机 DBAS 或网络 DBAS 客户端应用程序的快速开发工具。

小结

作为全书的引论,本章在简述计算机数据管理的发展后,主要从数据模型、数据库管理系统、数据库应用系统等三个方面概述了数据库的技术与应用。

数据模型是数据库系统的一个核心概念,其内容包括数据结构、数据操作和完整性约束条件等三个要素。在数据库系统中,通常用数据模型来描述它的主要基本特征。

数据库管理系统(DBMS)是用户或其应用程序同操作系统之间的接口,其作用是对数据库中的数据实现有效地组织与管理。无论是开发还是运行数据库应用系统,背后都需要数据库管理系统的支持:它向用户提供"数据定义语言"(DDL),支持用户建立或删除数据表及其索引;它提供"数据操作语言"(DML),支持用户对数据库中的数据进行查询与更新(包括增加、删除、修改等操作);它还通过提供"数据控制语言"(DCL),实现对系统的控制和管理,如对数据的"并发控制"、对用户权限的"安全性检查"、对数据的备份、恢复和转储以及对数据库运行情况的监控和报告等。

数据库应用系统(DBAS)是指建立在数据库上的应用系统。早期的数据库应用系统多为集中式单用户系统。随着网络应用的不断扩展,DBAS 先后出现过集中式多用户数据库系统、客户机/服务器分布式数据库以及基于 Internet 的 Web 数据库等应用模式,并推出了 W/S、C/S 与 B/W/S 等不同的系统结构以及与多用户分布式数据库相关的多种技术。

本章重点讨论单用户应用系统,对网络应用系统仅作简单介绍;还结合 DBAS 介绍了 SPARC 三级结构以及各种常见的数据库开发环境。

在结束本章前,这里就本章的学习方法再提两点建议。

(1)"应该学点理论"。初学者往往急于求成,一心想快速掌握操作,担心理论学多了会耽误学习操作。"重在应用、兼顾必要"的理论,是计算机基础教育在长期实践中总结出来的指导原则。如果连"必要的"——通常指"直接与应用相关"的理论也不学,应用就成为无源之水、无根之木,这显然是对"应用"与"理论"关系的片面认识。

(2)"暂时不要深究"。本章包含了大量的概念与术语,可能令初学者目不暇接。其实大多数内容在后续章节中还要展开讲解,初次学习时不可能也不必弄清所有的内容。只要在全书学完后重温本章,许多疑问即可迎刃而解,事半功倍。

习题

1. 选择题

(1) 下列关于数据的说法,错误的是( )。

    A. 数据都能参加数值运算   B. 图像声音也是数据的一种

    C. 数据的表示形式是多样的   D. 不同类型的数据处理方法不同

(2) 现实世界中事物的个体在信息世界中称为( )。

    A. 实体   B. 实体集   C. 字段   D. 记录

(3) 在过去的半个多世纪中,计算机数据管理技术经历了人工管理阶段、文件系统阶段和数据库系统阶段。在这几个阶段中,数据独立性最高的是( )阶段。

    A. 人工管理   B. 数据库系统   C. 数据项管理   D. 文件系统

(4) 下面列出的数据管理技术发展过程中,没有专门的软件对数据进行管理的是( )。

    A. 只有人工管理阶段　　　　　　　　B. 只有文件系统阶段

    C. 文件系统和数据库系统阶段　　　　D. 人工管理阶段和文件系统阶段

(5) 下面说法正确的是(　　)。

    A. 文件系统只能管理程序文件,数据库系统则可以管理各类文件

    B. 数据库系统复杂,而文件系统简单

    C. 文件系统管理的数据量少,而数据库系统管理的数据量非常庞大

    D. 文件系统不能解决数据冗余和数据的独立性,而数据库系统能

(6) (　　)是长期存储在计算机内的有组织、可共享的数据集合。

    A. 数据库　　　　　B. 数据库系统　　　C. 管理信息系统　　　D. 文件

(7) 下列四项中说法,不正确的是(　　)。

    A. 数据库减少了数据冗余　　　　　　B. 数据库中的数据可以共享

    C. 数据库避免了一切数据的重复　　　D. 数据库具有较高的数据独立性

(8) 数据库系统与文件系统的最主要区别是(　　)。

    A. 数据库系统复杂,而文件系统简单

    B. 文件系统不能解决数据冗余和数据独立性问题,而数据库系统可以解决

    C. 文件系统只能管理程序文件,而数据库系统能够管理各种类型的文件

    D. 文件系统管理的数据量较小,而数据库系统可以管理庞大的数据量

(9) 在下面列出的条目中,(　　)不是数据库管理系统的基本功能。

    A. 数据定义　　　　　　　　　　　　B. 数据库的建立和维护

    C. 数据操纵　　　　　　　　　　　　D. 数据库和网络通信

(10) 数据独立性是指(　　)。

    A. 存储设备与数据之间相互独立

    B. 数据之间互不影响,相互独立

    C. 数据库的数据结构改变时,不影响应用程序

    D. 数据的逻辑结构与物理结构相互独立

(11) 用二维表数据来表示实体之间联系的数据模型称为(　　)。

    A. 链状模型　　　B. 层次模型　　　C. 网状模型　　　D. 关系模型

(12) 数据模型是(　　)。

    A. 现实世界数据内容的抽象

    B. 现实世界数据特征的抽象

    C. 现实世界数据库结构的抽象

    D. 现实世界数据库物理存储的抽象

(13) 关系模型基本的数据结构是(　　)。

    A. 树　　　　　　B. 图　　　　　　C. 层次结构　　　D. 关系

(14) 在数据库的三级模式结构中,内模式有(　　)个。

    A. 1　　　　　　B. 2　　　　　　C. 3　　　　　　D. 任意多

(15) 在数据库的三级模式结构中,外模式(　　)。

    A. 只能有一个　　　　　　　　　　B. 至少两个

C. 可以有多个　　　　　　　　D. 个数与内模式相同

(16) 在数据库的三级模式结构中,描述数据库中全体数据的全局逻辑结构和特征的是(　　　)。

A. 外模式　　　B. 内模式　　　C. 存储模式　　　D. 模式

(17) 实际的数据库管理系统产品,在体系结构上通常具有的相同的特征是(　　　)。

A. 树型结构和网状结构的并用

B. 有多种接口,提供树型结构到网状结构的映射功能

C. 采用三级模式结构并提供两级映射功能

D. 采用关系模型

(18) 下面列出的选项中,(　　　)不是数据库管理系统的基本功能。

A. 数据库定义

B. 数据库的建立和维护

C. 数据库存取

D. 数据库和网络中其他软件系统的通信

(19) 数据库的完整性是指数据的(　　　)。

A. 合法性和相容性　　　　　　B. 合法性和不被恶意破坏

C. 正确性和一致性　　　　　　D. 正确性和不被非法存取

2. 填空题

(1) 数据模型是数据库系统的核心概念。它包含三个方面的要素,分别是_____、_____和_____。

(2) 通常把_____和网状模型称为非关系模型。

(3) 某种数据模型的特点是:有且仅有一个根节点,根节点没有父节点;其他节点有且仅有一个父节点。通常称这种数据模型为_____。

(4) 在人工管理和文件管理阶段,程序设计_____数据。

(5) 数据库的三级模式是指_____、_____、_____。

(6) 数据库管理系统的下层支持软件是_____,上层软件是_____。

3. 定义并解释下列术语,说明它们的联系与区别

(1) 信息与数据。

(2) 数据处理与数据管理。

(3) 并发存取和远程访问。

(4) W/S、C/S 和 B/W/S。

4. 简答题

(1) 试述数据库应用系统和基于一般数据文件的应用系统的区别。

(2) 试述数据模型的概念和数据模型的三个要素。

(3) 试述数据库系统的类型。

（4）什么是数据库管理系统？它的主要功能是什么？

（5）试述数据库系统的三级模式结构及每级模式的作用。

（6）试述数据库系统中的二级映像技术及作用。

（7）试述数据库系统的主要应用模式。

（8）什么是数据库应用系统的开发环境？

第 2 部分

关系数据库系统基础

第2章 关系模型和关系数据操作

数据模型和数据操作是数据库技术的重要基础。本章从关系数据库系统的一个引例切入,结合其创建过程,阐明它是怎样通过 SQL 语言来实现关系数据模型及其数据操作的。通过浏览这一实例,结合学习数据模型和数据操作的基础知识,读者可对关系数据库的基本原理从总体上获得轮廓性的概念,为学好关系数据库系统的基础知识奠定基础。

2.1 创建引例数据库

本节通过一个引例,向读者展示在 Microsoft SQL Server 2008 环境中创建关系数据库系统及其数据表的简单过程。其主要目的有以下两个。

(1) 让读者看到一个基于关系数据模型的真实数据表,增强对关系数据模型优越性、特别是其查询效率高和保持数据完整性等特点的感性认识。

(2) 展示 SQL 语言的丰富功能。引例从定义数据表结构到插入和查询表中的数据,只用了 3 条 SQL Server 2008 提供的 Transact-SQL(以下简称 T-SQL)语句,且均以程序执行的方式直接完成。事实上,读者只需快速地将引例浏览一遍,就能体会到关系模型的优越性,了解 SQL 语言是怎样结合数据操作来实现关系模型对数据表的要求的,进而更好地理解本章余下各节的内容,认识到学习基础知识的重要意义。

本节主要供学生自学,如果是课堂教学,教师可以对基础知识进行一些重点辅导,但不强调要学生上机操作。

在创建引例前先介绍它的创建环境和要求。

环境:在 PC 上广泛流行的关系数据库管理系统——SQL Server 2008。

条件:系统已经启动并处于"运行"状态,且在其平台上已用 CREATE DATABASE 命令创建了一个空的 STUDENT 数据库。

要求:创建引例数据库中的一个数据表,并进行示例性的操作。

以下先扼要介绍这一引例,然后用三个小节依次说明怎样"定义数据表结构""插入数据""查询数据"。

2.1.1 引例简介

这是一个简化了的高校"学生成绩管理"(STUDENT)数据库系统,其中共包含 4 个数据表。下面列出它们的初始结构。

(1) 学生信息表(学号,姓名,性别,专业号,班级,出生年月,民族,籍贯)。

(2) 课程表(课程号,课程名,任课教师,学时,学分)。

(3) 成绩表(学号,课程号,成绩)。

(4) 专业表(专业号,专业名,所属学院,说明)。

以上各行中带下画线的列是表的主码,后文将加以说明。

图 2.1 显示了上述数据库中前三个数据表的部分内容,其中覆盖在面上的两个表分别是"课程表"和"成绩表"。由图 2.1 可见,这些数据表全都采用了二维表的形式,属于关系数据库系统。它们行、列简单明了,数据表中的每一行构成一个"记录",每一列代表记录中的一个"字段"。

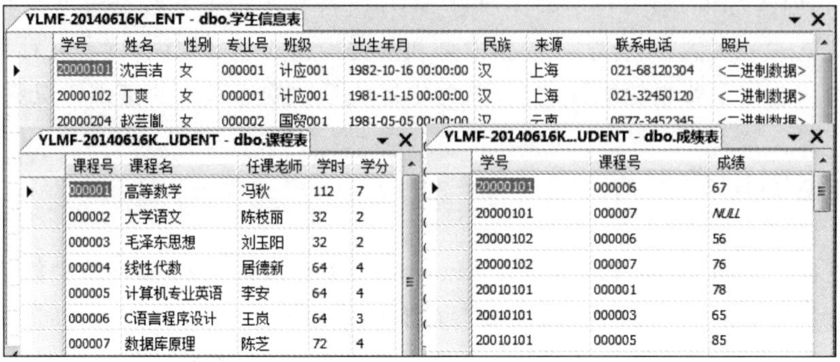

图 2.1　数据库引例

2.1.2　定义数据表结构

定义表的结构是创建数据表的第一步,可通过 T-SQL 语言的 CREATE TABLE 命令来实现。SQL 语言有许多不同的版本,T-SQL 仅是 Microsoft 公司开发的 SQL 版本之一,详情可参阅第 3 章的导言。

【例 2.1】　用 T-SQL 的数据定义语句,建立学生成绩管理数据库 STUDENT 第一个数据表——"学生信息表"。

【解】

```
CREATE TABLE 学生信息表(学号 char(8),
                      姓名 char(8) NOT NULL,
                      性别 char(2) NOT NULL,
                      专业号 char(6),
                      班级 char(10),
                      出生年月 datetime NOT NULL,
                      民族 char(6),
                      来源 char(14),
                  PRIMARY KEY (学号));
```

其中的 PRIMARY KEY 子句用于指定"学号"为数据表的主码,详见 2.2.3 小节。

从上述语句可知,学生信息表共包含 8 个字段,其中 7 个字段的数据类型为字符型(char),只有"出生年月"为日期/时间型(参见表 2.1)。注意,CREATE TABLE 语句只能定义表的结构,它创建的仅仅是空表。给空表装入数据,可以使用 SQL 的数据插入命令。

2.1.3 插入数据

可使用 T-SQL 语言的 INSERT 命令插入数据。

【例 2.2】 在例 2.1 创建的学生信息表(空表)中插入头两个记录。

【解】 依次执行以下两条 INSERT 命令:

```
INSERT INTO 学生信息表
    VALUES('20000101', '沈吉洁', '女', '000001', '计应001', '1982-10-16', '汉',
    '上海');
INSERT INTO 学生信息表
    VALUES('20000102', '丁爽', '女', '000001', '计应001', '1981-11-15', '汉',
    '上海');
```

上述两条 VALUES 子句中各有 8 个数据,逐一对应于学生信息表中的 8 个字段。第一条命令用于插入第一个记录,第二条命令插入第二个记录。命令执行后,在学生信息表的前两行即可看到新插入的两个记录,见图 2.1。注意,INSERT INTO…VALUSE 语句一次仅能插入一个记录;若要一次插入多个记录,可使用 INSERT INTO…<子查询>语句,详见 3.3.1 小节。

在实际应用中并非每条记录都要输入所有字段的数据。就本例而言,插入一个新的学生记录时,学号、姓名和出生年月通常都是已知且必须输入的,其余字段则允许为"空值"(NULL)。在 CREATE TABLE 命令中,如果在字段名称后加上 NOT NULL,表示不允许该字段为空(参见例 2.1)。注意,0 和空格并不是 NULL,因为它们都具有确定的值。

2.1.4 查询数据

使用 T-SQL 的 SELECT 命令,可以查询数据表中已有的数据。

【例 2.3】 在上面两例所创建的学生信息表中查看现有的记录。查看结果如图 2.2 所示。

【解】 SELECT 命令用于按照用户指定的条件选择显示数据表中的数据。指定的条件通常写在 WHERE 子句中。本例可使用以下命令:

```
SELECT *
    FROM 学生信息表
```

	学号	姓名	性别	专业号	班级	出生年月	民族	来源
1	20000101	沈吉洁	女	000001	计应001	1982-10-16 00:00:00.000	汉	上海
2	20000102	丁爽	女	000001	计应001	1981-11-15 00:00:00.000	汉	上海

图 2.2 例 2.3 查看结果

SELECT * 子句中的" * "表示选择记录的所有字段。执行的结果将显示例 2.2 中插入的两条记录。如果仅需要显示学号、姓名、性别等三个字段,则可用"SELECT 学号,姓名,性别"代替"SELECT *"子句。

表 2.1 所示为 SQL Server 使用的 T-SQL 的主要数据类型。

表 2.1　T-SQL 的主要数据类型

T-SQL	SQL 语句中的表示	说　明
CHAR 或 TEXT	char(n) 或 text	字符数据
SMALLINT(短整型)	smallint	整型数(2B)
INT(整型)	int	长整型数(4B)
REAL(浮点型)	real	单精度实型数
FLOAT(浮点型)	float	双精度实型数
DATETIME	datetime	日期/时间型
BIT(位型)	bit	是/否
IMAGE	image	存储影像文件数据

通过以上三个例题介绍数据表的创建及查询过程,初步了解了关系数据模型的优越性。从 2.2 节开始,将穿插介绍关系模型及关系数据操作等基本原理,并联系实例进行说明。

2.2　关系模型

1970 年,IBM 公司研究员 E.F.Codd 在美国《ACM 通信》上发表了题为《大型共享数据库的关系模型》(*A relational model for large shared data banks*)的论文,率先提出以二维表的形式(Codd 称为"关系")来组织数据库中的数据,从而开创了对数据库关系方法和规范化理论的研究,为关系数据库做出了重要贡献。1981 年,他因此荣获了 ACM 图灵奖。

"关系"原本是一个数学概念,其理论基础是集合代数。关系方法其实就是用数学方法来组织、管理数据,并实现数据库系统的一种方法。

2.2.1　关系的数学定义

本小节将应用集合代数给出关系的定义。

1. 域

简单地说,域(domain)可以看作值的集合。例如:

$$D_1 = NAME = \{章光耀,施红,欧阳春\}$$
$$D_2 = SEX = \{男,女\}$$
$$D_3 = AGE = \{17,18,19\}$$

以上共给出了三个域。其中 D_1、D_3 各有三个值,它们的基数(cardinal number)均为 3;D_2 只含两个值,其基数为 2。

2. 笛卡儿乘积

按照集合论的观点,上述三个域 D_1、D_2、D_3 的笛卡儿乘积(cartesian product)可以表示为

$D_1 \times D_2 \times D_3 = \{$(章光耀,男,17),(章光耀,男,18),(章光耀,男,19),

(章光耀,女,17),(章光耀,女,18),(章光耀,女,19),

(施红,男,17),(施红,男,18),(施红,男,19),

(施红,女,17),(施红,女,18),(施红,女,19),

(欧阳春,男,17),(欧阳春,男,18),(欧阳春,男,19),

(欧阳春,女,17),(欧阳春,女,18),(欧阳春,女,19)$\}$

笛卡儿乘积也是一个集合。它的每一个元素可以用圆括号括起,称为元组(tuple)。本例的笛卡儿乘积共有 18 个元组,或者说乘积的基数为 18。这里,笛卡儿乘积的基数等于构成这个乘积的所有域的基数的累乘乘积,即

$$m = \prod_{i=1}^{n} m_i$$

式中　　m——笛卡儿乘积的基数,$m = 3 \times 2 \times 3$;

m_i——第 i 个域的基数;

n——域的个数。

使用集合论的符号,笛卡儿乘积可以定义为

$$D_1 \times D_2 \times \cdots \times D_n = \{(d_1, d_2, \cdots, d_n) \mid d_i \in D_i, i = 1, 2, \cdots, n\}$$

其中 $(d_1, d_2, \cdots, d_n)$ 为元组,d_i 为元组中的第 i 个分量(component)。d_1 是属于($\in$)域 D_1 的一个值,d_2 是 D_2 的一个值,d_n 是 D_n 的一个值。$n=1$ 的元组称为单元组,$n=2$ 的元组称为二元组,以此类推。

3. 关系

在笛卡儿乘积中取出一个子集,即可构成关系(relation)。

例如,章光耀、施红、欧阳春是三个学生,他们的姓名、性别、年龄分别包含在 NAME、SEX、AGE 的域值内,则从上述笛卡儿乘积的 18 个元组中必能找到符合这些学生情况的三个元组,如表 2.2 所示。

表 2.2　学生关系

NAME	SEX	AGE
章光耀	男	19
施红	女	17
欧阳春	男	18

显然,这个表是上述笛卡儿乘积的一个子集,可构成一个名为"PUPIL"的关系,记为

PUPIL(NAME,SEX,AGE)

其中 PUPIL 为关系名,NAME、SEX、AGE 均为属性(attribute)名。

由此可见,关系其实是从笛卡儿乘积中选取的具有实际意义的子集。如果在上述的

笛卡儿乘积中选择前 6 个元组或全部 18 个元组来构成 PUPIL 关系,就没有任何意义了。

以下给出关系的一般定义。

在域 $D_1, D_2, \cdots, D_n$ 上的关系是 $D_1 \times D_2 \times \cdots \times D_n$ 的一个子集,可记为 $R(D_1, D_2, \cdots D_n)$。其中 R 为关系名,n 称为关系的度(degree)。

$n=1$ 的关系只含有一个属性,称为单元关系(unary relation);$n=2$ 为二元关系,以此类推。

4. 数据表与关系

以上提到的关系、元组和属性都是数学名称。如果把关系与日常生活中的二维表对照,则元组和属性分别相当于表中的行与列。而在关系数据库中,关系呈现为数据表,元组相当于记录,属性相当于字段。表 2.3 所示为它们的对应名称。

表 2.3　数据表与关系

数学名称	关系数据表名称	日常称谓
关系	数据表	二维表
属性	字段	列
元组	记录	行

2.2.2　关系的性质

根据 Codd 的规定,在数据库中每个关系都应该满足以下性质。

(1) 在同一个关系中,任意两个元组(两行)不能完全相同。

(2) 在关系中,元组(行)的次序是不重要的,可以任意交换。例如,表 2.1 中把"章光耀"和"施红"两行位置对调,对关系的内容并无影响。

(3) 在关系中,属性(列)的次序也是不重要的,可以任意交换。例如,把表 2.1 中的 SEX 移到第三列,AGE 移到第二列,都是允许的。

(4) 在关系中,同一列中的分量必须来自同一个域,是同类型的数据。例如,表 2.1 中的第二列只能从域 D_2(SEX)中取值,非"男"即"女",不能取另外的值。

(5) 在关系中,属性必须有不同的名称,但不同的属性可以出自相同的域,即它们的分量可以取值于同一个域。

例如,在如表 2.4 所示的职工关系中,职业与兼职是两个不同名的属性,但它们都取自同一个域集合,即职业={教师,工人,辅导员}。如果属性也取相同名称就无法分辨了。

表 2.4　职工关系

姓名	职业	兼职
王红	教师	辅导员
周强	工人	教师
赵刚	工人	辅导员

(6) 在关系中,每一分量必须是原子的(atomic),即不可再分的数据项。

例如,在表 2.5 中,籍贯中含有省、市两项,出现了字段又分字段的现象,这在关系数据表中是不允许的。解决的方法是把籍贯分成省、市两列,如表 2.6 所示。满足这一性质的关系称为规范化关系(normalized relation),它是所有关系都必须满足的基本条件。

表 2.5　含有非原子项的数据表

姓名	籍贯	
	省	市
王红	浙江	杭州
周强	江苏	南京
赵刚	浙江	宁波

表 2.6　"非原子项"的解决方案

姓名	省	市
王红	浙江	杭州
周强	江苏	南京
赵刚	浙江	宁波

2.2.3　关系的码

在例 2.1 的"学生信息表"中,当学号确定后学生的其他属性值即随之确定,学生记录也就确定了。可见,不同的属性在关系中的重要性也不相同。利用属性的上述标识特性,可以区分关系中的唯一元组。通常把这类属性(或属性组)称为主属性,并由此定义了与关系模型相关的一个新词,即关系的"码"(或"键")。这一定义是由上述 6 条关系的性质引申出来的,也可以看成关系的第 7 条新性质。换句话说,在上节的末尾可以续上下一条。

在任何给定的关系中,总可以找到一个或几个"码"(key),它(们)是具有标识特性的属性或属性组。根据这一特性,在关系操作中可使用码的某个(些)特定值来唯一地识别或区分一个元组。码是关系的又一重要概念,也称"键"或"候选码"(candidate key)。

1. 候选码

关系中的某一属性或属性组,若其值能唯一地标识一个元组,则称为候选码。举例如下。

(1)"学生信息表"中的学号能唯一标识每一个学生,因此学号属性是候选码。

(2)在"成绩表"中,仅靠学号不能唯一地区分每一条记录,但属性组合"学号 ＋ 课程号"就能唯一地区分记录,故属性集"学号 ＋ 课程号"才是成绩表的候选码。

2. 主码

若一个关系有多个候选码,应该选定其中的一个为主码(primary key,也称主键或关键字)。利用在主码上建立的索引(称为主码索引),可迅速找到与主码值相对应的唯一记录;向数据表插入或删除元组时,也可用主码作为操作变量。

以学生信息表为例,如果没有重名或生日相同的学生,则"学号""姓名""出生年月"都可选为候选码。但只有"学号"带唯一性,故一般选"学号"为主码(见例 2.1)。

每个关系必须选择一个主码,选定后就不能随意改变。由于关系中不允许有重复的元组,每个关系必定有且仅有一个主码。当创建数据表时主码不允许为 NULL。

3. 主属性和非主属性

主属性(prime attribute)是指包含在主码中的各属性。非主属性(non-prime attribute)是指不包含在任何候选码中的属性。

在同一个数据表中,非主属性总是依赖于主属性的,因为主属性的值一旦确定,非主属性的值也就随之确定了。

4. 外码

如果一个关系的某个(些)属性从其他关系中借用而来,则称为外码(foreign key)。例如,"成绩表"主码中的主属性"学号"和"课程号",原来分别为学生信息表和课程表的主码,对成绩表而言却是外来的,即外码(参见例 2.5 和例 2.7)。

外码也可以来自本关系的主码。例如,如果在学生信息表中增加一个属性"班长",则这里的"班长"(用学号来表示)也是外码。

2.2.4 关系数据库的描述

一个关系数据库实际上就是表的集合。表文件由文件结构与记录数据两部分组成。前者称为关系的"型"或"关系框架";后者称为关系的"值"。一个关系数据库可以包含一组关系,也可以只有一个关系。定义一个关系数据库,就是对它包含的所有关系框架进行描述。

关系由属性组成,属性的值又取自于相应的域,所以"关系数据库"的描述必须以"域"与"关系"的描述为基础。下面以学生成绩表 CJ(见图 2.1)为例进行说明。

1. 域的描述

域通常由名称、数据类型和宽度来定义。

【例 2.4】 成绩表中的数据共涉及三个域。试定义它们的属性。

【解】

域名	类型	宽度	小数位数
学号	字符型	5	
课程号	字符型	6	
成绩	数字型	4	

在通常情况下,域名和关系的属性名是一致的。定义了一个域,也即定义了与它相应的属性。本例就属于这种情况。但是在有些关系中,多个属性可能取值于相同的域(如表 2.4 中的"职业"与"兼职"),必须取不同的属性名才能分辨。

2. 关系的描述

关系由"关系框架"(对应于数据表的结构)和若干元组(对应于数据记录)共同组成。

关系的描述就是对关系框架的描述。以下是一种可能的描述方法。

【例 2.5】 定义成绩表关系。

【解】 假设域名为"成绩"的域已经定义为：

```
DOMAIN  成绩,N (5) PIC 999.9
```

表示成绩为数值型的 5 位数,小数 1 位,整数 3 位,则 CJ 的关系框架可能描述为：

```
RELATION  CJ(学号,课程号,成绩)
          PRIMARY KEY = (学号 + 课程号)
```

其中的主码为(学号 + 课程号),由两个外码"学号"与"课程号"共同组成。

而另一个关系"各科成绩"(GKCJ)则可以定义为：

```
RELATION  GKCJ(学号,数学,语文,外语,平均)
          PRIMARY KEY = 学号
          DOMAIN(数学) = 成绩
          DOMAIN(语文) = 成绩
          DOMAIN(外语) = 成绩
          DOMAIN(平均) = 成绩
```

这时的主码只包含一个主属性"学号",因为它可以单独地确定同一个记录的其余属性值；而其后的 4 行则表明,"数学"等 4 个属性全都取值于同一个域"成绩"。

【例 2.6】 试描述表 2.4 中的职工(ZG)关系。

【解】 可以描述为：

```
RELATION  ZG(姓名,职业,兼职)
          PRIMARY KEY = 姓名
          DOMAIN(职业) = 职业
          DOMAIN(兼职) = 职业
```

其中第二行表示"姓名",是这个关系的主码。其后两行则表明,"职业"与"兼职"等两个属性均取值于同一个域"职业"。

此外,作为数据模型三要素之一的关系完整性,也是关系模型的重要内容。

2.3 重访引例数据库

引例中的 STUDENT 数据库共包含 4 个数据表,2.1 节仅建立了一个表。本节重访引例,将首先补充建立其余的三个表,然后进行输入数据等操作。

2.3.1 建立余下的三个表

在例 2.1 的基础上,用 T-SQL 的 CREATE TABLE 命令继续建立其余的三个表。

1. 定义表结构及其主码

该命令的一般格式如下：

CREATE TABLE <表名>(<列名 1><数据类型>[列级完整性约束]

    [,<列名 2><数据类型>[列级完整性约束]] … [,<表级完整性约束>]);

其中的完整性约束将在 2.3.3 小节一并说明。

【例 2.7】 使用 T-SQL 的数据定义语句 CREATE TABLE，为学生档案数据库 STUDENT 建立余下的三个数据表。

【解】 以下是定义三个数据表使用的语句：

```
CREATE TABLE 课程表(课程号 char(6),
                    课程名 char(16) NOT NULL,
                    任课教师 char(8),
                    学时 smallint,
                    学分 smallint,
                    PRIMARY KEY (课程号));

CREATE TABLE 成绩表(学号 char(8) NOT NULL,
                    课程号 char(6) NOT NULL,
                    成绩 int,
                PRIMARY KEY (学号,课程号),
                FOREIGN KEY(学号) REFERENCES 学生信息表(学号),
                FOREIGN KEY(课程号) REFERENCES 课程表(课程号));

CREATE TABLE 专业表(专业号 char(6) PRIMARY KEY,
                    专业名 char(16) NOT NULL,
                    所属学院 char(14),
                    说明 text);
```

下面再说明两点。

（1）在创建表时用 PRIMARY KEY 子句来定义主码，系统将自动为主码生成一个特殊的唯一索引。这既可加快查询或检索的速度，也加强了表的唯一性机制。

在 T-SQL 中，该子句可直接写在主码之后（如专业表），也可以单独列出（如其余各表），即使字段名后不加 NOT NULL 和 UNIQUE 约束，也能保证主码的非空和唯一性质。

（2）构成成绩表主码的"学号"和"课程号"本来分别是学生信息表和课程表的主码，但对成绩表而言它们又是外码（FOREIGN KEY）。如果学生信息表中不存在某一学号，成绩表中就不能出现该学号的记录；同理，课程表中不存在的课程号也不能在成绩表中出现。可见，成绩表必须在这两表之后才能创建。

2. 修改数据表结构

当数据表建好后，如果需要，可使用 ALTER TABLE 命令对其结构进行修改，格式如下：

```
ALTER TABLE <表名>[ADD <新列名><数据类型>[完整性约束]
  [,…]][DROP COLUMN <列名>] [ALTER COLUMN
  <列名><数据类型>[ ,…]];
```

说明：ADD 子句用于增加新列和新的完整性约束条件；DROP 子句用于删除指定的列；ALTER 子句用于修改原有的列定义。

【例 2.8】　为学生信息表增加"联系电话"和"照片"两个字段。

【解】

```
ALTER TABLE 学生信息表 ADD 联系电话 char(14),
                  照片 image;
```

【例 2.9】　为成绩表增加"备注"列，并将其"成绩"字段的数据类型由长整型改为整型。

【解】

```
(1) ALTER TABLE 成绩表 ADD 备注 char(4) NULL;
(2) ALTER TABLE 成绩表 ALTER COLUMN 成绩 smallint;
```

注意：修改原有的列定义（如数据类型、大小等）有可能会破坏已有数据。

【例 2.10】　对专业表进行修改，删除其"说明"列。

【解】

```
ALTER TABLE 专业表 DROP COLUMN 说明;
```

注意：处于以下情况的列是不能删除的。
① 用于复制的列。
② 用于索引的列。
③ 用于 Check、Foreign Key、Unique 或 Primary Key 约束的列。
④ 定义了默认约束或具有一个默认值的列。
⑤ 具有自定义规则的列。

3. 创建和删除数据表索引

索引是加快检索速度的有效手段。虽然不建索引也可以检索数据表，但那时只能逐页地扫描数据表的页面，而索引将引导用户快速找到要检索的页面。因此，当数据表的记录数多于 500 条时，一般都执行索引检索。

以下介绍用 T-SQL 语言创建和删除索引的方法。

1）创建索引

例 2.7 已指出，CREATE TABLE 语句用 PRIMARY KEY 子句定义主码后，系统能自动生成一个唯一索引，这就是主码索引。在本章的引例中，4 个数据表都采用了这种机制。但 SQL 允许同一个数据表建立一个或多个索引，主码索引或唯一索引也并非索引的仅有选择。在某些情况下，数据表还可能需要在其他候选码上甚至非主属性字段（组）上建立索引。

以下是 T-SQL 创建数据表索引的一般命令格式：

```
CREATE [UNIQUE] INDEX <索引名>ON <表名>
    (<字段名 1>[ASC|DESC][, <字段名 2>[ASC|DESC][ ,…])
```

说明：

① UNIQUE：表示要建一个唯一索引，即索引的每一个值只对应唯一的数据记录。

② 表名：数据表的名字。它后面跟随的括号表明，索引可以在该表的一个或多个字段上建立，但字段名之间须用逗号分隔。

③ ASC|DESC：字段中各索引值的排列次序，可选择 ASC(升序)或 DESC(降序)，默认值为升序。

【例 2.11】 为学生信息表的"姓名"字段按升序建立一个唯一索引。

【解】 可使用以下的 CREATE INDEX 语句：

```
CREATE UNIQUE INDEX 姓名 ON 学生信息表(姓名)
```

其中 INDEX 后的姓名为新建的索引文件名；升序为默认值；本例要求唯一索引，故 UNIQUE 不可省略。

值得指出的是，主码索引必然是唯一索引，但唯一索引不一定是主码索引。在例 2.1 中，当创建学生信息表时，就用 CREATE TABLE 语句定义了主码，它固有的唯一和非空的特性，确保了此时系统自动生成的主码索引是唯一索引。而本例所用语句建立的唯一索引却并非主码索引。

【练习 2.1】 为学生信息表写出按姓名字段升序建立主码索引的 CREATE INDEX 语句。

【例 2.12】 用 CREATE INDEX 语句为 STUDENT 数据库的 4 个数据表建立下列索引，具体要求如下。

① 学生信息表按班级降序、学号升序建立唯一索引。

② 课程表按课程名升序建立唯一索引。

③ 成绩表按课程号升序、成绩降序建立唯一索引。

④ 专业表按专业名降序建立索引。

【解】 可分别使用 T-SQL 提供的下列 CREATE INDEX 语句：

```
CREATE UNIQUE INDEX 班级 学号 ON 学生信息表 (班级 DESC,学号 ASC);
CREATE UNIQUE INDEX 课程 ON 课程表 (课程名);
CREATE UNIQUE INDEX 成绩 ON 成绩表 (课程号,成绩 DESC);
CREATE INDEX 专业 ON 专业表 (专业名 DESC);
```

在有些应用中，可能需要按非主属性字段（或其组合）进行检索，这时也可用 CREATE INDEX 语句来建立这类附加索引。读者可尝试以下的练习。

【练习 2.2】 在图书馆检索图书，通常用以"书号"为主码的主码索引查找。但如果不知道书号，也可从书名、作者、出版社等其他途径进行查找。试为这些途径分别建立索引。

2）删除索引

索引表是为数据表中的记录提供一条快捷的检索路径。它好比国外教材在末尾所附的 Index，给出关键字就能立即查到相应内容的所在页。对于已建立了索引的数据表，检索时可直接用扫描索引表代替扫描数据表。由于索引表的容量远小于数据表的容量，即使检索时经过多级索引表，找到记录的时间也可大大缩短。数据表越大，越应该建立索引。

但是，对于修改特别频繁的数据表，每修改一项数据，索引表将随之修改一次，系统花在维护索引上的时间可能会超过检索时省下的时间，导致得不偿失。这时应删除一些不必要的索引，命令格式如下：

```
DROP INDEX <表名>.<索引名>;
```

说明：

① 删除索引时，系统会同时从数据字典中删除该索引的有关描述。

② Jet SQL 删除索引的命令格式与 T-SQL 略有不同，应为：

```
DROP INDEX <索引名>ON <表名>;
```

【例 2.13】 删除专业表的"专业"索引。

【解】 在 T-SQL 中，语句应写为：

```
DROP INDEX 专业表.专业;
```

4. 删除数据表

当不再需要某一数据表时，可使用 DROP TABLE 语句将其删除。命令格式如下：

```
DROP TABLE <表名>
```

说明：数据表一旦删除，表中数据和在此表上的索引都将自动删除。故删除数据表应特别小心。

【例 2.14】 删除专业表。

【解】 语句如下：

```
DROP TABLE 专业表;
```

注意：如果数据表的主码是另一数据表的外码，那么数据表将无法删除。例如，STUDENT 数据库中的学生信息表和课程表就无法删除，若删除这两个表，必须先删除成绩表。

在删除后再次输入 SELECT 命令查询表中的数据。例如：

```
SELECT *
   FROM 专业表;
```

系统将显示"错误提示"，说明不存在指定的表。

以上结合数据库 STUDENT 的创建过程,介绍了 T-SQL 的部分数据定义语句(未包括创建与删除"视图"的语句,参见 3.5 节)的用法。表 2.7 列出了 T-SQL 的全部 7 种数据定义语句。

表 2.7　T-SQL 的数据定义语句

操作对象	创建	删除	修改
数据表	CREATE TABLE	DROP TABLE	ALTER TABLE
索引	CREATE INDEX	DROP INDEX	
视图	CREATE VIEW	DROP VIEW	

2.3.2　向数据表输入数据

用 CREATE TABLE 语句创建的数据表起初仅是空表(只有结构没有数据),当输入记录的数据之后才能成为完整的数据表。前一步可使用 T-SQL 提供的数据定义语句,后一步既可以在表结构定义后直接输入各个记录的数据,也可用 SQL 的数据更新语句对已有的记录进行修改或增/删。

关系数据库一般都可以通过其操作平台向用户提供数据表的数据输入窗口。图 2.3 显示了 SQL Server 平台为"成绩表"提供的数据输入窗口。这种输入方式既直观又方便,大多数 DBMS 在向空白表输入数据时都可利用类似的数据输入方式。

图 2.3　SQL Server 中数据输入窗口

【例 2.15】　通过 SQL Server 的数据输入窗口,分别向刚刚创建的"学生信息表""课程表""专业表""成绩表"等空白数据表输入第一批数据。

【解】　图 2.4~图 2.7 分别显示了这些表的数据输入结果。

2.3.3　关系的完整性

由数据表、索引表共同组成的关系数据库系统,一般都拥有庞大的数据项和复杂的数据结构。在系统的运行过程中,为了保持各表数据的正确和一致,通常都结合数据操作语言(如 SQL)设置一些"完整性规则",对表中的数据进行约束。关系模型的完整性规则一般可区分为三类,即实体完整性(entity integrity)、参照完整性(referential integrity)与用户定义完整性(user-defined integrity)。

YLMF-20140616K...ENT - dbo.学生信息表

学号	姓名	性别	专业号	班级	出生年月	民族	来源	联系电话	照片
20000101	沈吉洁	女	000001	计应001	1982-10-16 00:...	汉	上海	021-68120304	<二进制数据>
20000102	丁爽	女	000001	计应001	1981-11-15 00:...	汉	上海	021-32450120	<二进制数据>
20000204	赵芸胤	女	000002	国贸001	1981-05-05 00:...	汉	云南	0877-3452345	<二进制数据>
20000206	张虎	男	000002	国贸001	1981-07-15 00:...	壮	上海	021-34326576	<二进制数据>
20010101	李颖	女	000001	计应011	1982-09-24 00:...	汉	广西	0771-56703630	NULL
20010102	王玉华	女	000001	计应011	1982-10-02 00:...	汉	上海	021-61424229	NULL
20010201	俞伟玮	女	000002	国贸011	1983-05-23 00:...	白	上海	021-47613556	NULL
20010301	周燕华	女	000003	金融011	1982-10-16 00:...	汉	香港	00852-35353557	NULL
20010306	黄平原	男	000003	金融011	1982-02-14 00:...	回	上海	021-53563646	NULL
20010311	陈霖	女	000003	金融011	1982-01-05 00:...	汉	北京	010-36436476	NULL
20010312	苏畅	女	000003	金融011	1984-09-06 00:...	汉	北京	010-47457565	NULL
20020101	徐晓文	男	000001	计应021	1983-09-06 00:...	汉	天津	022-46757587	NULL
20020102	许昱	女	000001	计应021	1983-07-09 00:...	汉	台湾	008862-6561329	NULL
20020103	王宏	男	000001	计应021	1984-01-02 00:...	NULL	俄罗斯	NULL	NULL
20030101	王玉华	男	000001	计应031	1984-03-04 00:...	朝鲜族	吉林	0431-68794755	NULL
20030102	李之红	女	000001	计应031	1984-05-07 00:...	NULL	日本	NULL	NULL
20030103	周小明	男	000001	计应031	1984-08-04 00:...	汉	江苏	025-58584531	NULL
20030207	赵易	男	000002	国贸031	1983-09-06 00:...	汉	上海	021-47575688	NULL
20030210	王毅刚	男	000002	国贸031	1983-09-13 00:...	汉	四川	028-43575876	NULL

图 2.4 “学生信息表”的数据记录

YLMF-20140616K...UDENT - dbo.课程表

课程号	课程名	任课老师	学时	学分
000001	高等数学	冯秋	112	7
000002	大学语文	陈枝丽	32	2
000003	毛泽东思想	刘玉阳	32	2
000004	线性代数	居德新	64	4
000005	计算机专业英语	李安	64	4
000006	C语言程序设计	王岚	64	3
000007	数据库原理	陈芝	72	4
000008	VB程序设计	王欣	64	3
000009	信息管理系统	刘小贤	80	4
000010	大学体育	赵瑜珏	96	6
NULL	NULL	NULL	NULL	NULL

图 2.5 “课程表”的数据记录

YLMF-20140616K...UDENT - dbo.专业表

专业号	专业名	所属学院
000001	计算机应用	信息学院
000002	国际经济与贸易	工商学院
000003	金融学	工商学院
NULL	NULL	NULL

1 /3

图 2.6 “专业表”的数据记录

YLMF-20140616K...UDENT - dbo.成绩表

学号	课程号	成绩	备注
20000101	000006	67	NULL
20000101	000007	NULL	缺考
20000102	000006	56	NULL
20000102	000007	76	NULL
20010101	000001	78	NULL
20010101	000003	65	NULL
20010101	000005	85	NULL
20010101	000006	60	NULL
20010101	000007	78	NULL
20010102	000001	60	NULL
20010102	000003	80	NULL
20010102	000005	75	NULL
20010102	000006	60	NULL
20010102	000007	75	NULL
20010201	000001	56	NULL
20010201	000003	76	NULL
20010201	000005	64	NULL
20010301	000001	45	NULL
20010301	000003	88	NULL
20010301	000005	66	NULL
20010301	000008	72	NULL
20010301	000009	76	NULL
20010306	000008	NULL	缓考
20010306	000009	65	NULL

图 2.7 “成绩表”的数据记录

“实体完整性”是针对单个数据表而言的，通常用于约束同一关系中的数据，如主码的值必须唯一且主属性不允许取空值等。

“参照完整性”适用于约束外码的数据。例如，在上述的引例数据库中，“学生信息表”中的“专业号”为来自“专业表”的外码，其数据只能在“专业表”内“专业号”已有的数据中选择。换言之，输入学生信息表中的“专业号”的值，必须参照专业表“专业号”字段中的已有值;否则无效。同样地,"成绩表"中"学号"的数据需要参照学生信息表中"学号"的值,其"课程号"的数据需要参照课程表中"课程号"的值。这类约束的共同点是"不允许参照(或引用)被参照数据表中不存在的数据"。

在关系型 DBMS 中,通常都会预先设定一些相关的完整性规则,借以检验上述的两类完整性。例如,对于日期/时间型数据(如 1982-10-16)的字段可以预设一条约束规则,将其中表示月份的数值为 1~12。如果误输入了其他数据,系统应拒绝接受,并提示出错。

"用户定义完整性",其约束适用于满足用户特定应用的需要。它们对系统预先设定的完整性规则可给出更具体、更灵活的补充。在前两节使用的 CREATE TABLE 和 CREATE INDEX 两种语句中,向读者显示了 SQL 语言结合数据定义设置完整性约束的一些实例。由 2.1 节可见,T-SQL 的 CREATE TABLE 语句实际上包括了两部分内容:一是用来定义表的结构,指出所创建的数据表是由哪些列所构成;二是给出数据的完整性约束,如列级约束、表级约束或表间约束等。不同公司开发的 SQL 其完整性约束规则也不尽相同。

一般地,如果完整性约束涉及该表的多个属性列,则必须定义在表级上;否则既可以定义在列级,也可以定义在表级。如果涉及其他表,还须定义外码。书写时每一个定义语句之间用逗号分隔,最后一个语句不用逗号,每条 SQL 语句均以分号结束。

2.3.4 表间的联系

在数据库中,不仅数据表内部的各属性之间互有联系;在数据表之间还可以通过相同的属性(包括属性名与属性值)实现相互联系,称为表间联系或实体联系(entity relationship)。它们是实现表的连接运算或多表查询的桥梁,是关系数据模型的又一重要概念。

以上述 STUDENT 数据库中的"学生信息表"和"成绩表"为例,一个学生可以同时选学多门课程,因此学生信息表中的一行可以联系成绩表中的许多行。用数据库的术语来说,"学生信息表"对"成绩表"具有一对多联系;反之,"成绩表"对"学生信息表"具有多对一联系。

一般地,两个数据表之间的联系可分为以下三种类型。

(1)一对一联系(1:1)。数据表 A 中的一个记录(或元组,以下相同)至多与数据表 B 中的一个记录相对应,反之亦然,则称数据表 A 与数据表 B 为一对一的联系。记作 1:1。

(2)一对多联系(1:n)。数据表 A 中的一个记录与数据表 B 中的多个记录相对应;反之,数据表 B 中的一个记录至多与数据表 A 中的一个记录相对应。记作 1:n。

(3)多对多($m:n$)。数据表 A 中的一个记录与数据表 B 中的多个记录相对应;反之,数据表 B 中的一个记录与数据表 A 中的多个记录相对应。记作 $m:n$。

实际上,一对一联系是一对多联系的特例,而一对多联系又是多对多联系的特例。

2.4 关系数据操作

关系数据操作的主要应用是对关系数据库进行查询。这种查询以关系(或集合)为单位,每一次操作,其处理单位和操作结果也是关系或集合,英文为 set-at-a-time。与每次只能以记录(record)或片段(segment)为处理单位的第一代数据模型("层次"或"网状")相比,操作效率明显提高了。

集合代数应用于关系数据操作,就形成关系代数(relational algebra),它是集合代数的一个分支。所以顺理成章,关系数据查询首先采用了关系代数语言。1971 年,E. F. Codd 继 1970 年提出用集合代数进行数据查询后,又发表了用关系演算(relational calculus)对关系进行数据查询的专文,进而将实现关系查询的方法扩充为"关系代数运算"和"关系演算运算"两大类。

在众多迄今已实现的关系数据语言中,常用于 PC 的 X′base 数据库家族(包括 d′BASE,FoxBase+,FoxPro,Visual FoxPro 等)多采用关系代数语言;在关系演算语言中,流行最广的首推 QBE 语言;而作为关系数据语言标准的 SQL,其实是一种介于关系代数和关系演算之间的 DML 语言。

2.4.1 关系代数运算

关系代数运算包括传统的集合运算和专门的关系运算两类关系运算。

1. 传统的集合运算

集合运算来源于集合代数,原属于二元运算。传统的集合运算包括"并""交""差"三种运算。当应用于关系(关系是元组的集合)运算时,参加运算的两个关系必须是相容的,即具有相同的关系框架。

图 2.8 显示了三种运算的文氏图(Venn diagram)。其中的 R 和 S 表示两个相容的关系,各用一个圆圈来表示。运算的结果是一个相容的新关系,图中用带阴影的区域来表示。"并运算"由属于 R 和属于 S 的所有元组除去重复的元组后构成;"交运算"由既属于 R 又属于 S 的元组构成;而"差运算"则由属于 R 但不属于 S 的元组构成。

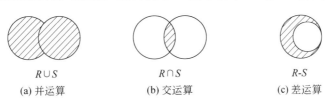

$R \cup S$	$R \cap S$	$R\text{-}S$
(a) 并运算	(b) 交运算	(c) 差运算

图 2.8　用文氏图表示集合运算

在关系代数中,传统的集合运算增加了一种新的运算——"广义笛卡儿乘积"(extended Cartesian product),可以记作 $R \times S$。与上述三种运算不同的是,该运算不要求参加运算的两个关系具有相同的关系框架。如果 R 有 n 列、S 有 m 列，则在运算过程中将把 R 中的一个元组安排在新关系的前 n 列，S 中的一个元组安排在新关系的后 m 列，直到最终将两个关系中的所有元组用一切可能的组合方式拼接在一起，使 $R \times S$ 成为由 $(n+m)$ 列元组形成的一个集合。假设 R、S 原来分别有 a 个和 b 个元组，则 $R \times S$ 将拥有 $a \times b$ 个元组。下文即将介绍的关系连接运算，就是广义笛卡儿积的一种应用。

2. 专门的关系运算

传统的集合运算主要应用于数据库的存储操作，如插入、删除、修改等，但关系数据操作的首要功能是数据查询。为此，Codd 在传统集合运算的基础上定义了 4 种专门的关系运算（即选择、投影、连接和除法），以便灵活地实现关系查询的多样操作。其内容如下。

（1）选择(selection)有时也称为限制(restriction)。用于在关系的水平方向（行）选择符合给定条件的元组。

【例 2.16】 在图 2.7 所示的"成绩表"中，找出分数不低于 80 分的学生。

【解】 本例可通过对关系成绩表执行选择运算来实现，描述为：

$\sigma_{成绩>80}$(成绩表)

如果用 T-SQL 的 SELECT 命令来查询，其语句可写成：

```
SELECT *
  FROM 成绩表
  WHERE 成绩>=80
```

（2）投影(projection)。用于在关系的垂直方向（列）找出含有给定属性列（或属性组）的子集。

【例 2.17】 在"学生信息表"中，查询所有学生的学号和姓名。

【解】 本例可通过对学生信息表执行投影运算来实现，描述为：

$\pi_{学号,姓名}$(学生信息表)

如果用 T-SQL 的 SELECT 命令来查询，其语句可写成：

```
SELECT 学号,姓名
  FROM 学生信息表
```

以上两种均为一元运算，即参加操作的只有一个关系；以下介绍两种二元运算。

（3）连接(Join)。连接属二元运算，参加操作的有两个关系，结果则生成一个新的关系。其作用是按照给定的条件，以一切可能的组合方式，将参加操作的两个关系中的所有元组拼接为一个新关系，通常描述为：

<关系 1> ⋈ <关系 2>
　　　　<条件>

上述条件表达式可以表示为 IθJ。其中，θ 为比较运算符；I 和 J 分别是<关系 1>和<关系 2>中名称相同且数值可比的属性（或属性组）。

连接运算来源于上文提到的关系代数新增加的广义笛卡儿乘积。如图 2.9 所示,假使在关系 R 与关系 S 中分别有 a 个与 b 个元组。进行连接时,首先从关系 R 中取出第一个元组,依次与关系 S 中的第一个到最后一个元组进行拼接,然后把所得的 b 个拼接出来的元组存入连接结果中,作为结果集的第一组元组;接着从 R 中取出第二个元组,逐一地依次拼接 S 中的 b 个元组,作为结果集的第二组元组;依次类推,直到最终在连接结果中得到 $a \times b$ 拼接的元组。

在 SQL 中,最常用的连接运算是"等值连接"与"自然连接"。它们的共同点是,进行比较的分量是在两个关系中名称相同的属性,如图 2.9 中的属性 B;而两者的区别是,等值连接允许在结果中存在重复的属性列,而自然连接必须把重复的属性列去掉。

关系 R

A	B	C
a_1	b_1	5
a_1	b_2	6
a_2	b_3	8
a_2	b_4	12

关系 S

B	E
b_1	3
b_2	7
b_3	10
b_3	2
b_5	2

图 2.9 关系 R 和关系 S

【例 2.18】 设 R 和 S 关系中的数据见图 2.9,求 R 与 S 自然连接的结果。

【解】 属性 B 是 R 与 S 的公共属性列,连接后将出现两个 B 列。去掉一个重复的 B 列,其结果如图 2.10 所示。

自然连接 $R \bowtie S$

A	B	C	E
a_1	b_1	5	3
a_1	b_2	6	7
a_2	b_3	8	10
a_2	b_3	12	2

图 2.10 关系 R 和关系 S 的自然连接

除等值连接和自然连接外,"外连接"也是常见的一种连接运算,它们都可以用 T-SQL 的 SELECT 命令来实现。

(4) 除法。除法也属于二元运算,其运算过程比前三种复杂,应用却比较少。

2.4.2 关系演算运算

与关系代数运算不同,关系演算运算是通过"规定查询结果应满足什么条件"来表达查询要求的。它仅仅要求提出查询的目标,说明需要系统"做什么",而将实现的方法都留给 DBMS 的 DML 去解决。这类运算起源于数理逻辑中的谓词演算,它使用一种"符号化"了的逻辑论证语言,能够用数学公式来表达各种逻辑命题。在关系演算中,则借用这些公式来表示施加在关系上的运算。表 2.8 列出了关系代数运算与关系演算运算的主要差异。

表 2.8　关系代数运算与关系演算运算的主要特点对照表

运算类型	关系代数运算	关系演算运算
数学方法	集合代数运算和专门的关系运算	数理逻辑中的谓词演算
描述内容	用规定对关系的运算来实现查询	用谓词演算公式表达查询的要求
语言过程性	描述系统"怎样做",语言过程性强	仅说明要系统"做什么",非过程性语言

最早提出并且由 E. F. Codd 亲自设计的 ALPHA 语言,和后来居上、流行很广的 QBE 语言是关系演算语言的两个著名代表。由于它们仅要求说明需要系统"做什么",属于"非过程性的"(non-procedural)高级语言,从理论上来说应该更便于使用。但实际上关系演算语言使用的许多数理逻辑符号,如¬(非)、∧(与)∨(或)等逻辑运算符以及∃(存在量词)、∀(全称量词)等量词又使非专业用户望而生畏。直到 M. Zloof 推出了 QBE(Query By Example)语言,"用示例进行查询"的方式,以填写简单的屏幕表格代替书写复杂的查询命令,才完全摆脱了最初 ALPHA 使用的数理逻辑符号,使关系演算语言真正获得用户的青睐。下面仍以成绩表数据库为例,简述 QBE 的用法。

【例 2.19】　使用 QBE 语言,显示成绩表中不低于 80 分的所有学生的记录。

【解】

成绩表	学号	课程号	成绩
P.			≥80

说明:

① 用户提出查询要求后,屏幕将显示一个空白表格。在最左格输入关系名"成绩表",系统即自动在其后显示该关系的属性名。

② 在第一行输入打印命令和查询条件。本例中,在"成绩表"下一格填写的"P."命令,表示要打印成绩表中符合条件的所有记录,在"成绩"下一格填写的"≥80"是查询条件。

【例 2.20】　使用 QBE 显示成绩表中不低于 80 分的学生记录,并将学号更换为姓名。

【解】

成绩表	学号	课程号	成绩
P.	Y		≥80

学生信息表	学号	姓名	性别	…
	Y	P. X		

说明:

① 本例涉及成绩表和学生信息表两个表,在 QBE 中实现这类查询的方法是用相同

的属性"学号"把它们连接起来。Y 是一个任意取的可能值,其下面的下画线表明它是一个示例元素(注意,在查询条件"≥80"下方不应加下画线)。

② 只有当两个表中的连接属性"学号"具有相同的值 Y 时,才打印该学生的姓名。

QBE 的上述操作方式迅速受到非专业用户的欢迎,使之成为流行最广的关系数据操作语言之一,先后已有 DB2、Paradox、dBase Ⅳ 等多种 RDBMS 支持这种语言。SQL 语言汲取了它的一些有益成分,成为一种介于关系代数和关系演算之间的 DML 语言。

2.4.3　关系完备性

1. 关系完备性概述

关系完备性(relational completeness)是 E. F. Codd 提出的又一重要概念,目的是为了衡量关系数据库语言的数据处理能力。它主要包括下列内容。

(1) 如果某一关系数据语言相对于关系代数语言所要求的各种运算都有等价的成分,则可以认为该语言是关系上完备的。

(2) 任何一种关系数据语言,至少应该对选择、投影和连接三种运算提供直接的支持。

直接支持是指只需用一条命令(或函数)就可实现某种相应的运算,不包括需要编写一段程序才能完成运算功能的情况。

2. SQL 的关系完备性

关系数据语言包括关系代数语言和关系演算语言两大类。可以证明,这两类语言所支持的运算,从功能上说都可以找到等价的成分。Codd 把关系代数语言作为衡量关系完备性的标尺,其实也适用于关系演算语言。

但是,并非所有的关系数据语言都能实现完全的关系完备性。例如,前面提到的 X′base 数据库家族的 Visual FoxPro 等语言,就缺乏对"求差""除法"等运算的直接支持。这里仅就本书着重介绍的 SQL 语言的关系完备性做一番初步考察。

众所周知,关系查询是 SQL 首要的数据操作功能。从例 2.16 与例 2.17 可见,由 SELECT-FROM-WHERE 等子句组成的查询块,能直接支持选择与投影两种运算,其中 WHERE 子句用于对关系表作水平切割,而 SELECT 子句则用于对关系表作垂直切割。两者并用,还可轻松地从关系表中选取所需的元组,生成新的查询表。

【例 2.21】　在"学生信息表"中,找出专业号为 000003 的学生的学号、姓名与班级。

【解】　本例可使用语句

```
SELECT 学号,姓名,班级
  FROM 学生信息表
  WHERE 专业号='000003'
```

由例 2.20 可见,在 FROM 子句中列出相关的数据表,不仅可用 SELECT 命令实现两个数据表的连接,而且能自动完成涉及多个表的数据查询,直接生成新的查询表。事实上,这种基于连接的运算,已成为在 SQL 中沟通多表查询的桥梁。

对传统集合运算包括的"并""交""差"等运算,SQL 也能提供直接的支持。加之它兼具 DML 与 DDL 的功能,实现了数据操作语言的一体化,因而成为迄今最"完备"的一种关系数据操作语言。

小结

本章包括"创建引例数据库""关系模型""重访引例数据库""关系数据操作"4 节。关系模型和关系数据操作是数据库技术的重要基础。本章用一个引例,将创建和使用数据库与学习数据库的基础知识联系起来,目的是使读者对关系模型的原理和 SQL 语言的重要地位大体上有一个初步的了解。

以人们日常使用的二维表形式来组织数据,直观易懂,是关系模型获得迅速流行的重要原因。但关系并非任意的二维表,E. F. Codd 提出 6 条关系的性质,简单明了,却包含了关系从结构到数据应该遵循的约束,包括"数据完整性规则"等。了解并掌握关系的性质,确保其数据完整性,对创建和使用符合规范的关系模式具有重要意义。

关系数据操作包括数据查询和数据维护(插入、删除与更新)两方面的内容。本章介绍了实现关系数据操作的两类运算,即关系代数与关系演算,重点介绍了主要基于关系代数的 SQL 语言和基于关系演算的 QBE 语言。需要指出的是,由于 QBE 用"示例查询"操作代替书写烦琐的谓词演算公式,因此它至今仍然是最受欢迎的关系数据语言之一。事实上,它的交互操作查询方式已经影响到包括 SQL 在内的众多语言。例如,在 Access 环境中,就大量使用"查询设计器"等工具,以简单的表格式交互操作来完成数据查询,并由 DBMS 系统自动将查询转换为 SQL 语言,大大方便了用户的使用。

习题

1. 选择题

(1) 若关系中的某一属性组的值能唯一地标识一个元组,则称该属性组为(　　)。
　　A. 主码　　　　　B. 候选码　　　　　C. 主属性　　　　　D. 外码
(2) 以下关于外码和相应主码之间的关系,正确的是(　　)。
　　A. 外码并不一定要与相应的主码同名
　　B. 外码一定要与相应的主码同名
　　C. 外码一定要与相应的主码同名而且唯一
　　D. 外码一定要与相应的主码同名,但不一定唯一
(3) 实体完整性要求主属性不能取空值,这一点可以通过(　　)来保证。
　　A. 定义外码的　　　　　　　　　B. 定义主码
　　C. 用户定义的完整性　　　　　　D. 关系系统自动
(4) 关系模型的完整性规则是对关系的某种约束条件,关系模型中共有三类完整性

约束,下面(　　)不属于这三类。

  A. 实体完整性   B. 参照完整性

  C. 用户定义的完整性   D. 属性设置完整性

(5) 公司中有多个部门和多名职员,每个职员只能属于一个部门,一个部门可以有多名职员,从职员到部门的联系类型是(　　)。

  A. 多对多   B. 一对一   C. 多对一   D. 一对多

(6) 下面(　　)中关于数据库基本关系的性质的说法是不对的。

  A. 同一属性的数据具有同质性

  B. 关系中的列位置具有顺序相关性

  C. 关系具有元组无冗余性

  D. 关系中每一个分量都必须是不可分的数据项

(7) 设关系 A 和 B 具有相同的结构,由属于 B 但不属于 A 的元组构成的集合,记为(　　)。

  A. $A-B$ B. $B-A$ C. $A \cup B$ D. $A \cap B$

(8) 用(　　)关系代数表示检索学生关系(学号,姓名,性别,年龄,所在系)中全部女生的姓名和年龄。

  A. $\pi_{姓名,年龄}(\sigma_{性别='女'}(学生))$

  B. $\sigma_{姓名,年龄}(\pi_{性别='女'}(学生))$

  C. $\pi_{姓名,年龄}(\sigma_{性别='女'}(学生))$

  D. $\sigma_{姓名,年龄}(\pi_{性别='女'}(学生))$

(9) 用(　　)关系代数表示检索学生关系(学号,姓名,性别,年龄,所在系)中年龄小于 20 岁的学生的学号和姓名。

  A. $\pi_{学号,姓名}(\sigma_{年龄<20}(学生))$

  B. $\sigma_{学号,姓名}(\pi_{年龄<20}(学生))$

  C. $\pi_{学号,姓名}(\sigma_{年龄<20}(学生))$

  D. $\sigma_{学号,姓名}(\pi_{年龄<20}(学生))$

(10) 对关系 S 和关系 R 进行集合运算,结果中既包含 S 中元组也包含 R 中元组,这种集合是(　　)。

  A. 并运算   B. 交运算   C. 差运算   D. 积运算

(11) 专门的关系运算不包括下列中的(　　)。

  A. 联接运算   B. 选择运算   C. 投影运算   D. 交运算

(12) 从关系模式中指定若干个属性组成新的关系的运算称为(　　)。

  A. 连接   B. 投影   C. 选择   D. 排序

(13) 设关系 R 和 S 各有 100 个元组,那么这两个关系的乘积运算结果的元组个数为(　　)。

  A. 100   B. 200

  C. 10000   D. 不确定(与计算结果有关)

(14) 设 $W=R \bowtie S$,且 W、R、S 的属性个数分别为 w、r、s,那么三者之间满足(　　)。

A. $w \leqslant r + s^{i\theta j}$ 　　B. $w < r + s$ 　　C. $w = r + s$ 　　D. $w \geqslant r + s$

2. 填空题

(1) 若要给空的数据表装入数据,可使用 SQL 中的_____命令。

(2) 在 SQL 中,建立、修改和删除数据库中基本表结构的命令分别为_____、_____和_____命令。

(3) 在数据库中建立索引主要是为了提高_____。

(4) 在关系运算中,为查找满足一定条件的元组进行的运算称为_____运算。

(5) 选择运算的结果关系同原关系具有_____的结构框架,投影运算的结果关系同原关系通常具有_____的结构框架。

(6) 实体完整性规则要求实体的主码不能取_____。

(7) 如果两个关系没有公共属性,则其自然连接操作与_____操作等价。

(8) 关系演算是用_____来表达查询要求的方式。

(9) 一个关系就是一张_____,每个关系有一个_____,一个或若干个关系在计算机中作为一个文件存储起来。

(10) 按照两关系中对应属性值相等的条件所进行的连接称为_____连接。

3. 定义并解释下列术语,说明它们的联系与区别

(1) 笛卡儿积、关系、元组、属性、域。
(2) 关系、关系模式、关系数据库。
(3) 主码、候选码、外码。

4. 简答题

(1) 试述关系模型的完整性规则。
(2) 数据表间的联系有哪几种类型?
(3) 关系代数运算有哪些?
(4) 关系演算语言有哪两种?

5. 综合题

(1) 已知教学数据库包含三个关系:
学生关系 S(SNO,SNAME,SA,SD)
课程关系 C(CNO,CN,TNAME)
选课关系 SC(SNO,CNO,G)
其中:SNO 代表学号,SNAME 代表学生姓名,SA 代表学生年龄,SD 代表学生所在系,CNO 代表课程号,CN 代表课程名,TNAME 代表任课教师姓名,G 代表成绩。

请使用关系代数表达式完成下列查询。
① 显示所有学生的学号、姓名和年龄。
② 找出选修了 000005 课程的学生学号。

　　③ 找出选修了 000005 课程的学生学号和姓名。

　　(2) 设教工社团数据库有三个基本表:

　　职工(工号,姓名,年龄,性别);

　　社团(编号,名称,负责人);

　　参加(工号,编号,参加日期)。

其中:

　　① "职工"表的主码为工号。

　　② "社团"表的主码为编号;外码为负责人,被参照表为"职工"表,对应属性为工号。

　　③ "参加"表的工号和编号为主码;工号为外码,其被参照表为"职工"表,对应属性为工号;编号为外码,其被参照表为"社团"表,对应属性为编号。

　　试用 SQL 语句完成以下操作。

　　① 定义职工表、社团表和参加表,并说明其主码和参照关系。

　　② 职工表按年龄和工号升序建立索引。

　　③ 社团表按名称升序建立唯一索引。

　　④ 参加表按编号升序、参加日期降序建立唯一索引。

第3章 关系数据语言 SQL

SQL(Structured Query Language,结构化查询语言)的前身是 IBM 公司 1974 年在该公司关系数据库管理系统 SYSTEM R 上实现的 SEQUEL(Structured English QUEry Language)。1981 年 SEQUEL 演变为 SQL,曾先后在 DB2(IBM)、Oracle 等 RDBMS 中推广应用。

由于 SQL 简洁易学、功能丰富,1986 年被美国国家标准局(ANSI)批准为美国标准(SQL-86)。1987 年,国际标准化组织(ISO)将它采纳为国际标准,于 1989 年和 1992 年分别颁布了 SQL-89 和 SQL-92(或 SQL2)。以后继续改进,又陆续颁布了 SQL3(1999)和 SQL4(2003)。现已成为关系数据库领域中应用广泛的主流语言。

随着 SQL 被采纳为国际标准,各大公司纷纷开发了自己的 SQL 版本。它们都基本遵循 SQL 的标准文本,但内容却不尽相同。犹如标准的普通话从不同地域的人说出口,总伴有各地方言的特征一样。本书介绍的 Jet SQL 与 Transact-SQL(简称 T-SQL),都是由 Microsoft 公司开发的版本。Access 的 SQL 语句是基于 Jet SQL 的,主要用于处理单用户数据库系统,以下称为 Access SQL;SQL Server 2008 的 SQL 语句是基于 T-SQL 的,主要用于 Web 数据库系统的开发,以下简称 SS SQL。

本章着重介绍 Access SQL 的数据查询和数据更新功能。在开始讨论前,先在 3.1 节简单谈一下标准 SQL 的主要特征。

3.1 关系数据库系统的首选语言

本节将从 SQL 标准文本的特点、限制、支持 SPARC 分级结构等三个方面,说明它成为 RDBAS 首选开发语言的原因。

3.1.1 SQL 的特点

简洁的语法,灵活的操作形式,是 SQL 的主要特点。

1. 语法简洁

SQL 模仿英语语法,每一命令均由一个动词开头,以英语祈使句的形式说明需要计算机"做什么",是一种高度"非过程化"的语言。它集 DDL、DML 和 DCL 三类语言于一身,三类语言具有相同的语法,只使用了 9 种命令(见表 3.1)就基本涵盖了关系数据库所需要的所有操作。这种简洁而又接近自然语言的语法,深受用户的欢迎。

表 3.1 SQL 的三类 9 种命令

功 能 类 型	命令开头的动词
数据定义(数据模式和索引定义、删除、修改)	CREATE、DROP、ALTER
数据操作(数据查询和维护)	SELECT、INSERT、UPDATE、DELETE
数据控制(数据存取控制权,如授权和回收)	GRANT、REVOKE

2. 操作形式灵活

操作形式灵活是 SQL 的又一重要特点,主要表现在以下两个方面。

(1) SQL 的命令通常拥有多条子句,如 SELECT 命令的可选子句多达 10 余条。把它们灵活地组合起来,巧妙地搭配,既可完成各种不同的功能,也令人充分感受编程的乐趣。

(2) 为了适应不同用户的需要,SQL 可提供"自主式"和"嵌入式"两种语言形式。前者用于进行联机交互,用户直接输入 SQL 命令,就可对数据库进行操作。后者用于嵌入如 Visual Basic、C 等"宿主式"语言(host language)编写的应用程序,为它们进行数据库操作提供了方便。

3.1.2 SQL 的限制

作为迄今为止功能最丰富的数据库查询语言,SQL 并不提供用于构建程序控制结构的命令或语句,因而不能像 PC 早期使用的 X'base 数据库家族(包括 dBASE、FoxBASE+、FoxPro、Visual FoxPro 等)一样,不依赖其他语言就可单独地编写应用程序。换句话说,SQL 还不是一种独立的"自含式"(self-contained)高级语言,但并未因此影响它的广泛流行。以本书介绍的 Access 为例,SQL 与 VBA 两种语言集成于同一环境中,在应用开发中取长补短,相得益彰。

另外,SQL 拥有许多不同的"方言",如 Access SQL 与 SS SQL 就因适用范围的不同而互有差异。虽然它们大同小异,学会其中一种就可以举一反三;但是在上机操作或实际应用中,读者必须了解这些差异才能避免混淆。

3.1.3 SQL 支持 SPARC 分级结构

在 DBAS 的开发中支持 ANSI/SPARC 分级结构,是一切 DBMS 均应达到的基本要求。作为关系数据语言的标准,SQL 语言完全遵循支持三级结构的要求,如图 3.1 所示。

(1) 一个 SQL DBAS 通常包含若干个基本表(table,也称数据表),相当于三级结构中的模式(或概念模式)。用户可以按照各自的权限,用 SQL 语言创建基本表及其索引。

(2) SQL 的视图(view)是从一个或几个基本表导出的虚表。这里称它为"虚",是因为在数据库中只存储视图的定义,不存储对应的数据。它相当于三级结构的外模式(或用户子模式),可以由相关的用户对它们进行各种数据操作。

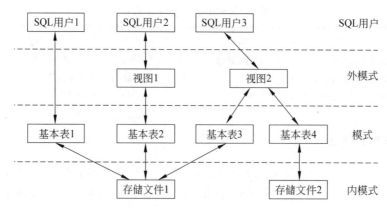

图 3.1　SQL 语言对数据库三级模式的支持

（3）在 SQL 中，内模式称为存储文件（stored file），每个存储文件对应于外存储器上的一个物理文件，用于存储基本表及其索引。一个存储文件可以存放一个或多个基本表及其索引；反之，一个基本表也可以存放在一个或多个存储文件中。存储文件由 DBMS 直接构建，对用户是透明的。

正是上述的三项特征使 SQL 做到了易学易用，现已配备于几乎各型计算机的 RDBMS 上，成为开发 RDBAS 的首选语言。

3.2　SQL 的数据查询

查询是数据语言的基本操作。SQL 用于数据查询的只有一条 SELECT 语句，但却能适应许多复杂查询的需要，主要得益于它采取的"基本查询块＋可选子句＋嵌套子查询"的组成形式。这种灵活且变化多端的组成形式，是 SQL 语言的亮点。

本节将以"学生成绩数据库"为对象，结合 SELECT 语句灵活的查询形式，由简入繁，介绍它在简单查询、分组查询、连接查询、嵌套查询等各类数据查询中的应用。

3.2.1　简单查询

简单查询一般指仅涉及一个表的单表查询，可用于完成选择、投影等关系操作。大多数简单查询只包含一个基本查询块，但有时也选用少量子句，如 INTO、GROUP BY 等。

1. 基本查询块

基本查询块是 SELECT 语句的核心，通常表示为 SELECT-FROM[-WHERE]。它由三条子句组成，其中前两条子句是必需的，后一条（WHERE）子句是可选的。书写格式如下：

```
SELECT <列名或其表达式>[AS <列别名>] [,<列名或其表达式>[AS <列别名>]…
    FROM <表名或视图名>[,<表名或视图名>]…
    [WHERE <条件表达式>]
```

1）快速了解查询块

按 FROM-WHERE-SELECT 的顺序阅读基本查询块，可以快速了解其内容梗概。

（1）FROM 子句。用于指明本次查询涉及的数据表（或视图，下同），单表查询只涉及一个表，多表查询则涉及两个或以上的表。

（2）WHERE 子句。用于指定查询的条件，属可选子句。从中可了解哪些元组或属性是本次查询所关心的。

（3）SELECT 子句。用于指定查询的输出项。它们既可以是源表中的＜列名或其表达式＞，也可以是 AS 选项所指定的＜列别名＞。

2）查询块引例

为了进一步说明基本查询块的功能，请先看一个例子。

【例 3.1】 检索各学院所设专业的专业号、专业名和所属学院。

【解】 本例的输出包括"专业表"的所有列（字段），其基本查询块有以下两种写法。

解法 1：用" * "号来表示表的所有列。这比逐个地写出列名显然更加方便，但各列的输出顺序只能与源表相同。查询结果如图 3.2 所示。其语句如下：

```
SELECT *
  FROM 专业表;
```

本例不带任何查询条件，故输出结果与源表相同，唯一的差别是查询表为虚表。

解法 2：逐个地写出列名。此时列名的顺序不拘，允许与源表不同。其语句如下：

```
SELECT 所属学院 AS 学院,专业名,专业号
  FROM 专业表;
```

与图 3.2 相比，查询表输出的列数和数据仍与解法 1 相同，但第 1 和第 3 列互相交换了位置，第 1 列名称也改为"学院"了。

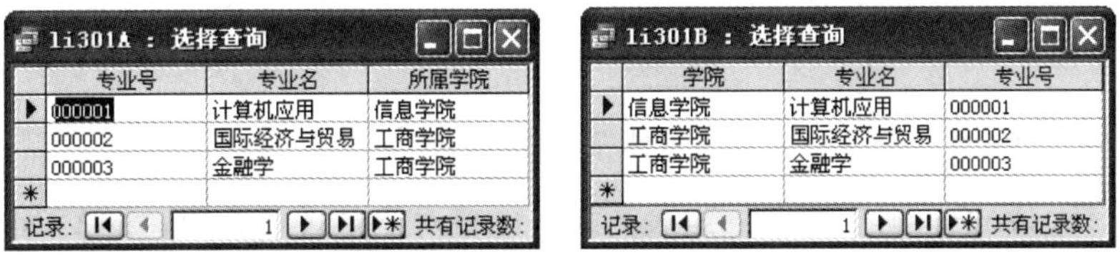

(a) 解法1   (a) 解法2

图 3.2 例 3.1 的查询结果

2. ORDER BY 子句和 INTO 子句

可选子句用于扩充 SELECT 语句的查询功能。除 WHERE 子句外，简单查询选用的子句主要有 INTO 子句、ORDER BY 子句等。

1）INTO 子句

INTO 子句指定查询结果产生的新表名称。其一般格式为：

```
[INTO<生成表名>]
```

例如,若例 3.1 中的查询结果需保存在"专业查询表"中,只需在 FROM 子句后增加一条子句"INTO 专业查询表"即可。

2) ORDER BY 子句

ORDER BY 子句用于把查询表的记录按<关键字表达式>排序,其一般格式为:

```
[ORDER BY <关键字表达式>[ASC|DESC] [,<关键字表达式>
[ASC|DESC]…]];
```

注意:<关键字表达式>只能是列名(字段名)或查询表中该列位置的序数。默认为升序(ASC),降序用 DESC 表示。

【**例 3.2**】 检索选修了 000001 号课程学生的学号和成绩,并按照成绩降序排列。

【**解**】 本例要求的输出数据均可在成绩表中找到,查询结果如图 3.3 所示。其 SQL 语句如下:

```
SELECT 学号,成绩
   FROM 成绩表
   WHERE 课程号 = "000001"
   ORDER BY 成绩 DESC
```

图 3.3 例 3.2 的查询结果

3.2.2 分组查询

分组查询又称为分组统计。GROUP BY 子句和聚合函数是分组统计的两种主要工具。

1. GROUP BY 子句

GROUP BY 子句是分组查询的主要标记,单表与多表查询均可使用。其一般格式为:

```
GROUP BY <分组表达式>[HAVING <条件表达式>]
```

其中,GROUP BY 子句用于按<分组表达式>的值对记录进行分组;HAVING 为可选子句,用于按<条件表达式>筛选符合条件的分组记录。

为方便读者理解分组查询的内涵,下面从一个引例讲起。

【**例 3.3**】 试统计参加考试人数超过一人的各门课程的平均成绩。

【**解**】 打开成绩表,即可用 GROUP BY 子句按课程号分组统计,其查询语句如下:

```
SELECT 课程号, AVG(成绩) AS 平均成绩
   FROM 成绩表
   WHERE 成绩 IS NOT NULL
   GROUP BY 课程号
   HAVING COUNT(成绩)>1;
```

说明:

(1) AVG(成绩)为聚合函数,这里用来计算各个分组的平均成绩。

(2) WHERE 子句用于从整个源表中选择成绩“非空”的元组,以免计入尚未记录成绩的学生数,因而拉低分组的平均成绩;HAVING 子句用于找出选修同一课程的成绩出现不止一次的分组。

需要注意的是,WHERE 子句与 HAVING 子句均用于设置条件表达式。两者的作用对象不同:WHERE 子句作用于整个基本表,从中选择满足条件的元组;HAVING 子句则仅仅作用于分组,实际上从属于 GROUP BY 子句。图 3.4 显示了该引例的查询结果。

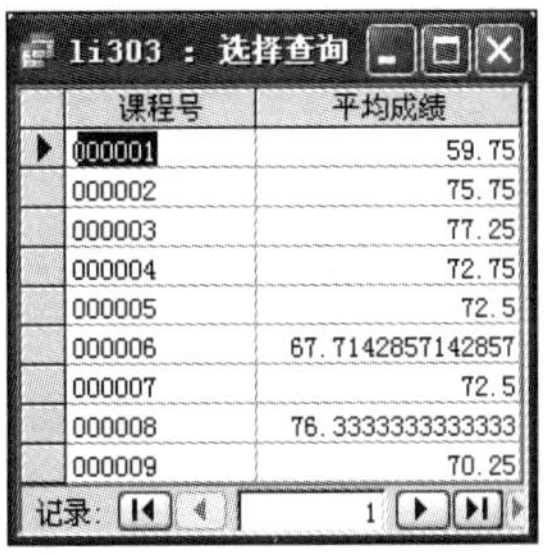

课程号	平均成绩
000001	59.75
000002	75.75
000003	77.25
000004	72.75
000005	72.5
000006	67.7142857142857
000007	72.5
000008	76.3333333333333
000009	70.25

图 3.4 例 3.3 的查询结果

2. 聚合函数

为了统计方便,SQL 提供了一组聚合函数供用户选用,如表 3.2 所示。

表 3.2 SQL 的常用聚合函数

函数格式	含义
COUNT (*)	统计“指定表”中行的数目,包括含有空值的行
COUNT (<列名>)	统计“指定列”中包含的值个数
SUM (<列名>)	计算在“指定列”中值的总和,空值将被忽略
AVG (<列名>)	计算在“指定列”中值的平均值,空值将被忽略
MAX (<列名>)	计算在“指定列”中值的最大值,空值将被忽略
MIN (<列名>)	计算在“指定列”中值的最小值,空值将被忽略

以下将通过两个示例,相对集中地展示聚合函数在分组统计中的应用。

【例 3.4】 聚合函数的应用示例。

示例 1:计算成绩表中各门课程的选修人数、最高分、最低分和平均分,不包括虽已选修了课程,但尚未参加考试的学生。

【解】 充分利用表 3.2 所示的聚合函数,本例的 SQL 语句如下:

```
SELECT 课程号, COUNT( * ) AS 选修人数, MAX(成绩) AS 最高分,
    MIN(成绩) AS 最低分, AVG(成绩) AS 平均分
  FROM 成绩表
  WHERE 成绩 IS NOT NULL
  GROUP BY 课程号;
```

图 3.5(a)显示了本示例的查询结果。与例 3.3 相比,本例去掉了句末的 HAVING 子句,从而保证了即使只有一个学生登记了成绩的课程号也能在图中显示,如课程号 000010。此时的最高分、最低分和平均分都来源于同一学生的成绩,因而数值相同。

示例 2:统计每个学生选修课程的门数。

【解】 本示例可按“学号”将成绩表的记录分组,结果如图 3.5(b)所示。其 SQL 语句如下:

(a) 示例1　　　　　　　　　　　　(b) 示例2

图 3.5　例 3.4 查询结果

```
SELECT 学号, COUNT(*) AS 选修课程门数
  FROM 成绩表
  GROUP BY 学号;
```

如果在语句末尾再增加一条子句 HAVING COUNT(*)>2,则查询结果中将出现选课门数为 3 或 5 的 7 条记录,它们的学号分别是 20010101、20010102、20010201、20010301、20030101、20030103 和 20030210,比图 3.5(b)减少了 8 条(选课门数均为 2)。

以上示例均为单表分组查询,多表分组查询将结合连接查询在 3.2.4 小节介绍。

3.2.3　连接查询

在 3.2.1 和 3.2.2 小节中,举例都限于单表查询,仅用到选择和投影两种运算。连接查询则包含连接运算,其查询数据涉及两个或更多的表,因而为多表查询。

1. 连接查询实例

作为关系数据库中最重要的查询之一。为帮助读者快速了解其梗概,下面先介绍一个例子。

【例 3.5】　查询每个学生的基本信息及其选修课程的情况。

【解】　本引例涉及学生信息表和成绩表两个表,因而可采用连接查询,图 3.6(a)显示了查询的结果。其 SQL 语句如下:

```
SELECT 学生信息表.*, 成绩表.*
  FROM 学生信息表, 成绩表
  WHERE 学生信息表.学号 = 成绩表.学号;
```

由 WHERE 子句给出的条件表达式可见,学生信息表和成绩表是通过它们的公共属性“学号”实现连接的。连接的条件是仅当成绩表.学号的取值与学生信息表.学号的取值相同时,才能把这两个表的记录(元组)拼接到一起。通常称这类连接为“等值连接”。

但是在图 3.6(a)中,同样的学号将以“学生信息表.学号”和“成绩表.学号”的列名重复显示两次，因而造成数据冗余。为了减小冗余，可将 SQL 语句修改如下：

```
SELECT 学生信息表.*，成绩表.课程号，成绩表.成绩，成绩表.备注
  FROM 学生信息表，成绩表
  WHERE 学生信息表.学号 = 成绩表.学号;
```

图 3.6(b)显示了以上语句的连接结果。通常称这类连接为“自然连接”，它是一种特殊、消除了重复“学号”字段的等值连接。

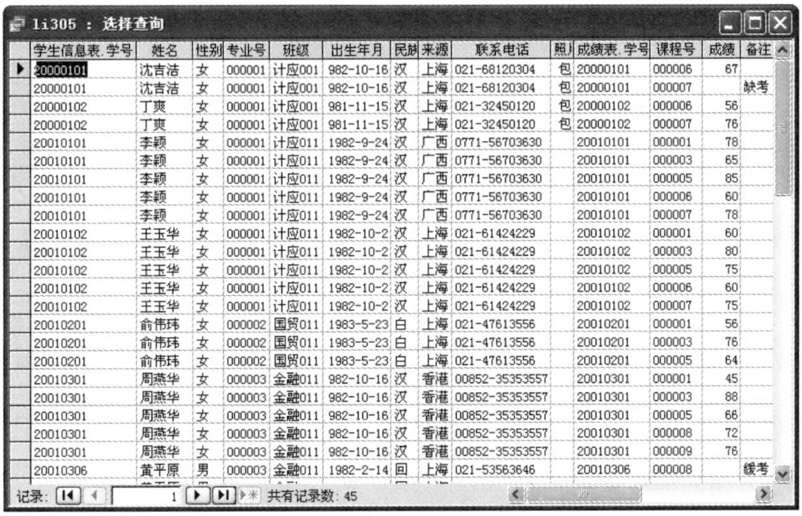

1i305 : 选择查询

学生信息表.学号	姓名	性别	专业号	班级	出生年月	民族	来源	联系电话	照片	成绩表.学号	课程号	成绩	备注
20000101	沈吉洁	女	000001	计应001	982-10-16	汉	上海	021-68120304	包	20000101	000006	67	
20000101	沈吉洁	女	000001	计应001	982-10-16	汉	上海	021-68120304	包	20000101	000007		缺考
20000102	丁爽	女	000001	计应001	981-11-15	汉	上海	021-32450120	包	20000102	000006	56	
20000102	丁爽	女	000001	计应001	981-11-15	汉	上海	021-32450120	包	20000102	000007	76	
20010101	李颖	女	000001	计应011	1982-9-24	汉	广西	0771-56703630		20010101	000001	78	
20010101	李颖	女	000001	计应011	1982-9-24	汉	广西	0771-56703630		20010101	000003	65	
20010101	李颖	女	000001	计应011	1982-9-24	汉	广西	0771-56703630		20010101	000005	85	
20010101	李颖	女	000001	计应011	1982-9-24	汉	广西	0771-56703630		20010101	000006	60	
20010101	李颖	女	000001	计应011	1982-9-24	汉	广西	0771-56703630		20010101	000007	78	
20010102	王玉华	女	000001	计应011	1982-10-2	汉	上海	021-61424229		20010102	000001	60	
20010102	王玉华	女	000001	计应011	1982-10-2	汉	上海	021-61424229		20010102	000003	80	
20010102	王玉华	女	000001	计应011	1982-10-2	汉	上海	021-61424229		20010102	000005	75	
20010102	王玉华	女	000001	计应011	1982-10-2	汉	上海	021-61424229		20010102	000006	60	
20010102	王玉华	女	000001	计应011	1982-10-2	汉	上海	021-61424229		20010102	000007	75	
20010201	俞伟玮	女	000002	国贸011	1983-5-23	白	上海	021-47613556		20010201	000001	56	
20010201	俞伟玮	女	000002	国贸011	1983-5-23	白	上海	021-47613556		20010201	000003	76	
20010201	俞伟玮	女	000002	国贸011	1983-5-23	白	上海	021-47613556		20010201	000005	64	
20010301	周燕华	女	000003	金融011	982-10-16	汉	香港	00852-35353557		20010301	000001	45	
20010301	周燕华	女	000003	金融011	982-10-16	汉	香港	00852-35353557		20010301	000003	88	
20010301	周燕华	女	000003	金融011	982-10-16	汉	香港	00852-35353557		20010301	000005	66	
20010301	周燕华	女	000003	金融011	982-10-16	汉	香港	00852-35353557		20010301	000008	72	
20010301	周燕华	女	000003	金融011	982-10-16	汉	香港	00852-35353557		20010301	000009	76	
20010306	黄平原	男	000003	金融011	1982-2-14	回	上海	021-53563646		20010306	000008		缓考

记录: 1 共有记录数: 45

(a) 等值连接

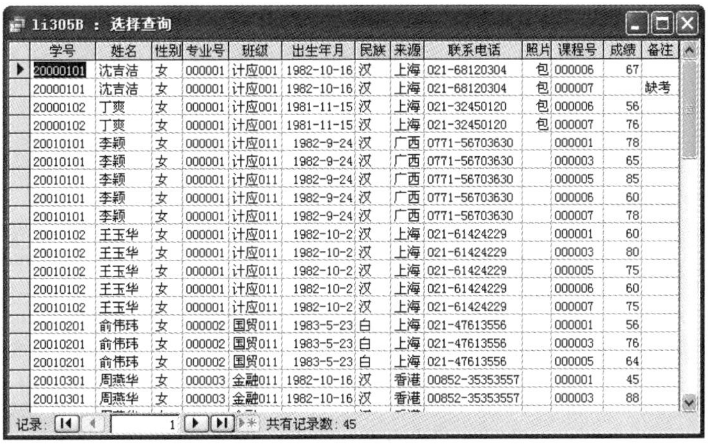

1i305B : 选择查询

学号	姓名	性别	专业号	班级	出生年月	民族	来源	联系电话	照片	课程号	成绩	备注
20000101	沈吉洁	女	000001	计应001	1982-10-16	汉	上海	021-68120304	包	000006	67	
20000101	沈吉洁	女	000001	计应001	1982-10-16	汉	上海	021-68120304	包	000007		缺考
20000102	丁爽	女	000001	计应001	1981-11-15	汉	上海	021-32450120	包	000006	56	
20000102	丁爽	女	000001	计应001	1981-11-15	汉	上海	021-32450120	包	000007	76	
20010101	李颖	女	000001	计应011	1982-9-24	汉	广西	0771-56703630		000001	78	
20010101	李颖	女	000001	计应011	1982-9-24	汉	广西	0771-56703630		000003	65	
20010101	李颖	女	000001	计应011	1982-9-24	汉	广西	0771-56703630		000005	85	
20010101	李颖	女	000001	计应011	1982-9-24	汉	广西	0771-56703630		000006	60	
20010101	李颖	女	000001	计应011	1982-9-24	汉	广西	0771-56703630		000007	78	
20010102	王玉华	女	000001	计应011	1982-10-2	汉	上海	021-61424229		000001	60	
20010102	王玉华	女	000001	计应011	1982-10-2	汉	上海	021-61424229		000003	80	
20010102	王玉华	女	000001	计应011	1982-10-2	汉	上海	021-61424229		000005	75	
20010102	王玉华	女	000001	计应011	1982-10-2	汉	上海	021-61424229		000006	60	
20010102	王玉华	女	000001	计应011	1982-10-2	汉	上海	021-61424229		000007	75	
20010201	俞伟玮	女	000002	国贸011	1983-5-23	白	上海	021-47613556		000001	56	
20010201	俞伟玮	女	000002	国贸011	1983-5-23	白	上海	021-47613556		000003	76	
20010201	俞伟玮	女	000002	国贸011	1983-5-23	白	上海	021-47613556		000005	64	
20010301	周燕华	女	000003	金融011	1982-10-16	汉	香港	00852-35353557		000001	45	
20010301	周燕华	女	000003	金融011	1982-10-16	汉	香港	00852-35353557		000003	88	

记录: 1 共有记录数: 45

(b) 自然连接

图 3.6 例 3.5 的查询结果

2. 常见的连接运算

在 SQL 中，常见的连接运算有等值连接、自然连接、自身连接、外连接等几种。

1) 等值连接

当连接运算符为“=”时的连接，称为等值连接。

2）自然连接

在等值连接的结果中去掉多余的重复属性列，即成为自然连接。

2.4.1 小节已指出，连接运算来源于广义笛卡儿乘积，可记为 $R \times S$。假使 R、S 原来分别有 a 个和 b 个元组，则 $R \times S$ 将拥有 $a \times b$ 个元组。这类不附带任何条件的连接运算也可以称为非等值连接。等值连接则要求，实现连接的两个表必须具有数值相等的公共属性（组），否则不予连接。此时的连接过程可记为：首先从关系 R 中取出第一个元组，依次与关系 S 中符合等值连接条件的元组进行拼接，存入连接结果中，作为结果集的第一组元组；接着从 R 中取出第二个元组，继续与符合等值连接条件的元组逐一地依次拼接，作为结果集的第二组元组；如此办理，直到取完 R 中的最后一个元组。由此可见，若 $a < b$，则等值连接的结果将拥有 b 个元组。换句话说，此时结果中的元组数将由元组数较多的关系 S 来决定。

如果 R 与 S 分别代表例 3.6 中的学生信息表（有 19 个元组）与成绩表（有 45 个元组），则非等值连接的结果将拥有 19×45 即 855 个元组，而在等值连接的结果集中，其元组数最多等于成绩表的元组数 45。

由此可见，等值连接系从非等值连接的结果中"选择"一部分满足等值连接条件的元组后得到；而自然连接则是从等值连接的结果中，再按照消除重复公共属性列的条件"投影"后得到。换言之，这两类常用的连接运算本身就隐含了选择和投影两种运算，这也是它们比简单运算和分组运算相对复杂、因而也较难理解与设计的原因。

（1）兼有分组功能的连接查询。

前文（参见 3.2.2 小节）已多次提到，分组查询并不限于单表查询。这里补充两个实例。

【例 3.6】 检索已选修了两门以上课程的所有学生的学号、姓名和选修课程门数。

【解】 本例与例 3.4 的示例 2 内容相似，但增加的姓名涉及学生信息表，要用到两个表的连接查询，可与例 3.4 的单表分组查询对照阅读。其 SQL 语句如下：

```
SELECT 成绩表.学号, 姓名, COUNT(*) AS 选修课程门数
  FROM 成绩表, 学生信息表
  WHERE 成绩表.学号=学生信息表.学号
  GROUP BY 成绩表.学号, 姓名
  HAVING COUNT(*)>2;
```

执行查询时，将首先仿照例 3.4 示例 2 按学号进行分组，并删除选课门数不超过 2 的分组，然后与学生信息表连接，找出与学号对应的姓名。图 3.7 显示了本例的查询结果。

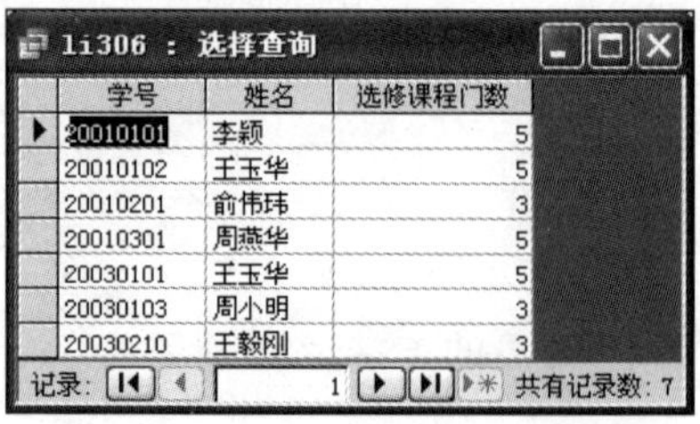

图 3.7 分组连接查询实例之一

【例 3.7】 查询选修了 000005 号课程的学生学号和姓名。

【解】 与例 3.6 相比，本例不要求输出"选修课程门数"，但多了一个查询条件，即"选修了

000005 号课程"，故仍然涉及上述两表的连接查询。其 SQL 语句如下：

```
SELECT 学生信息表.学号, 姓名
   FROM 学生信息表, 成绩表
   WHERE 学生信息表.学号 = 成绩表.学号
      AND 课程号='000005';
```

这里的 WHERE 子句包含了两个条件：一个用于实现等值连接；另一个用于从成绩表中选择满足条件的元组，与 HAVING 子句的作用范围显然不同。图 3.8 显示了本例的查询结果。

图 3.8　分组连接查询实例之二

（2）三表连接查询。

例 3.6 和例 3.7 的连接查询都属于两表连接，下面再举一个三表连接的例子。

【例 3.8】　求选修了"数据库原理"这门课的学生姓名和成绩。

【解】　本例查询所需的字段来自三个表，属多表连接。连接为二元运算，每次只能连接两个表，三个表需要连接两次，但整个操作过程对用户是透明的，不需要用户干预。

其 SQL 语句如下：

```
SELECT 学生信息表.姓名,成绩表.成绩
   FROM 学生信息表, 课程表, 成绩表
   WHERE 学生信息表.学号 = 成绩表.学号
      AND 成绩表.课程号 = 课程表.课程号
      AND 课程表.课程名 = "数据库原理";
```

说明：

① 在连接查询中，如果源表有重复字段，那么在字段前加上表名；否则可省略表名直接写出字段名。在本例中，学生信息表中的姓名、成绩表中的成绩以及课程表中的课程名，字段前的表名都可以省略，故以上 SQL 语句也可改写为：

```
SELECT 姓名, 成绩
   FROM 学生信息表, 课程表, 成绩表
   WHERE 学生信息表.学号 = 成绩表.学号
      AND 成绩表.课程号 = 课程表.课程号
      AND 课程名 = "数据库原理";
```

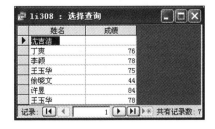

图 3.9　例 3.8 的查询结果

② 多表连接中，各连接条件之间应该用 AND 相连。

③ 当 WHERE 子句中既有连接条件又有其他选择条件时，连接条件应放在前面。

图 3.9 显示了本例的查询结果。

3）自身连接

连接运算通常应用于两个基本表之间。如果

需要,一个表也可与其自身进行连接。这里举一个实例。

【例 3.9】 查询至少同时选修了 000005 和 000007 两门课的学生学号。

【解】 本例涉及的数据均可从成绩表取得,但两门课的课程号分处在同一字段中不同的行,而这两行的学号又必须相同,用连接查询实现显然更加方便。

自身连接就是把一个表看成两个表,分别取不同的别名,然后进行连接。在本例中,成绩表被区分为别名 A 和别名 B 的两个表。其查询结果如图 3.10 所示,SQL 语句如下:

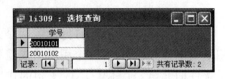

图 3.10 例 3.9 的查询结果

```
SELECT A.学号
  FROM 成绩表 AS A , 成绩表 AS B
  WHERE A.学号 = B.学号
    AND A.课程号 = "000005"
    AND B.课程号 = "000007";
```

上述 WHERE 子句的查询条件表明,本例为等值连接。查询时先实现连接,后选择课程号。连接后的结果,成绩表 A 的字段位于元组左方,成绩表 B 的字段位于元组右方。但是当按照课程号选择时,只要求在连接后的同一元组中能找到 000005 与 000007 两种课程号,并不关心其左右顺序。因此,上述查询语句的后两条子句也可以写成:

```
AND A.课程号 = "000007"
AND B.课程号 = "000005";
```

这与前面一种写法显然是等效的,从而可构成本例的两种不同解法。

4) 外连接

前面提到的三种连接具有一个共同的特征,即只有在两个源表中符合等值连接的元组才能以对应(或匹配)元组的身份被拼接,并保留在其结果集中。如果查询中涉及非匹配元组的数据,SQL 将怎样处理呢? 试看下面的实例。

【例 3.10】 查询全部学生及其选修情况,要求在输出字段中包括学号、姓名、课程号和成绩。若某个学生未选修任何课程,则仅输出其学号和姓名,课程号和成绩为空。

【解】 在成绩表中只包括选过课的学生。本例则要求未选任何课的学生也要输出其学号和姓名,因而涉及非匹配的元组,显然不能单靠等值连接来实现。

为了在查询结果集中保留非匹配元组中的数据,SQL 提供了 OUTER JOIN 子句。当它与等值连接一起使用时,即能实现与非匹配元组的连接。SQL 把这种连接方法称为"外连接"(outer join),以区别于单纯使用等值连接的"内连接"(inner join)。

图 3.11 显示了使用 Access SQL 语句来

图 3.11 例 3.10 查询结果

实现"外连接"的查询结果,其语句如下:

```
SELECT 学生信息表.学号, 姓名, 课程号, 成绩
  FROM 学生信息表 LEFT JOIN 成绩表 ON 学生信息表.学号=成绩表.学号;
```

外连接查询又可区分为左外连接和右外连接。在 Access SQL 语言中,可分别用 LEFT［OUTER］JOIN 子句和 RIGHT［OUTER］JOIN 子句来实现,因这些子句已使用 LEFT 或 RIGHT 打头,名称中的［OUTER］也可省略不写。如果用 SS SQL 语言来表示,左外连接符可写成"＊＝";右外连接符可写成"＝＊"。

执行外连接时,左外连接的结果集包括 LEFT JOIN 子句中指定的左表的所有行,而不仅仅是与连接列匹配的行。如果左表的某行在右表中没有匹配行,则在结果集的相关行中,系统会自动把右表的所有列设置为"空值"。右外连接与左外连接的连接方向相反,它返回右表的所有行;如果右表的某行在左表中没有匹配行,则左表的各列将返回"空值"。

例 3.10 显示了使用 Access SQL 语言实现左外连接的示例。如改用右外连接来实现题目的要求,除了将上述语句中的 LEFT JOIN 改为 RIGHT JOIN 外,还需要交换两个表名的位置。具体语句如下:

```
SELECT 学生信息表.学号, 姓名, 课程号, 成绩
  FROM 成绩表 RIGHT JOIN 学生信息表 ON 学生信息表.学号=成绩表.学号;
```

需要说明,无论是右外连接还是左外连接,在拼接所得的元组中,总是学生信息表的列位于左方(左表),成绩表的列位于右方(右表)。但是当实现连接时,右外与左外的连接方向是相反的,返回的内容也是相反的,反、反得正,因而查询结果仍与图 3.11 相同。读者可根据课文的介绍自行分析和练习。

至此,SQL 常见的 4 种连接运算已全部讲完。以下将结合若干示例对查询条件中的常用"谓词"做简单介绍。

3. 查询条件中的常用"谓词"

在基本查询块中包含了可选的 WHERE 子句,用于指出查询的条件。但是在简单查询和单表分组查询中,WHERE 子句一般都比较简单,只包含＝、＞、＜、＞＝、＜＝、＜＞(表示不等于)等比较运算符,有时在比较运算符前还可能加上 NOT。

连接查询及嵌套查询则不同于单表查询。由于其数据至少涉及两个表,WHERE 子句常包含 AND、OR 等逻辑运算符,以便设置像例 3.8 和例 3.9 那样的复合条件(也称多重条件)。尤有进者,它们都允许在查询条件中使用"谓词",使 SQL 语句更接近于英语的自然语言。

下面介绍几个谓词应用示例。

表 3.3 列出了查询条件中的常用谓词。以下将通过一些示例,说明它们在 WHERE 子句中的应用。

表 3.3　查询条件中的常用谓词

查询条件	常用谓词	含　义	示　例
指定 数值范围	BETWEEN…AND… NOT BETWEEN…AND…	数值介于两者之间 数值超出两者之外	数值在 3～4 之间 数值在 3～4 以外
指定 集合范围	IN NOT IN	在指定的集合之中 在指定的集合之外	在集合(…)中 在集合(…)外
字符串匹配	LIKE NOT LIKE	与指定字符串呈完全/不完全匹配 与指定的字符串不匹配	见例 3.13、例 3.14
空值	IS NULL IS NOT NULL	查询的字段(或列)为空值 查询的字段(或列)不为空值	见例 3.15、例 3.17

【例 3.11】 查询学分在 3～4 之间的课程号和课程名。

【解】 查询结果如图 3.12(a)所示。查询条件中可使用谓词 BETWEEN…AND…，语句如下：

```
SELECT 课程号, 课程名
  FROM 课程表
  WHERE 学分 BETWEEN 3 AND 4;
```

上述 WHERE 子句等效于 WHERE 学分＞＝3 AND 学分＜＝4。

若要求查询学分在 3～4 范围以外的课程，可使用 NOT BETWEEN…AND…。其语句如下，查询结果如图 3.12(b)所示。

```
SELECT 课程号, 课程名
  FROM 课程表
  WHERE 学分 NOT BETWEEN 3 AND 4;
```

(a) 学分在3～4范围之内　　　　　　　　(b) 学分在3～4范围以外

图 3.12　例 3.11 的查询结果

【例 3.12】 显示 01 级(计应 011、金融 011 和国贸 011 班)各班学生的学号、姓名和班级。

【解】 利用 Access SQL 的取子串函数 MID(在 SS SQL 中为 SUBSTRING 函数)，可通过学号第 3、4 位是否为"01"进行判断。查询结果如图 3.13 所示，其 SQL 语句如下：

```
SELECT 学号, 姓名, 班级
  FROM 学生信息表
  WHERE MID (学号,3,2)='01';
```

其中的 MID（学号,3,2）表示,从字段"学号"的第 3 个字符起返回两个字符。

若使用谓词 IN 查找字段值属于指定集合的元组,则语句如下,显然更加简洁和直观。

```
SELECT 学号, 姓名, 班级
   FROM 学生信息表
   WHERE 班级 IN ('计应 011', '金融 011',
               '国贸 011');
```

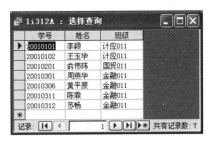

图 3.13　例 3.12 的查询结果

【例 3.13】　查询学号为 20010102 的学生情况。

【解】　使用谓词"LIKE"对查询的字符进行匹配,结果如图 3.14 所示。其 SQL 语句如下:

```
SELECT *
   FROM 学生信息表
   WHERE 学号 LIKE '20010102';
```

其中的 WHERE 子句等效于 WHERE 学号='20010102',为完全匹配。

图 3.14　例 3.13 的查询结果

【例 3.14】　查询所有姓赵学生的姓名、学号、性别。

【解】　本例为不完全匹配查询,须使用通配符" * "和"?",前者用于匹配任意多个字符,后者为匹配单个字符。姓赵的学生可能是单名,也可能是双名,题目要求查询所有姓赵的学生,查询结果如图 3.15(a)所示,SQL 语句如下:

```
SELECT 姓名,学号,性别
   FROM 学生信息表
   WHERE 姓名 LIKE "赵 * ";
```

若仅需查询所有姓赵的单名学生信息,其 SQL 语句应改变如下,查询结果见图 3.15(b):

```
SELECT *
   FROM 学生信息表
   WHERE 姓名 LIKE "赵?";
```

(a) 通配符*

(b)通配符?

图 3.15　例 3.14 的查询结果

注意：在 SS SQL 中，对应的通配符分别为"％"和"_(下画短线)"。

【例 3.15】 有些学生选修课程后尚未参加考试，所以只有选课记录，没有考试成绩。查询这些学生的学号和缺少成绩的课程号。

【解】 查询结果如图 3.16 所示，SQL 语句如下：

```
SELECT 学号，课程号
  FROM 成绩表
  WHERE 成绩 IS NULL;
```

注意：这里的 IS 不能用等号代替。IS NOT NULL 的应用见例 3.17。

【例 3.16】 查询 1982 年 1 月 1 日前出生学生的学号、姓名和出生年月。

【解】 查询结果如图 3.17 所示，SQL 语句如下：

```
SELECT 学号，姓名，出生年月
  FROM 学生信息表
  WHERE 出生年月<#01-01-1982#;
```

注意：在 SS SQL 中，#01-01-1982# 应写为 '01-01-1982'。

图 3.16 例 3.15 的查询结果 　　　　　图 3.17 例 3.16 的查询结果

【例 3.17】 查询少数民族男生的名单(不包括外国留学生)。注意，在学生信息表中，外国留学生的民族字段为"空值"。

【解】 本例属多重条件查询。对于少数民族，应排除汉族和外国留学生两种情况，即"民族"不等于"汉"且不为"空值"(书写格式为：民族 IS NOT NULL 或 民族<>' ')，查询结果如图 3.18 所示，SQL 语句如下：

```
SELECT 姓名
  FROM 学生信息表
  WHERE 性别 = '男'
      AND (民族<>'汉' AND 民族 IS NOT NULL);
```

其中，民族 IS NOT NULL 也可以写为民族<>' '。

注意：在多重条件中，逻辑运算符的优先级为：括号＞AND＞OR。

【例 3.18】 检索"计应 001"班和"计应 021"班的学生姓名和性别。

【解】 本例也属多重条件查询。在指定的两个班中满足任何一个就可以了，故属于"或"查询。查询结果如图 3.19 所示，其 SQL 语句如下：

```
SELECT 姓名,性别
  FROM 学生信息表
  WHERE 班级 ='计应 001'  OR  班级 ='计应 021';
```

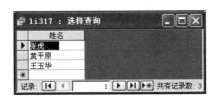

li317 : 选择查询

姓名
张虎
黄平原
王玉华

记录: 1 共有记录数: 3

图 3.18 例 3.17 的查询结果

li318 : 选择查询

姓名	性别
沈吉洁	女
丁爽	女
徐晓文	男
许昱	女
王宏	男

记录: 1 共有记录数: 5

图 3.19 例 3.18 的查询结果

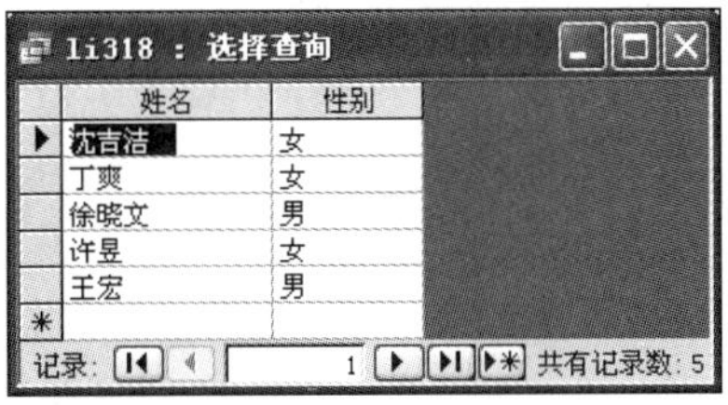

由以上 8 个示例可见,在 WHERE 子句中使用"谓词"可加强查询的表达力,使语句更趋简洁、直观和口语化,方便阅读或编写。在下文将要介绍的嵌套查询中,"谓词与量词"灵活结合,在 WHERE 子句中千变万化,更使之成为 SQL 语言的一大亮点。

3.2.4 嵌套查询

把一个查询块嵌套在另一个查询块的 WHERE 子句(或 HAVING 子句)的条件中,称为嵌套查询,通常将外层的查询块称为父查询,内层的查询块称为子查询。如果在子查询中还嵌套了其他子查询,即构成多层查询。

本小节依次介绍与嵌套查询相关的如下三个重要问题。

1. 子查询

还是从一个引例讲起。

【例 3.19】 在选修其他课程的学生中,检索比 000005 号课程所有分数都低的学生的学号、课程号和成绩。

【解】 可以用在 WHERE 子句中设置子查询的方法来求解,下面介绍两种可能的解法。

解法 1:利用表 3.2 中的聚合函数 MIN(),图 3.20 显示了本解法的查询结果。语句如下:

```
SELECT *
  FROM 成绩表
  WHERE 成绩 < ( SELECT MIN (成绩)
                 FROM 成绩表
                 WHERE 课程号 = '000005' )
    AND 课程号 <> '000005';
```

li319A : 选择查询

学号	课程号	成绩	备注
20000102	000006	56	
20010101	000006	60	
20010102	000001	60	
20010102	000006	60	
20010201	000001	56	
20010301	000001	45	
20020101	000007	44	
20030101	000004	62	
20030102	000004	60	
20030103	000002	55	

记录: 1 共有记录数: 10

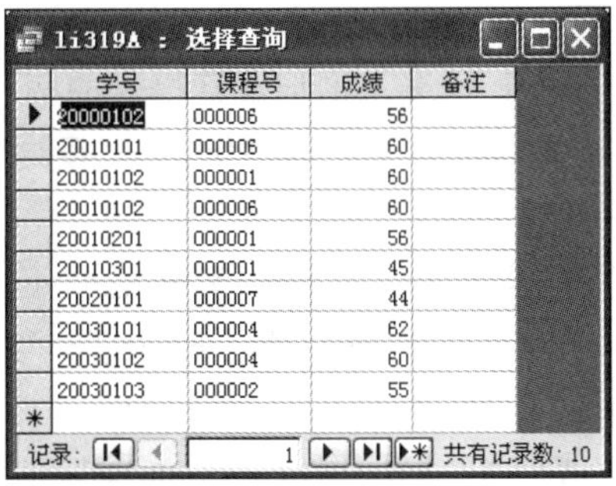

图 3.20 例 3.19 的查询结果

在嵌套查询中,求解的顺序应由里往外进行。即在处理父查询之前,先求解子查询,并将其结果作为父查询的查找条件。例如,在本解法中可首先用函数 MIN()找出课程号'000005'的最低分,将它与(子查询块语句)前方出现的"成绩<"一起,组成 WHERE 子句的第一个查询条件——"成绩<000005 号课程的最低分";然后同另一个查询条件"课程号 <> '000005'"用 AND"相与",获得 WHERE 子句所需要的、完整的复合查询条件。

解法 2:使用带量词 ALL 的子查询,其查询的结果与解法一相同,语句如下:

```
SELECT *
  FROM 成绩表
  WHERE 成绩 <ALL (SELECT 成绩
                   FROM  成绩表
                   WHERE 课程号 = '000005' )
     AND 课程号<>'000005';
```

在以上语句中,ALL 为全称量词。其中"成绩<ALL(子查询块语句)"的含义,是要求检索"成绩低于成绩表中所有选修了 000005 号课程的学生"。另一个查询条件——"课程号 <> '000005'"则与解法一相同,不再重复。

顺便指出,在子查询块中不能包含 ORDER BY 子句,因为该子句只能对最终查询结果进行排序。

2. 查询条件中的常用量词

SQL 语言为查询条件提供了三种常用量词,如表 3.4 所示。

表 3.4   查询条件中的常用量词

查询条件	常 用 量 词	含 义	示 例
存在量词	EXISTS NOT EXISTS	若存在子查询检索的内容,返回 TRUE; 否则返回 FALSE	数值为 3~4 数值为 3~4 以外
全称量词	ALL	在指定的集合之中 在指定的集合之外	见例 3.19 解法 2
任意量词	ANY	与指定字符串呈完全/不完全匹配 与指定的字符串不匹配	见例 3.21

用数学公式来表达逻辑命题,最初起源于数理逻辑中的"谓词演算",它不仅可以在演算中使用相当于"与""或""非"等运算的逻辑符号,还允许在公式中使用存在量词"∃"和全称量词"∀"。所以在有些教材中,量词与谓词常不加区分地使用。

SQL 承袭了谓词演算提供的两种量词,又新增了一种任意量词 ANY,使它们的应用更趋灵活和完善。本书保留了"量词"(quantifiers)的称呼,以区别于含义更广的一般"谓词"(predicates)。

前文已经用示例的形式说明了 ALL 的用法(见子查询引例 3.19)。以下再各举一例,分别说明另两种量词 EXISTS 与 ANY 的应用,使读者从中可窥一斑。

(1) 量词 EXISTS 应用示例

【例 3.20】 用嵌套查询实现例 3.7 的要求,查询选修了 000005 号课程的学生学号和姓名。

【解】 在例 3.7 中,上述的查询要求是用连接查询实现的。本例将改用嵌套查询来实现。

解法 1:使用带谓词 IN 的子查询,此时的查询结果如图 3.21 所示,语句如下:

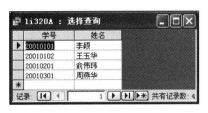

图 3.21 例 3.20 的查询结果

```
SELECT 学号, 姓名
    FROM 学生信息表
    WHERE 学号 IN (SELECT 学号
                FROM 成绩表
                WHERE 课程号='000005');
```

查询时先执行内层查询,找出选修 000005 号课程的学生学号;然后再从外层查询中按学号逐个地找出相应的学生姓名。

解法 2:使用带 EXISTS 谓词的子查询。本解法仍使用嵌套查询,其结果与解法一完全相同,但语句将修改为:

```
SELECT 学号, 姓名
    FROM 学生信息表
    WHERE EXISTS ( SELECT *
                FROM 成绩表
                WHERE 学生信息表.学号 = 学号
                    AND 课程号 = '000005');
```

需要说明,通常情况下子查询执行后会返回在 SELECT 子句中由列名(表)所指出的数据,但带有存在量词 EXISTS 的子查询却与众不同。它仅用是否"存在"有解来代替返回任何数据。一般地,只要 SELECT 语句的查询结果非空,子查询块就会返回一个逻辑真值 TRUE;反之则返回逻辑假值 FALSE。可见,在 SELECT 子句中写出的列名(表)并无实际意义,为简便起见,通常只写成 SELECT ＊ 就可以了。

本解法的查询过程为:先取外层查询"学生信息表"中的第一个元组;然后根据它与内层查询相关的属性值(学号)处理内层查询(若 WHERE 子句返回值为真,则取此元组放入结果表中);再取"学生信息表"中的下一个元组,执行第二步(处理内层查询),直至"学生信息表"全部检查完毕;最后对结果表投影,取出"学号"和"姓名"。

(2) 量词 ANY 应用示例。

下面再举一例,说明任意量词 ANY 在嵌套查询中的应用。

【例 3.21】 查询选修 000005 号课程的学生学号和姓名,试用带量词 ANY 的嵌套查询。

```
SELECT 学号, 姓名
    FROM 学生信息表
    WHERE 学号 = ANY (SELECT 学号
                    FROM 成绩表
                    WHERE 课程号='000005');
```

与例 3.20 的解法一相比,这里的"＝ANY"与谓词 IN 是等价的,可以互相替换。

表 3.5 列出了 ANY、ALL 与集函数、IN 的对应关系。用集函数实现子查询通常比直接用 ANY 或 ALL 查询效率更高。

表 3.5　ANY、ALL 与集函数、IN 的对应关系

量词	＝	＜＞或！＝	＜	＜＝	＞	＞＝
ANY	IN	无	＜MAX	＜＝MAX	＞MIN	＞＝MIN
ALL	无	NOT IN	＜MIN	＜＝MIN	＞MAX	＞＝MAX

3. 嵌套查询的特点

与连接查询相比,嵌套查询主要有下列特点。

(1)逐层分解、层次分明是嵌套查询明显的优势。连接运算与嵌套运算同属于二元运算,都涉及两个或更多个表的数据。但两者相比,连接查询把 WHERE 子句中的复合查询条件用 AND 相连后,可一次性地和盘托出,其语句直观且简单;不足的是它缺乏嵌套查询所具有的那种层次感,不能让人一目了然。这也是后者更受部分读者青睐的最重要原因。

(2)由于连接运算一般包含求积运算,其执行效率也不及嵌套查询高。

(3)所有带 IN、比较运算符、ANY、ALL 谓词的子查询都能用带 EXISTS 谓词的子查询等价替换。

3.3　SQL 的数据更新

SQL 是集 DDL、DML 和 DCL 三类语言于一身的一体化语言,正如第 2 章的引例数据库和表 3.1 所示,它只用 9 种命令就可涵盖上述三类语言的主要功能。

另外,作为迄今最重要的关系查询语言之一,SQL 又通过其 DML 语言完成数据检索与数据维护两个方面的操作,并分工由 SELECT 语句和数据更新语句来承担。如果说 SELECT 语句是 SQL 语言的"红花",则数据更新语句可以比作"绿叶",两者在功能上相辅相成、相得益彰,正所谓缺一不可。

3.2 节主要讨论查询语句,本节着重介绍数据更新。它包括了数据的增、删、改,涉及插入(INSERT)、修改(UPDATE)和删除(DELETE)三种命令。现分述如下。

3.3.1　插入数据

SQL 的数据插入语句有两种形式:一种是单个插入;另一种是成批插入。单个插入是使用常量实现插入,一次只插入一个元组;成批插入是利用子查询生成的集合实现插入,一次可插入若干个元组。

(1)使用常量插入单个元组。语句格式如下:

```
INSERT
   INTO <表名>[<属性列 1>,<属性列 2>,…]
```

```
VALUES(<常量 1>,<常量 2>,…)
```

说明：

① 将新元组插入指定表中。属性列与常量一一对应，即<属性列 1>对应<常量 1>、<属性列 2>对应<常量 2>……。

② INTO 子句中没有出现的属性列，新记录在这些列上取空值。

③ 若 INTO 子句未指明属性列，表示新插入记录每列必有值。

④ 对于表定义时说明了 NOT NULL 的属性列，不能取空值，即 INTO 子句中必须包括这些列的列名。

⑤ 对于表定义时说明了 UNIQUE(唯一性)的属性列，其对应的常量值不能与表中另一元组的值相等；否则将提示出错。

【例 3.22】 本例包含了两个插入单个元组的示例。分述如下。

示例 1：将一个新的学生记录(学号为 20030211；姓名为陈东；性别为男；专业号为 000002；班级为国贸 031；出生年月为 1984-10-5)插入学生信息表中，结果如图 3.22 所示。

学生信息表 ：表

学号	姓名	性别	专业号	班级	出生年月	民族	来源	联系电话	照片
20000206	张虎	男	000002	国贸001	1981-7-15	壮	上海	021-34326576	包
20010101	李颖	女	000001	计应011	1982-9-24	汉	广西	0771-56703630	
20010102	王玉华	女	000001	计应011	1982-10-2	汉	上海	021-61424229	
20010201	俞伟玮	女	000002	国贸011	1983-5-23	白	上海	021-47613556	
20010301	周燕华	女	000003	金融011	1982-10-16	汉	香港	00852-35353557	
20010306	黄平原	男	000003	金融011	1982-2-14	回	上海	021-53563646	
20010311	陈霖	女	000003	金融011	1982-1-5	汉	北京	010-36436476	
20010312	苏畅	女	000003	金融011	1984-9-6	汉	北京	010-47457565	
20020101	徐晓文	男	000001	计应021	1983-9-6	汉	天津	022-46757587	
20020102	许昱	女	000001	计应021	1983-7-9	汉	台湾	008862-6561329	
20020103	王宏	男	000001	计应021	1984-1-2		俄罗斯		
20030101	王玉华	男	000001	计应031	1984-3-4	朝鲜族	吉林	0431-68794755	
20030102	李之红	女	000001	计应031	1984-5-7		日本		
20030103	周小明	男	000001	计应031	1984-8-4	汉	江苏	025-58584531	
20030207	赵易	男	000002	国贸031	1983-9-6	汉	上海	021-47575688	
20030210	王毅刚	男	000002	国贸031	1983-9-13	汉	四川	028-43575876	

记录：1 共有记录数：19

(a) 数据插入前

学生信息表 ：表

学号	姓名	性别	专业号	班级	出生年月	民族	来源	联系电话	照片
20010201	俞伟玮	女	000002	国贸011	1983-5-23	白	上海	021-47613556	
20010301	周燕华	女	000003	金融011	1982-10-16	汉	香港	00852-35353557	
20010306	黄平原	男	000003	金融011	1982-2-14	回	上海	021-53563646	
20010311	陈霖	女	000003	金融011	1982-1-5	汉	北京	010-36436476	
20010312	苏畅	女	000003	金融011	1984-9-6	汉	北京	010-47457565	
20020101	徐晓文	男	000001	计应021	1983-9-6	汉	天津	022-46757587	
20020102	许昱	女	000001	计应021	1983-7-9	汉	台湾	008862-6561329	
20020103	王宏	男	000001	计应021	1984-1-2		俄罗斯		
20030101	王玉华	男	000001	计应031	1984-3-4	朝鲜族	吉林	0431-68794755	
20030102	李之红	女	000001	计应031	1984-5-7		日本		
20030103	周小明	男	000001	计应031	1984-8-4	汉	江苏	025-58584531	
20030207	赵易	男	000002	国贸031	1983-9-6	汉	上海	021-47575688	
20030210	王毅刚	男	000002	国贸031	1983-9-13	汉	四川	028-43575876	
20030211	陈东	男	000002	国贸031	1984-10-5				

记录：1 共有记录数：20

(b) 数据插入后

图 3.22 例 3.22 示例 1

【解】

```
INSERT
  INTO 学生信息表(学号,姓名,性别,专业号,班级,出生年月)
  VALUES (20030211,'陈东','男','000002','国贸 031', '1984-10-5');
```

说明：新记录列名的顺序必须与学生信息表中列名顺序一致。

示例 2：插入一条选课记录（学号：20030211；课程号：000004），结果如图 3.23 所示。

【解】

```
INSERT
  INTO 成绩表（学号，课程号）
  VALUES ('20030211', '000004');
```

(a) 数据插入前   (b) 数据插入后

图 3.23　例 3.22 示例 2

说明：因为关系成绩表中的"学号"和"课程号"均是外码，分别来自学生信息表和课程表，为保证参照完整性，执行插入命令前必须确保关系学生信息表中存在 20030211 号学生，关系课程表中存在 000004 号课程。

（2）利用子查询生成的集合成批地插入元组。此时的语句格式如下：

```
INSERT
  INTO <表名>   [<属性列 1>,<属性列 2>,…]
  <子查询>;
```

说明：<子查询>的作用是将一个或多个其他表或视图的值添加到指定表中。在其 SELECT 子句中，属性列的列表（即选择列的列表）与 INTO 子句中的属性列列表必须匹配。如果 INTO 子句中缺省属性列列表，则选择列列表必须与正在插入的表或视图的列匹配。

【例 3.23】　假定"计应 021"全班都选修了"计算机专业英语"课，请将相关的信息插入成绩表中，并令"成绩"列的初始值为空，插入结果如图 3.24 所示。

【解】　利用子查询生成的集合成批地插入成绩表中。其 SQL 语句如下：

```
INSERT INTO 成绩表(学号, 课程号, 成绩)
  SELECT 学号, '000005',null
```

```
FROM 学生信息表
WHERE 班级 ='计应 021';
```

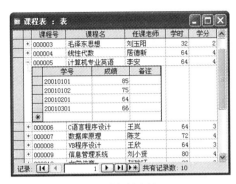 

(a) 数据插入前　　　　　　　　　(b) 数据插入后

图 3.24　例 3.23 的插入更新结果

3.3.2　修改数据

SQL 修改数据有三种方式：修改一个元组的值；修改多个元组的值；带子查询的修改语句。语句格式如下：

```
UPDATE <表名>
    SET <列名>= <表达式>[,<列名>= <表达式>…]
    [WHERE <条件>];
```

上述语句的功能是在<表名>符合 WHERE 子句条件的元组中，将 SET 子句<列名>所指出的那些列，用<列名>等号后面的<表达式>的值来替代。WHERE 子句中可以嵌入子查询。例如，默认 WHERE 子句，表示要修改指定表中的全部元组。

【例 3.24】　修改学号为 20030211 学生的选课记录，将其选修的 000004 号课程的成绩改为 85 分，修改结果如图 3.25 所示。

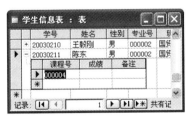

(a) 数据修改前　　　　　　　　　(b) 数据修改后

图 3.25　例 3.24 的修改更新结果

【解】　本例只修改某一个元组的值。其语句如下：

```
UPDATE 成绩表
    SET 成绩=85
```

```
WHERE 学号='20030211' AND 课程号='000004';
```

【**例 3.25**】 修改用户信息表,在"用户权限"字段的首部加上"0",修改结果如图 3.26 所示。

(a) 数据修改前   (b) 数据修改后

图 3.26 例 3.25 的修改更新结果

【**解**】 用户信息表用于存储当前数据库所有用户的信息,包括用户号、用户名、用户密码、用户权限等。修改用户信息表可以改变用户的权限。通常只有数据库管理员才具有这样的权力。其 SQL 语句如下:

```
UPDATE 用户信息表
   SET 用户权限="0"+用户权限;
```

【**例 3.26**】 将成绩表中的"计算机专业英语"课程的成绩乘以 1.1,修改结果如图 3.27 所示。

【**解**】 本例可用带子查询的修改语句。其语句如下:

```
UPDATE 成绩表
   SET 成绩 = 成绩 * 1.1
   WHERE 课程号 = (SELECT 课程号
                  FROM 课程表
                  WHERE 课程名 = '计算机专业英语');
```

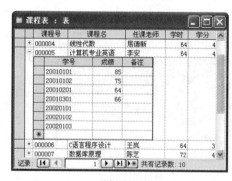 

(a) 数据修改前   (b) 数据修改后

图 3.27 例 3.26 的修改更新结果

说明:DBMS 在执行修改语句时,会检查修改操作是否破坏表上已定义的完整性规则。

3.3.3 删除数据

同修改数据一样,SQL 删除数据也有三种方式:删除某一元组;删除多个元组;带子查询的删除。其语句格式如下:

```
DELETE
  FROM <表名>
  [WHERE <条件>];
```

说明:

① 上述语句的功能,是将<表名>中符合 WHERE 子句条件的那些元组删除。例如,默认 WHERE 子句,表示删除表中的全部元组,即清空所有数据记录,但数据表的定义仍存在。

② 和 UPDATE 语句一样,DELETE 语句的 WHERE 子句中也可以嵌入子查询。

③ 一条 DELETE 语句只能删除一个表中的元组,其 FROM 子句中只能有一个表名。若要删除多个表的数据,须用多条 DELETE 语句才能完成。

【例 3.27】 删除用户信息表中用户号为 100002(即李志宏)的数据记录。

【解】 本例只删除一个元组的值。其 SQL 语句如下:

```
DELETE
  FROM 用户信息表
  WHERE 用户号 = '100002';
```

【例 3.28】 删除学号为 20030211 的学生记录。

【解】 本例的原意是利用 DELETE 语句把刚刚通过例 3.22 插入学生信息表的"学号为 20030211"的新记录再删去。但由于学号既是学生信息表的主码,又是成绩表的外码,如果只删除学生信息表中的 20030211 学生记录,而该生在成绩表中的选课记录仍继续存在,则显然违反完整性约束的规定。因此,本例虽然只要求删除一个元组,DELETE 语句却需要执行两次。其整个 SQL 语句如下:

```
DELETE
  FROM 成绩表
  WHERE 学号 = '20030211';
DELETE
  FROM 学生信息表
  WHERE 学号 = '20030211';
```

注意:上述两条删除语句的次序不可颠倒,否则将提示出错。

【例 3.29】 删除专业号为 000001 的所有学生的选课记录。

【解】 学生的选课记录都存于成绩表中,而每个学生所学专业的专业号只能在学生信息表中查到,因此本例需用带子查询的删除语句。其 SQL 语句如下:

```
DELETE
```

```
    FROM 成绩表
    WHERE '000001' = (SELECT 专业号
                          FROM 学生信息表
                          WHERE 学号 = 成绩表.学号);
```

注意,若改写成下面的语句,将无法实现以上功能:

```
DELETE
    FROM 成绩表
    WHERE 学号 = (SELECT 学号
                      FROM 学生信息表
                      WHERE 专业号='000001');
```

【例 3.30】 删除所有的学生选课记录。

【解】 本例要求删除多个元组的值。其 SQL 语句如下:

```
DELETE
    FROM 成绩表;
```

说明:DBMS 在执行删除语句时会检查所删元组是否破坏表上已定义的完整性规则。

3.4 SQL 的数据控制

3.4.1 数据的安全控制

数据控制也称数据保护,通常包括数据的安全性、完整性以及恢复被破坏了的数据库等内容。一般地,表的主人通常拥有对表的一切操作权力,包括定义和删除表的索引,对表及其视图进行查询、更新和备份等。但为了确保数据库的安全,每个系统必须指定一个"数据库管理员"(database administer,DBA)为最高负责人,由他来决定哪个用户对哪类数据具有何种权限。

在 SQL 中,所有的数据控制功能都是通过用户对数据的存取权限实现的。因此,DBA 通过授予与收回存取权限,就可以控制用户的权限。所有授权的结果都存入系统的数据字典中,由系统保证执行。

3.4.2 授予与收回权限

不言而喻,数据库管理员应该熟练掌握本节的全部内容。但对于一般用户来说,只需要了解两种命令的用法,看懂它们的应用示例即可。

1. GRANT 和 REVOKE 命令

如表 3.1 所示,SQL 提供 GRANT 和 REVOKE 两种命令,用于实现数据控制的功能。它们的一般格式如下:

```
GRANT 权限[，权限]…[ON 对象类型，对象名]
   TO PUBLIC|用户[，用户] [WITH GRANT OPTION]
REVOKE 权限[，权限]…[ON 对象类型，对象名] FROM 用户[，用户]…
```

其中 PUBLIC 表示所有的用户。

2．命令应用示例

以下通过 6 个示例以加深对数据控制的理解。

【例 3.31】 把对数据库 STUDENT 的全部存取权限授予李志宏。

【解】 全部存取权包括查询、插入、修改和删除等所有权限，在 SQL 命令中通常用 ALL 来表示。其 SQL 命令如下：

```
GRANT ALL  ON  STUDENT TO 李志宏
```

【例 3.32】 把对学生信息表的查询权与学生学号修改权授予张小筱。

【解】

```
GRANT SELECT,UPDATE(学号) ON 学生信息表 TO 张小筱；
```

【例 3.33】 把对课程表的查询权授予所有用户。

【解】

```
GRANT SELECT ON 课程表  TO PUBLIC；
```

【例 3.34】 把对课程表的删除权授予李志宏。

【解】

```
GRANT DELETE ON  课程表 TO 李志宏；
```

【例 3.35】 把张小筱对学生信息表的学号修改权收回。

【解】

```
REVOKE UPDATE(学号) ON 学生信息表 FROM 张小筱；
```

【例 3.36】 把一般用户查询成绩表的权力收回。

【解】

```
REVOKE SELECT ON 成绩表 FROM  PUBLIC；
```

3.5　SQL 视图及其操作

在 SQL 中，数据表可区分为两类：一类是基本表（Tables）；另一类是从基本表导出的表，即 SQL 视图。本节主要介绍 SQL 视图的作用及其创建、删除和更新等操作。

在 SPARC 三级结构中，视图相当于"外模式"或"用户模式"。需要注意的是，并非所有的 SQL 版本都支持使用视图，如在本书介绍的 Access SQL 就不支持视图语句。以下的内容主要是根据 SS SQL 编写的。

3.5.1 视图

1. 视图概述

视图是从一个或几个基本表导出的数据表，也可以从其他视图中导出。视图其实是一种"虚"表，在数据库中只存放它的定义，不存放它的数据。由于数据仍存放在导出视图的基本表中，当基本表中的数据发生变化时，从视图中查询出来的对应数据将随之改变。

常用的 SQL 视图可区分为行列子集视图和表达式视图两类。

（1）行列子集视图。若一个视图只是从单个基本表中导出，并且保留了原来的主码，仅仅去掉了原表中的部分行和非主属性，可称为行列子集视图。

（2）表达式视图。若一个视图带有一些由表达式派生出来的"列"，即构成表达式视图，这些派生列有时也称为虚拟列。

2. 视图的作用

作为 SPARC 三级结构中的"外模式"，视图主要有下列作用。

（1）屏蔽数据库的复杂性。使用视图的用户不必了解整个数据库的表结构，即可共享数据库的数据。

（2）简化数据查询和处理。如果用户需要的数据分散在多个表中，可用视图将它们集中在一起，以提高查询和处理效率。

（3）简化用户管理。为保证数据的安全使用，DBMS 只需控制用户对视图的使用权限，不必每次都指定用户只能使用表中的某些列，简化了数据库的安全保护。

（4）方便网络应用。例如，通过使用远程视图，就可以重新组织输出到其他应用程序中的数据。

创建、删除和更新是视图的基本操作。从 3.5.2 小节起将介绍用 SS SQL 语言创建、删除和更新视图的语句。

3.5.2 创建视图

SS SQL 语言定义视图的一般格式如下：

```
CREATE VIEW <视图名>[<列名>,<列名>,…]
  AS  <子查询>  [WITH  CHECK  OPTION]
```

说明：

（1）<子查询>应该是不带 ORDER BY 子句和 DISTINCT 短语的 SELECT 语句。

（2）<列名>是<子查询>的结果在该视图中的属性名称。它必须与<子查询>中的目标列相对应，要么全部省略要么全部指定。

（3）如果带有 WITH CHECK OPTION 选项，表示该视图将拒绝接受不符合视图定义的插入和更新操作。

【例 3.37】 创建一个“学生通信录”视图 VS1，包括学号、姓名、联系电话三项内容。

【解】 本视图可从基表“学生信息表”导出，其操作语句如下：

```
CREATE  VIEW  VS1
  AS  SELECT 学号, 姓名, 联系电话
         FROM  学生信息表
```

视图 VS1 的内容如图 3.28 所示。

【例 3.38】 创建一个“数据库原理”课的成绩表视图 VS2，包括学号、课程名、成绩等三项内容。

【解】 本视图需要从“成绩表”和“课程表”这两个基表导出，故须用连接查询先把两个表连接成一个表(参阅例 3.8)，其操作语句如下：

```
CREATE  VIEW  VS2
  AS SELECT 学号, 课程名, 成绩
       FROM 成绩表, 课程表
       WHERE 成绩表.课程号 = 课程表.课程号
          AND 课程名 = '数据库原理'
```

视图 VS2 的内容如图 3.29 所示。

YLMF-20140616KN.STUDENT - dbo.VS1

学号	姓名	联系电话
20000101	沈吉洁	021-68120304
20000102	丁爽	021-32450120
20000204	赵芸胤	0877-3452345
20000206	张虎	021-34326576
20010101	李颖	0771-56703630
20010102	王玉华	021-61424229
20010201	俞伟玮	021-47613556
20010301	周燕华	00852-35353557
20010306	黄平原	021-53563646
20010311	陈霖	010-36436476
20010312	苏畅	010-47457565
20020101	徐晓文	022-46757587
20020102	许昱	008862-6561329
20020103	王宏	NULL
20030101	王玉华	0431-68794755
20030102	李之红	NULL
20030103	周小明	025-58584531
20030207	赵易	021-47575688
20030210	王毅刚	028-43575876
NULL	NULL	NULL

1 /19

图 3.28　VS1 视图的内容

YLMF-20140616KN.STUDENT - dbo.VS2

学号	课程名	成绩
20000101	数据库原理	NULL
20000102	数据库原理	76
20010101	数据库原理	78
20010102	数据库原理	75
20020101	数据库原理	44
20020102	数据库原理	84
20030101	数据库原理	78
NULL	NULL	NULL

1 /7

图 3.29　VS2 视图的内容

【例 3.39】 创建一个各专业学生人数统计视图 VS3，要求视图中包括专业号、专业名、学生人数、所属学院等 4 个字段。

【解】 本视图中的专业号、专业名和所属学院可直接从基表“专业表”获得，人数需通过对基表“学生信息表”计算得到，因此本例需分两步完成。首先通过“学生信息表”获得

各专业人数视图 VSTemp，然后将基表“专业表”和视图 VSTemp 进行连接，导出 VS3，其操作语句如下：

```
USE STUDENT
GO
CREATE  VIEW  VSTemp
  AS SELECT 专业号, COUNT(*) AS 学生人数
       FROM 学生信息表
       GROUP BY 专业号
GO
CREATE  VIEW  VS3
  AS SELECT 专业表.专业号, 专业名, 学生人数, 所属学院
       FROM 专业表, VSTemp
       WHERE 专业表.专业号 = VSTemp.专业号
```

视图 VS3 的内容如图 3.30 所示。

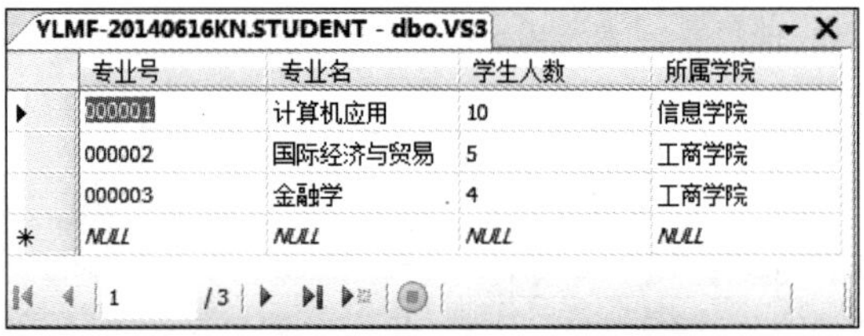
YLMF-20140616KN.STUDENT - dbo.VS3

	专业号	专业名	学生人数	所属学院
▶	000001	计算机应用	10	信息学院
	000002	国际经济与贸易	5	工商学院
	000003	金融学	4	工商学院
*	NULL	NULL	NULL	NULL

1 /3

图 3.30　VS3 视图的内容

上述三例中，第一例为行列子集视图，第二例也可视为行列子集视图，第三例为表达式视图。这些视图创建完成后，都可以像基本表一样对它们进行查询，此处不再详述。

3.5.3　删除视图

视图建立好后，若导出此视图的基本表被删除了，该视图即失效。但它不会自动删除，仍需用删除命令手工操作。这种命令的一般格式如下：

```
DROP VIEW <视图名>;
```

删除视图实际上是删除该视图的定义。

【例 3.40】　删除视图 VS2。

【解】

```
DROP  VIEW  VS2
```

3.5.4　更新视图

由于视图中的数据是从各基本表抽取的，对视图数据的更新最终都要转换成对基本

表的更新。如果随便插入、删除和修改,就可能破坏数据库的完整性。

因此,SQL 一般只允许对单个基表导出的视图进行更新,并有下列限制。

(1) 若视图的字段由表达式或常量组成,不允许对该视图执行 INSERT 和 UPDATE 操作,但可执行 DELETE。

(2) 若视图存在下列情况之一,则该视图不允许更新。

① 其中有字段由集函数组成。

② 在视图的定义中有 GROUP BY 子句。

③ 在视图的定义中有 DISTINCT 短语。

④ 在视图的定义中有嵌套查询,且内外层 FROM 子句中的基表是相同的。

⑤ 该视图是从多个基本表导出,或是由不允许更新的视图所导出。

【例 3.41】 将视图 VS1 中的学生"沈吉洁"的联系电话改为 88888888。

【解】 视图 VS1 为单个基表导出的视图,操作语句如下:

```
UPDATE VS1
  SET  联系电话 ='88888888'
  WHERE  姓名 ='沈吉洁'
```

更新后的 VS1 视图,其内容如图 3.31 所示。

YLMF-20140616KN.STUDENT - dbo.VS1

	学号	姓名	联系电话
▶	20000101	沈吉洁	88888888
	20000102	丁爽	021-32450120
	20000204	赵芸胤	0877-3452345
	20000206	张虎	021-34326576
	20010101	李颖	0771-56703630
	20010102	王玉华	021-61424229
	20010201	俞伟玮	021-47613556
	20010301	周燕华	00852-35353557
	20010306	黄平原	021-53563646
	20010311	陈霖	010-36436476
	20010312	苏畅	010-47457565
	20020101	徐晓文	022-46757587
	20020102	许昱	008862-6561329
	20020103	王宏	NULL
	20030101	王玉华	0431-68794755
	20030102	李之红	NULL
	20030103	周小明	025-58584531
	20030207	赵易	021-47575688
	20030210	王毅刚	028-43575876
*	NULL	NULL	NULL

1 / 19

图 3.31 更新后的 VS1 视图内容

小结

本章共 5 节,依次讨论了 SQL 概述、数据查询、数据更新和数据控制,最终由"SQL 视图及其操作"结尾,全面介绍了这种集 DDL、DML 和 DCL 于一身的一体化语言。

SQL 是迄今为止功能最强、用户最广的关系数据标准语言。"概述"开门见山,使用了"关系数据库系统的首选语言"作为第 1 节的标题,从语法简洁、操作灵活、支持 SPARC 分级结构等多个方面,阐明它成为当今 RDBAS 首选开发语言的原因。同时指出,虽然它受到不能独立进行开发、"方言"版本较多等限制,并未影响其广泛流行。

第 3.2~第 3.4 节是全章的重点,同时向读者展示了 SQL 语言的最大亮点。SQL 的数据定义、数据操作和数据控制共有 9 种命令,基本上涵盖了关系数据库的全部操作功能。上述三节从应用程序的开发出发,选择了 36 个例题,连同一例多解的不同解法有近 50 个实例。采用"案例先行"的做法,比较全面地展现了 SQL 语言灵活、丰富的各种操作功能,可以供读者借鉴和模仿。

作为 ANSI / SPARC 结构中的"外模式",SQL 视图在应用开发中也有广泛应用。3.5 节介绍了两种常见的视图——行列子集视图和表达式视图的应用示例,以及创建、删除和更新视图的基本操作方法。需要注意的是,并非所有的 SQL 版本都支持使用视图,如 Access SQL 就不支持使用视图,该节的内容是根据 SS SQL 编写的。

习题

1. 选择题

(1) SQL 是(　　)的英文单词缩写。

    A. Standard Query Language　　　　B. Structured Query Language

    C. Select Query Language　　　　　　D. 以上都不是

(2) 在基本 SQL 语言中,不可以实现(　　)。

    A. 定义视图　　　　　　　　　　　　B. 定义基表

    C. 查询视图和基表　　　　　　　　　D. 并发控制

(3) SQL 语言最主要的功能是(　　)。

    A. 数据定义功能　　　　　　　　　　B. 数据操纵功能

    C. 数据查询　　　　　　　　　　　　D. 数据控制

(4) SELECT 语句中,与关系代数中 π 运算符对应的是(　　)子句。

    A. SELECT　　　　B. FORM　　　　C. WHERE　　　　D. GROUP　BY

(5) 在 SQL 中,SELECT 语句的“SELECT　DISTINCT”表示查询结果中(　　)。

    A. 属性名都不相同　　　　　　　　　B. 去掉了重复的列

    C. 行都不相同　　　　　　　　　　　D. 属性值都不相同

(6) 与 WHERE　AGE　BETWEEN　18　AND　20　完全等价的是(　　)。

    A. WHERE　AGE>18　AND　AGE<20

    B. WHERE　AGE>=18　AND　AGE<20

    C. WHERE　AGE>18　AND　AGE<=20

    D. WHERE　AGE>=18　AND　AGE<=20

(7) SQL 语言中,内模式对应于(　　)。

    A. 视图和部分基本表　　　　　　　　B. 基本表

    C. 存储文件　　　　　　　　　　　　D. 物理磁盘

(8) 现有数据表 SX(Sno,Sname,AGE),查询姓“李”且全名为 3 个汉字的学生姓名,其 SQL 语句为(　　)。

    A. SELECT　Sname　　　　　　　　B. SELECT　Sname

       FROM　SX　　　　　　　　　　　　FROM　SX

       WHERE　Sname LIKE '李％％'　　WHERE　Sname LIKE '李＿＿'

    C. SELECT　Sname　　　　　　　　D. SELECT　Sname

       FROM　SX　　　　　　　　　　　　FROM　SX

       WHERE　Sname = '李＿＿'　　　　WHERE　Sname= '李％'

(9) 在 SQL 语言中授权的操作是通过(　　)语句实现的。

    A. CREATE   B. REVOKE   C. GRANT   D. INSERT

(10) 数据库中只存放视图的(　　　)。

    A. 定义   B. 数据   C. 所有操作   D. 限制

(11) 使用 SQL 语句进行分组检索时,为了去掉不满足条件的分组,应当(　　　)。

    A. 使用 where 子句

    B. 在 group by 后面使用 having 子句

    C. 先使用 where 子句,再使用 having 子句

    D. 先使用 having 子句,再使用 where 子句

2. 填空题

(1) 在 SQL 所支持的数据库系统的三级模式结构中,视图属于_____,基本表属于_____。

(2) SQL 语言是一种包括查询、_____、操纵、控制 4 部分功能的标准数据库语言。

(3) SQL 中,运算符"IS NULL"用于检查属性值_____。

(4) 在 T-SQL 中用 SELECT 进行模糊查询时,可以使用 like 或 not like 匹配符,但要在条件值中使用_____或_____等通配符来配合查询,并且模糊查询只适用于_____型字段。

(5) 计算字段的累加和的函数是:_____;统计项目数的函数是:_____。

3. 简答题

(1) 试述 SQL 语言的特点。

(2) 简述数据安全控制的过程。

(3) 试述数据库的操作权限的种类。

(4) 简述视图及其作用。

4. 综合题

(1) 设教工社团数据库有以下 3 个基本表:

职工(工号,姓名,年龄,性别);

社团(编号,名称,负责人);

参加(工号,编号,参加日期)。

其中:

① "职工"表的主码为工号。

② "社团"表的主码为编号;外码为负责人,被参照表为"职工"表,对应属性为工号。

③ "参加"表的工号和编号为主码;工号为外码,其被参照表为"职工"表,对应属性为工号;编号为外码,其被参照表为"社团"表,对应属性为编号。

试用 SQL 语句表达下列操作:

① 创建"社团人数统计"视图:

社团人数统计(编号,名称,参加人数)

② 创建"社团人员情况"视图：

社团人员情况(工号,姓名,社团编号,社团名称,负责人,参加日期)

③ 显示所有教工的工号和姓名。

④ 查找年龄在 30～40 岁教工的工号和年龄。

⑤ 查找参加体操队或篮球队教工的工号和姓名,去除重复值。

⑥ 显示参加了任一社团的男教工的工号、姓名和年龄,去除重复值,并按年龄升序排列。

⑦ 查找参加了两个以上社团的教工工号。

⑧ 显示没有参加任何社团的教工工号和姓名。

⑨ 查找参加了所有社团的教工情况。

⑩ 查找参加了工号为"00002"的教工所参加的全部社团的教工工号和姓名。

⑪ 显示参加人数最多的社团的名称和参加人数。

⑫ 显示参加人数超过三人的社团的名称和负责人。

⑬ 把对社团表的数据查看、插入权限赋给用户 USER1,并允许他再将此权限授予其他用户。

⑭ 把用户 USER1 对社团表的插入权限收回。

(2) 设商品数据库中有两个基本表(如图 3.32 所示)：

商品(商品名称,供应商名称,类别名称,单位数量,单价,库存量,进货日期)

供应商(供应商名称,联系人姓名,地址,城市,电话)

试用 SQL 语句完成下列操作。

① 将一个新商品(原味酸奶,家乐家,饮料,每盒 8 杯,9.6,50,2006-8-3)加入商品表中。

② 将"康富食品"的"牛奶"单价改为 35 元。

③ "妙生"公司提供的"饮料"类商品全部九折。

④ 将"佳佳乐"公司的城市和地址字段分别改为"上海"和"江宁路 3 号"。

⑤ 删除"供应商"表中"美美"公司的数据记录。

(a) 表1　　　　　　　　　　　　　　　(b) 表2

图 3.32　两个基本表

第4章 初识 Access

本章以 Access 2010 为例,从操作平台、支持对象、工作方式和辅助设计工具等方面,初步介绍 Access 的开发环境,并在章末介绍 Access 的安装与启动方法。

4.1 Access 的操作平台

Access 是一种使用方便、功能丰富的微机数据库管理系统,既可作为小型的 DBMS 供 PC 单机使用,也可以为小型的计算机网络服务。Access 启动后,将打开 Microsoft Office Backstage 视图,如图 4.1 所示。可以从该视图获取有关当前数据库的信息、创建新数据库、打开现有数据库或者查看来自 Office.com 的特色内容。

图 4.1 Microsoft Access 启动窗口

当新建或打开一个数据库后,屏幕上将出现一个主窗口,这就是它的操作平台,对数据库的任何操作都可以通过这个平台实现。

如图 4.2 所示,Access 2010 具有典型的 Windows 风格的操作界面,在其主窗口中也包含标题栏、菜单栏、工具栏、工作区、状态栏等内容。

1. 标题栏

标题栏位于主窗口的顶部,用于显示应用程序的名称。

标题栏最左端为 Ⓐ 按钮,单击该按钮可显示一个"控制菜单",其中依次包括还原、移

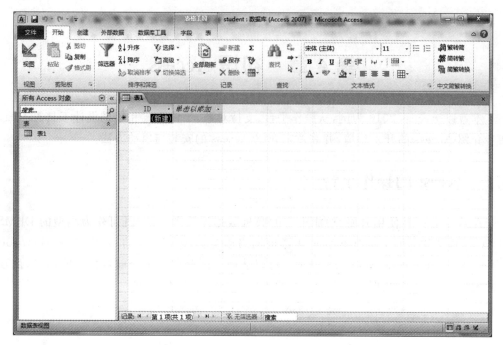

图 4.2　Microsoft Access 主窗口

动、大小、最小化、最大化、关闭等命令。在标题栏右端,从左到右排列着"最小化""最大化"和"关闭"三个按钮。

2. 菜单栏

菜单栏位于标题栏下方,用于存放 Access 的操作命令。当单击某一菜单项时,即在下方工具栏显示该菜单项的命令。

Access 也支持使用享有"无处不在的右键"美誉的"快捷式"菜单。当鼠标指针移动到主窗口内任意位置时,右击即弹出快捷菜单,显示出当时允许使用的命令列表。

需要注意的是,两类菜单均具有敏感性。主菜单栏中的选项是可变的,如对数据库查询时即自动增加一个"查询"菜单项;快捷菜单中的命令则随打开菜单的区域而不同。

3. 工具栏

工具栏是又一存放 Access 命令的场所,通常位于菜单栏的下方,由若干带图标的按钮组成。单击其中一个按钮,就可执行一种命令或显示一个命令列表。多数按钮对应于单个命令,其操作比菜单更简便。

4. 工作区

工作区指主窗口中除标题栏、菜单栏、工具栏和状态栏之外的空间,对数据库所有对象的操作均在此区域里完成。工作区分为左、右两个区域,左边区域是数据库导航窗格,显示 Access 的各对象,用户通过该窗格选择或切换数据库对象;右边区域是数据库对象操作窗口,用户通过该窗口实现对数据库对象的操作。

5. 状态栏

状态栏位于主窗口的底部,用来显示 Access 的当前状态与操作。例如,如果当时打开了某个数据库表视图,状态栏中就会显示出提示文本"数据表视图"。

4.2 Access 的六类对象

随着数据库从关系模型到对象-关系模型的扩展,现有 RDBMS 的功能也不断完善。以 Access 2010 为例,由于它引入了面向对象程序设计的思想,把数据表、窗体、报表等均定义为对象,并且用面向对象的方式进行管理,其功能早已超越了单一的 RDBMS,成为介于第二代与第三代 DBMS 之间的数据库集成开发环境。

本节将简介 Access 支持的六类对象,即表、查询、窗体、报表、宏和模块。其中前四类是数据型对象,后两类是程序型对象。现简述如下。

1. 表

表(tables)是 Access 有组织地存储数据的场所。一个数据库一般由一个或多个表组成。每个表都是记录(record)的集合;而记录则通常由若干不同的字段(field)组成。表是数据库的核心与基础。其他数据型的对象如查询、窗体、报表等都可以由表来提供数据来源。

2. 查询

查询(queries)用于按照用户的需求在数据库中检索所需的数据。被查询的数据可以取自一个表,也可以取自多个相关联的表,或者取自现有的查询。查询的结果也以表的形式显示,但它们是符合查询条件的表,其内容也随着查询条件而改变。只要把查询保存起来,则在今后的查询中,若被查询的表未改变,每次都将获得相同的结果。

3. 窗体

窗体(forms)是数据库的人-机交互界面,用于为数据的输入和编辑提供便捷、美观的屏幕显示方式。其数据既可从键盘直接输入,也可取自表或查询。在后一种情况下,窗体中显示的数据也将随表/查询的数据变化。

窗体的布局一般与日常使用的表格相似,不仅可包括文本框、按钮等控件,也可以包含子窗体。为了增强效果,Access 还支持在窗体中提供饼图、柱状图、折线图等图表。

4. 报表

报表(reports)用于将选定的数据以特定的版式显示或打印,其内容可以来自某一个(数据)表,也可来自某个查询。如有需要,还可对上述的表或查询进行求和、求平均值等计算。

利用报表设计视图可设计出各种精美的报表,打印前还可通过版面预览报表的外观。

5. 宏

宏(macros)是某些操作的集合。用户可按照需求将它们组合起来,完成一些经常重复的或比较复杂的操作。它常常与窗体配合使用。

按照不同的触发方式,宏又可区分为事件宏、条件宏等类型。事件宏当发生某一事件时执行;条件宏则在满足某一条件时执行。

6. 模块

模块(modules)是用 Access 提供的 VBA(Visual Basic for Applications)语言编写的程序单元,可用于完成无法用宏来实现的复杂功能。VBA 是 Microsoft Visual Basic 语言的一个子集,使用这种语言,用户可能在很少编程的情况下建立起完整的数据库应用程序。

在 Access 2010 中,每个模块都可能包含若干个函数(function)或过程(procedure)。模块常常与窗体或报表配合使用。

7. 各对象之间的关系

在以上六类对象中,前四类对象均用于存储或显示数据,在性质上属于数据文件;后两类则为程序文件,代表了应用程序的指令和操作。但宏与模块之间仍有区别:一是复杂程度不一样,模块可以比宏完成更复杂的功能;二是两者的基础不同,宏是操作命令的集合,而模块则是用 VBA 语言编写的程序。图 4.3 显示了在 DBAS 中各个对象之间的关系。图中用粗箭头线表示数据流,细箭头线表示控制流。由图可见,(数据)表是 DBAS 的核心,存储了数据库的全部数据。查询、窗体、报表都可从表中获得所需要的数据信息,实现用户在某个方面的需要。包括表在内的 4 种数据型的对象,都可接受从宏"与/或"模块所发指令的控制。

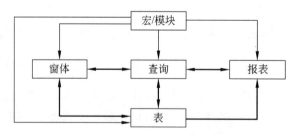

图 4.3 Access DBAS 各种对象之间的相互关系

4.3 工作方式和辅助设计工具

4.3.1 Access 的两类工作方式

与其他 PC 数据库系统一样,Access 也支持"交互操作"与"程序执行"两类不同的工作方式。前者直观、简便,符合面向对象的时代潮流,常常令初学者称便。后者能充分发挥 SQL 语言和其他编程语言的功能,使之更贴近用户的需要。两类方式相辅相成,使 Access 的新老用户均能各得其所、各取所需。

1. 交互操作方式

在早期的 PC 数据库系统中,交互操作方式主要指命令执行方式。由于当时的数据库语言命令较少,加上使用命令方式可省去编程的麻烦,曾一度为初学者乐用。随着 Windows 操作系统的流行,越来越多的应用程序采用包括菜单、窗口和对话框技术在内的图形界面操作方式。著名的 Word、Excel 等 Office 软件以及从 FoxPro 到 VFP 等 PC 数据库系统,都纷纷完善了界面操作,Access 也不例外。交互操作方式的内涵也逐渐从以命令执行为主,转变为以界面操作为主、命令执行为辅了。

在 Access 环境中,用户需要在图形界面上同系统"交互",而不需要编程即可完成数据库的各项任务;初学者通过"交互"可进一步体验 OOP 的思想与方法,加深对"类"和"对象"等概念的认识。加上 Access 与其他 Office 软件采用同样的界面风格,命令的功能与操作也与其他 Office 软件的命令相似,所以被用户广泛接受,尤其得到已具有使用 Office 软件的经验、但还不熟悉 SQL 和其他 Access 编程语言的初学者的欢迎。

2. 程序执行方式

学习数据库应用的最终目标是学会编写 DBAS 程序。在交互操作方式中,用户的操作与机器的执行互相交叉,必然降低执行速度。所以在实际应用中,常根据用户的需要编写特定的程序,只要调用相应的程序就能够自动执行,从而把用户的介入减至最小限度。程序执行方式的运行效率高,而且可重复运行,要运行几次就调用几次,何时调用便何时运行。

正如在第 2 章中的引例所显示,从定义数据表结构到插入和查询表中的数据,只用了三条 SQL 语句,且均以程序执行的方式直接完成。除 SQL 语言外,Access 还提供"宏"与 VBA 两种编程语言。使用 VBA 语言能够编写出完整的、完全符合用户需要的程序。其运行效率远比交互操作方式高,所以更受专业人士的欢迎。

需要指出的是,虽然编程人员需要熟悉 VBA 的语法及编程方法,用户却只需要了解程序的运行步骤和运行中的人-机交互要求,对程序的内部结构及其语句不必深究。尤其可喜的是,作为 Visual Basic 语言的一个子集,VBA 增强了 Access 的自定义功能,为之提供了"可视化程序设计"的环境,不仅可直接产生应用程序所需要的界面,且能自动生成 VBA 的程序代码,仅有少量代码需要由用户手工编写。

作为面向对象的另一种编程语言,宏通常用于创建窗体之类的图形界面,也可理解为操作命令的集合。在许多情况下,宏与 VBA 代码可互相转换,所以宏也可归入程序执行方式。至于在应用程序中何时使用宏、何时使用 VBA 代码,需视任务的复杂程度确定。

4.3.2　Access 的辅助设计工具

为了方便用户操作、减轻应用程序的开发工作量,无论 Access 选择交互操作工作方式还是程序执行工作方式,都有许多辅助工具可供利用。

以选择"交互"方式开发 DBAS 为例,无论创建"表""查询""窗体""报表"等对象,均可利用 Access 为它们提供的辅助设计工具,包括向导(wizard)、设计器(designer)与生成器(builder)等。在"窗体"设计中,还可以利用"宏"把单个的操作集成为"宏操作"。这些辅助工具不仅简化了用户的操作,且往往可以从多种途径切入,十分方便。稍有 Windows 界面操作经验的用户,都不难对它们无师自通,做到轻松掌握。

在支持编程方式的辅助工具中,Access 最大的工具应推 VBA 语言。前面已提到,Access 的模块对象是用 VBA 语言编写的。实际上,VBA 不仅是编程语言,而且其本身就是包含了多种开发工具的一个独立开发环境。

4.4　Access 的集成开发环境

与 Delphi、PowerBuilder 等数据库快速开发工具(RDT)相似,Access 平台也具有集成开发环境的特征。这不仅是它的一个亮点,也为它带来了竞争的优势。

4.4.1　Access 具备 IDE 的特征

在本书第 1 章就已提到,由于扩展了面向对象技术与 C/S 模式的应用,许多现代关系数据库已经从单一的 RDBMS 发展成为集成了大量快速开发工具、支持可视化设计的数据库集成开发环境(IDE),Access 就是其中之一。从 1.5.3 小节的介绍可见,作为 Microsoft Office 家族的一员,它不仅和其他 Office 程序一样拥有 Windows 风格的操作界面,有着与其他 Office 软件相似的交互操作,而且在其开发平台上集成了大量辅助设计工具,并能在程序设计中使用 VBA 语言与"宏"操作,完全具备 IDE 的主要特征。

4.4.2　Access 的优势

为了说明 Access 的优势,这里再把 Access 与同属于 Microsoft 公司的另一关系数据库成员 Visual FoxPro 比较。它们都用于 PC,都支持 SQL 语言,都拥有向导、设计器、生成器等大量辅助设计工具。但两者也存在着重要的差异:在 X′Base 微机数据库家族中,自 dBase 到 VFP 都具有独立的"自含式"的应用程序开发语言,其中有些虽然引入了 SQL,仅用作辅助的查询语言;而 Access 则突破了这一传统,除直接采用 SQL 作为主要查询语言外,还把与 VB 语言相似的 VBA 语言用作应用程序开发语言。

由此可见,Access 环境不仅紧跟 IDE 的时代潮流,而且几乎覆盖了当代常用的数据库开发技术和标准语言,因而在市场竞争中历久不衰,被许多高校确定为非计算机专业的首选教学语言。这也是本书选择 Access 作为背景语言的主要原因。

4.5 启动与退出 Access

1. 启动

在操作系统启动后,选定"开始"菜单中"程序"选项的 Microsoft Access 2010 命令即可。

2. 退出

退出 Access 的方法有许多种。单击主窗口右上角的"关闭"按钮,或单击其左上角"控制菜单"按钮中的"关闭"命令,或选定"文件"菜单中的"退出"命令,都可以关闭 Access 窗口。

小结

本章从操作平台、支持对象、工作方式和辅助设计工具三个方面初步介绍了 Access 的开发环境:阐明了它的 6 类支持对象,两种工作方式——交互操作和程序执行,以及集成化开发环境;将重点放在 Access 平台的界面组成,"宏"与 VBA 等编程语言以及向导、设计器、生成器等辅助设计工具上。章末还介绍了 Access 的启动与退出方法。

了解环境的界面及其特点是开发数据库应用系统的前提。前面两章通过一个引例和 SQL 语言,初步展现了关系数据库系统的特点,本章还简述了 Access 的开发环境,可以看作 Access 单机应用的导引。

习题

1. 选择题

(1) Access 数据库的对象包括( )。

    A. 要处理的数据   B. 主要的操作内容

    C. 仅为数据表   D. 要处理的数据和主要的操作内容

(2) 在 Access 2010 数据库对象中,( )是实际存放数据的地方。

    A. 表   B. 查询   C. 报表   D. 窗体

2. 名词解释

(1) 宏、VBA 语言

(2) 向导、设计器、生成器

3. 填空题

（1）Access 具有典型的 Windows 风格的操作界面，其主窗口由标题栏、_____、_____、_____与_____组成。

（2）Access 支持_____与_____两类不同的工作方式。

（3）Access 支持的六类对象中，有两类是程序型，它们是_____与_____。

（4）Access 支持 4 类数据型对象，它们是_____、_____、_____与_____。

（5）Access 提供_____与_____两种编程工具，其中的_____不仅是一种编程语言，而且其本身就是包含了多种开发工具的独立开发环境。

4. 简答题

（1）为什么说通过与 Access 的"交互"，初学者能进一步体验 OOP 的思想与方法，加深对"类"和"对象"等概念的认识。试谈谈你对这句话的理解。

（2）什么是辅助设计工具？Access IDE 可提供哪几类辅助设计工具？

（3）什么是编程工具？Access IDE 可提供哪几类编程工具？

第 3 部分
数据库应用系统开发

第 5 章   单机系统开发数据表

从本章起将以案例为线索,阐明单机与网络数据库应用系统的开发方法。第 5~第 7 章以"学生成绩管理系统"为例,介绍单机应用系统的开发。数据表是数据库的基础,一切数据都发源于此。

5.1   数据表设计

数据表是数据库的重要组成部分,一个数据库中可以有一张或多张表,用来存储数据。与其他 DBMS 一样,Access 中的表也是由结构和数据两部分组成的。

5.1.1   创建数据表

建立表的操作一般分为两步:先建立表结构;再输入表内容。创建表结构其实就是定义表的字段。字段属性包括字段名称、数据类型、字段大小、格式、小数位数等,其中最重要的属性是字段名称和数据类型。

Access 的字段名不得超过 64 个字符,同一表中的字段名不允许相同,字段名也要避免与 Access 内置函数或者属性名称相同,以免引用时出现意想不到的结果。

Access 表中的数据有文本、备注、数字、货币、日期/时间、是/否(逻辑)、OLE 对象、自动编号、超链接、附件、计算、查阅向导 12 种类型,如表 5.1 所示。其中,文本和备注型均可存储文本,前者常用于短文本,后者常用于长文本(长度不定);数字和货币型均可存储可计算的数值数据,其中数字型数据又可细分为字节、整数、单精度实数和双精度实数等子类型。

表 5.1   字段的数据类型

数据类型	用　途	占用存储空间
文本	存储文本,如地址、邮编等	最多 255 字符
备注	存储长文本,如摘要、备注、说明	最多 65 536 字符
数字	存储用于计算的数值数据	1、2、4 或 8B
日期/时间	存储 100~9999 的日期与时间	8B
货币	存储货币值。货币型数据在计算时禁止四舍五入,并精确到小数点左方 15 位及右方 4 位	8B
自动编号	在添加记录时自动插入唯一顺序号(每次递增 1)或随机数,不能更新	4B
是/否	存储 -1 或 0,表示逻辑值 True/False、Yes/No、On/Off	1bit

续表

数据类型	用　　途	占用存储空间
OLE 对象	指其他应用程序按 OLE 协议所创建的对象,如 Word 文档、Excel 电子表格、图像、声音或其他二进制数据	最大可为 1GB
超链接	存储超链接的字段	最多 64 000 字符
附件	将图像、电子表格、Word 文档、图表等文件附加到记录中,类似于在邮件中添加附件。一条记录可附加多个文件	
计算	存放根据同一表中其他字段计算而来的结果值	8B
查阅向导	选定此数据类型将启动向导来定义组合框,使用户能选用另一表或值列表中的数据	与主键字段的长度相同,通常为 4B

1. 建表方法

Access 提供了数据表视图、设计视图、SharePoint 列表、导入表或链接到表 5 种建表方法。数据表视图是一种先输入数据,再确定字段的方法;设计视图(即使用设计器创建表)则是以表设计器所提供的设计视图为界面,利用人-机交互来完成对表的定义;SharePoint 列表是利用 SharePoint 网站来创建表;导入表或链接到表则分别通过导入或链接 Access 其他数据库中的数据,或来自其他程序的各种文件格式的数据来建表。

使用设计器创建表是 Access 最常用的建表方式之一,其一般操作步骤如下。

(1) 在"数据库"窗口(见图 5.1)单击"创建"菜单。

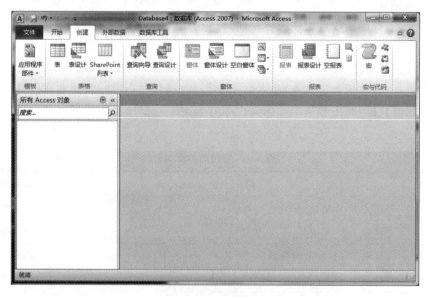

图 5.1　"数据库"窗口

(2) 单击"表格"组中的"表设计"按钮,打开表设计视图,如图 5.2 所示。

(3) 定义表结构。

(4) 单击"关闭"按钮保存表结构。

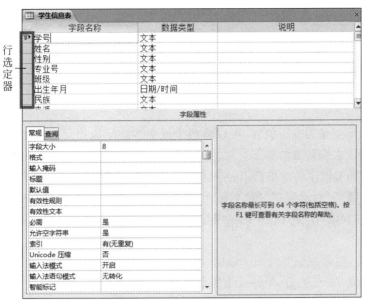

(a) 单字段主键

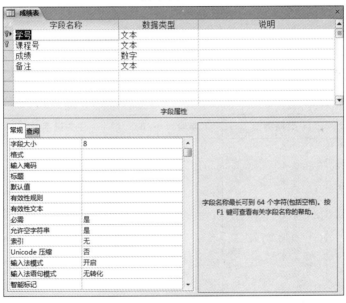

(b) 多字段主键

图 5.2 表设计视图

注意：在保存表时，若未定义过主键，系统将弹出图 5.3 所示的对话框，询问是否创建主键，若单击"是"按钮，系统将自动添加一个类型为自动编号的"编号"字段；若单击"否"按钮表示不定义主键。定义主键虽非必要条件，但通常是个有益的选择。

在 Access 中，主键字段能唯一地标识表中的每个记录，常用来为所在表与同一数据库中的其他表建立关联。Access 可以定义 3 种主键，即"自动编号"主键、单字段主键和多字段主键。在图 5.2(a)中，主键是"行选定器"内标有钥匙符号 🔑 的。当选择任何单个

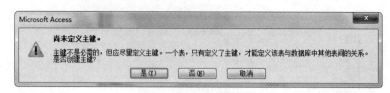

图 5.3 定义主键提示框

字段都不能保证记录为唯一值时,可以将两个或更多的字段指定为主键(见图 5.2(b))。定义这类多字段主键的方法如下。

(1)先选定主键字段。单击第一个关键字段的"行选定器",然后按住 Shift 键单击最后一个关键字段的"行选定器"(若不连续,则按住 Ctrl 键单击各关键字段)。

(2)单击"表设计"工具栏中的主键按钮 ,此时选定字段的"行选定器"中均出现一把钥匙符号。

【例 5.1】 创建一个空的 studentA 数据库。

【解】 启动 Access,在 Access 主窗口中执行下述操作。

(1)选择"文件"菜单下的"新建"命令。

(2)在"可用模板"中选择"空数据库"(参见图 4.1),在窗口右下方"文件名"下的文本框中输入 studentA。

单击文本框右边的 按钮,可更改数据库的存储路径。

【例 5.2】 按照表 5.2,在 studentA 数据库中创建"学生信息表"的表结构。

表 5.2 学生信息表结构

字段名称	数据类型	字段大小/B	主关键字	有效性规则
学号	文本	8	是	
姓名	文本	8		
性别	文本	2		"男" Or "女"
专业号	文本	6		
班级	文本	10		
出生年月	日期/时间			
民族	文本	6		
来源	文本	14		
联系电话	文本	14		
照片	OLE 对象			

【解】 (1)打开 studentA 数据库。

① 在 Access 主窗口选择"文件"菜单下的"打开"命令。

② 在"打开"对话框的左边选择盘符和路径,如图 5.4 所示。

③ 双击右边框中的 studentA。

(2)打开表设计视图。

① 选择"创建"菜单。

② 单击"表格"组中的"表设计"按钮,打开表设计视图。

图 5.4 "打开"对话框

（3）参阅图 5.2，定义表结构。

① 在"字段名称"列下输入学号。

② "数据类型"保持默认值"文本"。

③ 将"字段属性"窗格中的"字段大小"文本框的值改为 8。

使用类似方法定义其他 9 个字段。

（4）定义主键。

① 选择"学号"字段。单击上窗格"学号"字段所在行任一位置。

② 单击"表格工具"/"设计"选项卡中的"工具"组中的"主键"按钮 。

（5）保存表结构。

① 单击设计视图的关闭按钮，显示保存信息框，如图 5.5 所示。

② 单击"是"按钮，显示"另存为"对话框，如图 5.6 所示。

图 5.5 保存信息框   图 5.6 "另存为"对话框

③ 在"表名称"文本框中输入"学生信息表"，然后单击"确定"按钮，空白数据表即生成。

2. 输入数据

双击窗格中待输入数据的数据表名，打开数据表视图，即可按照数据类型逐一输入数据。若类型不匹配，在光标要离开该字段时将显示提示框，如不纠正则无法进到下一字段。

"OLE 对象"字段的输入,可使用快捷菜单的"插入对象…"命令,插入的对象可以新建也可使用已有文件(见图 5.7)。OLE 对象可以"嵌入"或"链接"方式存在,采用何种方式需视图 5.7(b)中的"链接"复选框是否被选中而定。"嵌入"表示在数据表中插入 OLE 对象的副本,源对象的变化不影响数据表;"链接"则表示数据表中仅存储指向源对象的指针,源对象和数据表中的对象是同一个对象。与嵌入方式相比,链接方式节省了存储空间。

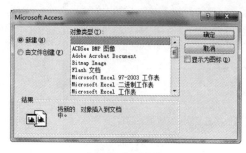 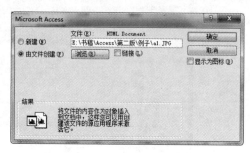

(a) 选中"新建"单选按钮　　　　　　　　　(b) 选中"由文件创建"单选按钮

图 5.7　"插入对象"对话框

现仍以 studentA. mdb 中的学生信息表为例进行说明。

【例 5.3】　按照表 5.3 为学生信息表输入数据。

表 5.3　学生信息表数据记录

学号	姓名	性别	专业号	班级	出生年月	民族	来源	联系电话	照片
20000101	沈吉洁	女	000001	计应 001	1982-10-16	汉	上海	021-68120304	Package
20000102	丁爽	女	000001	计应 001	1981-11-15	汉	上海	021-32450120	Package
20000204	赵芸胤	女	000002	国贸 001	1981-5-5	汉	云南	0877-3452345	Package
20000206	张虎	男	000002	国贸 001	1981-7-15	壮	上海	021-34326576	Package
20010101	李颖	女	000001	计应 011	1982-9-24	汉	广西	0771-56703630	
20010102	王玉华	女	000001	计应 011	1982-10-2	汉	上海	021-61424229	
20010201	俞伟玮	女	000002	国贸 011	1983-5-23	白	上海	021-47613556	
20010301	周燕华	女	000003	金融 011	1982-10-16	汉	香港	00852-35353557	
20010306	黄平原	男	000003	金融 011	1982-2-14	回	上海	021-53563646	
20010311	陈霖	女	000003	金融 011	1982-1-5	汉	北京	010-36436476	
20010312	苏畅	女	000003	金融 011	1984-9-6	汉	北京	010-47457565	
20020101	徐晓文	男	000001	计应 021	1983-9-6	汉	天津	022-46757587	
20020102	许昱	女	000001	计应 021	1983-7-9	汉	江西	008862-6561329	
20020103	王宏	男	000001	计应 021	1984-1-2		俄罗斯		
20030101	王玉华	男	000001	计应 031	1984-3-4	朝鲜族	吉林	0431-68794755	
20030102	李之红	女	000001	计应 031	1984-5-7		日本		
20030103	周小明	男	000001	计应 031	1984-8-4	汉	江苏	025-58584531	
20030207	赵易	男	000002	国贸 031	1983-9-6	汉	上海	021-47575688	
20030210	王毅刚	男	000002	国贸 031	1983-9-13	汉	四川	028-43575876	

【解】　(1) 打开 studentA 数据库。

(2) 在窗格中双击"学生信息表",打开数据表视图(见图 5.8)。

图 5.8　数据表视图

（3）输入数据记录。

① 在"学号"字段输入 20000101，按 Tab 键跳到"姓名"字段。

② 在"姓名"字段输入"沈吉洁"，按 Tab 键跳到下一字段。

③ 输入对应的数据……

④ 右击"照片"字段，打开快捷菜单，选择"插入对象"命令，显示图 5.7(a)所示对话框；选择"由文件创建"单选按钮，显示图 5.7(b)所示对话框；选择或输入对象文件的盘符路径及文件名，单击"确定"按钮。

（4）使用类似方法输入其他记录。

（5）单击数据表视图的"关闭"按钮，返回数据库窗口。

3. 导入数据表

除了采用上述方法创建数据表外，也可用导入或链接的方法从其他数据库或外部数据源复制或链接数据到当前数据库中。关于可导入或链接的数据库和文件格式，可包括 Excel、Access、Outlook、XML 文件、文本文件和 ODBC 数据库等。

【例 5.4】　将前面在 SQL Server 中创建的 student 数据库中的"课程表""成绩表""专业表"导入到 studentA. mdb 中。

【解】　（1）配置 ODBC 数据库。

① 选择"开始"菜单的"控制面板"命令，打开"控制面板"窗口。

② 双击"管理工具"，然后双击"数据源（ODBC）"，打开"ODBC 数据源管理器"对话框，如图 5.9 所示。

③ 单击"添加"按钮，打开"创建新数据源"对话框，如图 5.10 所示。

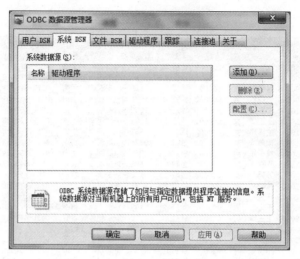

图 5.9 "ODBC 数据源管理器"对话框

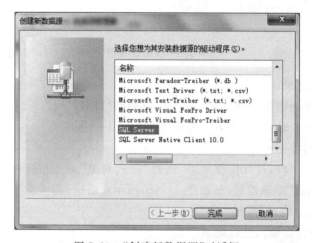

图 5.10 "创建新数据源"对话框

④ 在"选择您想为其安装数据源的驱动程序"列表框中选择 SQL Server,然后单击
"完成"按钮,打开"创建到 SQL Server 的新数据源"对话框,如图 5.11 所示。

⑤ 在"名称"和"服务器"中分别输入 ST 和 YLMF-20140616KN,单击"下一步"按钮,
打开第二个"创建到 SQL Server 的新数据源"对话框,如图 5.12 所示。

⑥ 此处不做任何操作,直接单击"下一步"按钮,打开第三个"创建到 SQL Server 的
新数据源"对话框,如图 5.13 所示。

⑦ 选中"更改默认的数据库为(D):"复选框,在其下拉列表框中选择 STUDENT,然后
单击"下一步"按钮,打开第四个"创建到 SQL Server 的新数据源"对话框,如图 5.14 所示。

⑧ 直接单击"完成"按钮,显示"ODBC Microsoft SQL Server 安装"信息框,如
图 5.15 所示。单击"测试数据源"按钮可测试配置是否成功,成功将显示图 5.16 所示信
息框,单击"确定"按钮返回"ODBC 数据源管理器"对话框,结果如图 5.17 所示。

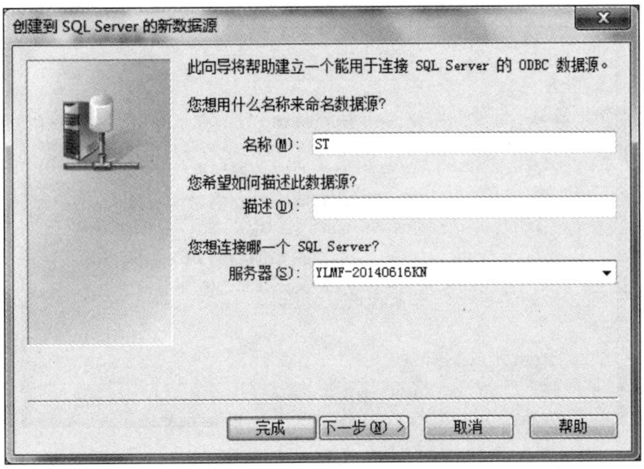

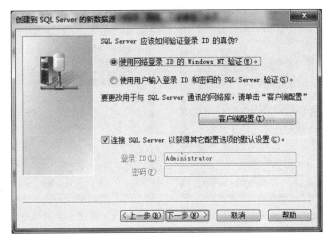

图 5.11　"创建到 SQL Server 的新数据源"对话框(1)

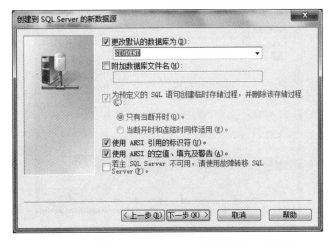

图 5.12　"创建到 SQL Server 的新数据源"对话框(2)

图 5.13　"创建到 SQL Server 的新数据源"对话框(3)

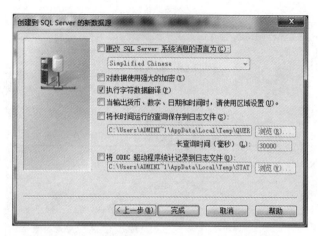

图 5.14 "创建到 SQL Server 的新数据源"对话框(4)

图 5.15 "ODBC Microsoft SQL Server
安装"信息框

图 5.16 测试成功的"SQL Server ODBC
数据源测试"信息框

图 5.17 配置成功的"ODBC 数据源管理器"对话框

⑨ 单击"确定"按钮。

（2）打开 studentA 数据库。

（3）选择"外部数据"菜单。

（4）单击"导入并链接"组中的"ODBC 数据库"按钮，显示"获取外部数据-ODBC 数据库"对话框，如图 5.18 所示。

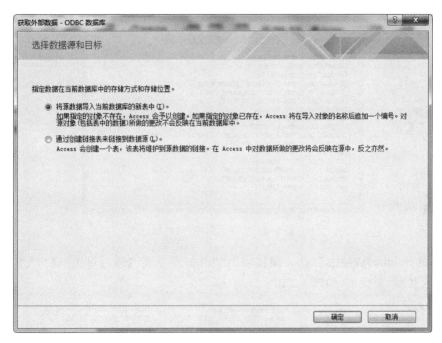

图 5.18 "获取外部数据-ODBC 数据库"对话框

（5）选择"将源数据导入当前数据库的新表中"或"通过创建链接表来链接到数据源"单选按钮（默认导入），单击"确定"按钮，显示"选择数据源"对话框，如图 5.19 所示。

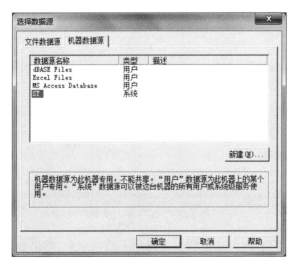

图 5.19 "选择数据源"对话框

（6）单击"机器数据源"选项卡，在"数据源名称"列表中选择 ST，单击"确定"按钮，显示"导入对象"对话框，如图 5.20 所示。

图 5.20　"导入对象"对话框

（7）选择"dbo.成绩表""dbo.课程表"和"dbo.专业表"，然后单击"确定"按钮，显示"保存导入步骤"对话框，如图 5.21 所示。

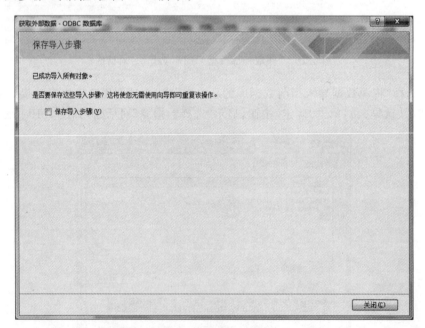

图 5.21　保存导入步骤

（8）单击"关闭"按钮，此时三个数据表即加入数据库中，结果如图 5.22 所示。

（9）单击数据库窗口的关闭按钮关闭数据库。

图 5.22 导入数据表后的 studentA 数据库窗口

5.1.2 编辑数据表

如果在数据表的创建过程中出现错误，或者在运行过程中需要进行维护，可使用 Access 提供的多种命令、工具与方法，对表结构和数据进行修改、增删、复制等编辑操作。

1. 修改表结构

表设计器不仅用于创建新表，也是修改表结构的重要工具。用户不仅可以在设计视图中像文本编辑一样（将光标直接移到需修改的字段处进行编辑修改）对结构进行修改，还可方便地实现字段的插入、删除、移动等操作。注意，除空表外，对表结构的改变可能影响已存入的数据。

1）选定字段

对字段的增、删等操作需先选定字段，使用"行选定器"选定字段的方法包括下面几种。

（1）选定单个字段：单击该字段的"行选定器"。

（2）选定相邻的多个字段：在开始行的"行选定器"处按住鼠标拖至结束行松开；或单击开始行的"行选定器"，按住 Shift 键并单击结束行的"行选定器"。

（3）选定不相邻的字段：按住 Ctrl 键单击每个所需字段的"行选定器"。

2）在设计视图中插入字段

（1）在所有字段之后添加字段：单击所有字段行之后的第一个空行。

（2）在某字段上方插入一个字段：选定某个字段行，然后单击"表格工具"/"设计"选项卡中的"工具"组中的"插入行"按钮 ，或选择快捷菜单中的"插入行"命令，该行上方即出现一个空行。

3）在设计视图中删除字段

删除字段包括删除某一字段和删除相邻的多个字段两种。删除的方法是：选定需删除的字段行(一个或多个),然后单击“表格工具”/“设计”选项卡中的“工具”组中的“删除行”按钮或选择快捷菜单中的“删除行”命令或按 Del 键。

注意:①Access 在保存数据表时将自动删除任何空字段;②若要删除多个不相邻的字段,必须先将这些字段移到一起,然后进行删除。

4) 在设计视图中移动字段

通过“行选定器”选定需移动的字段,在选定字段的“行选定器”处按住鼠标左键拖至新的位置松开按键。

2. 修改记录

在数据表视图中,用户可以根据需要对记录进行追加、删除、修改等操作。

1) 追加记录

在创建数据表时,有时需将另一数据表中的记录追加到当前数据表尾,此时可按下述步骤进行操作。

(1) 打开源数据表,选定记录复制到剪贴板。

(2) 打开目标数据表,右击新记录行,选择快捷菜单中的“粘贴”命令,在随后弹出的对话框中单击“是”按钮。

2) 删除记录

删除记录的方法很简单:选定需删除的记录(一个或多个连续)按 Del 键,在随后出现的对话框中单击“是”按钮,若不想删除可单击“否”按钮。

3) 修改记录

修改记录一般分为个别修改和批量修改。个别修改通常是在数据表视图中,将光标移到需修改的位置直接编辑;而批量修改可单击“开始”菜单的“查找”组中的“替换”按钮。需要注意的是,批量修改的数据无法全部恢复,只能恢复最后修改的那个记录,故应谨慎操作。

【例 5.5】 将“dbo_课程表”中“学时数”为 80 的课程修改为 72。

【解】 (1) 打开 studentA 数据库。

(2) 双击“dbo_课程表”,打开数据表视图,如图 5.23(a)所示。

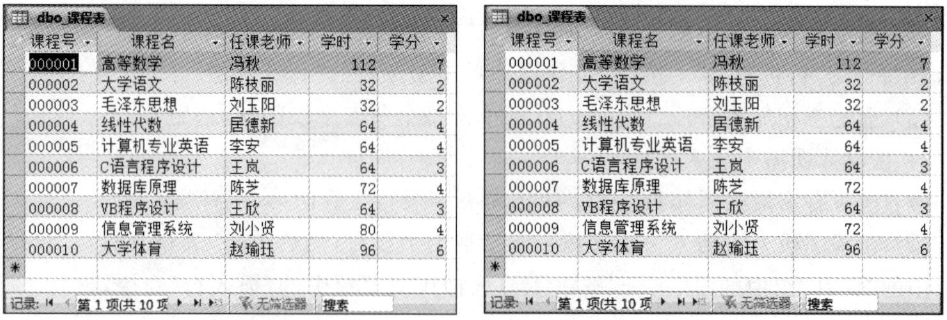

dbo_课程表

课程号	课程名	任课老师	学时	学分
000001	高等数学	冯秋	112	7
000002	大学语文	陈枝丽	32	2
000003	毛泽东思想	刘玉阳	32	2
000004	线性代数	居德新	64	4
000005	计算机专业英语	李安	64	4
000006	C语言程序设计	王岚	64	3
000007	数据库原理	陈芝	72	4
000008	VB程序设计	王欣	64	3
000009	信息管理系统	刘小贤	80	4
000010	大学体育	赵瑜珏	96	6

记录: 第 1 项(共 10 项 无筛选器 搜索

(a) 替换前

dbo_课程表

课程号	课程名	任课老师	学时	学分
000001	高等数学	冯秋	112	7
000002	大学语文	陈枝丽	32	2
000003	毛泽东思想	刘玉阳	32	2
000004	线性代数	居德新	64	4
000005	计算机专业英语	李安	64	4
000006	C语言程序设计	王岚	64	3
000007	数据库原理	陈芝	72	4
000008	VB程序设计	王欣	64	3
000009	信息管理系统	刘小贤	72	4
000010	大学体育	赵瑜珏	96	6

记录: 第 1 项(共 10 项 无筛选器 搜索

(b) 替换后

图 5.23 “替换”前后的 dbo_课程表

（3）双击"查找"组中的"替换"按钮，打开"查找和替换"对话框，参见图 5.24。

（4）按图 5.24 所示输入或选择各参数，单击"全部替换"按钮，屏幕显示提示信息如图 5.25 所示。

图 5.24 "查找和替换"对话框　　　　　图 5.25 "不能撤销"消息框

（5）单击"是"按钮进行替换，完成后返回"查找和替换"对话框。

（6）单击"取消"按钮或单击右上角的关闭按钮 ![x] 返回"数据表视图"窗口，结果见图 5.23(b)。

（7）单击数据库窗口的"关闭"按钮关闭数据库。

5.1.3 建立表间关系

在同一数据库中的数据表，彼此之间常存在或多或少的联系，称为表间关系。表间关系可通过 Access 提供的"关系"窗口来创建。关系窗口中的各表可通过"显示表"窗口加入，在第一次打开"关系"窗口时将同步显示"显示表"窗口，以后若需打开"显示表"窗口可单击"显示表"工具或使用快捷菜单"显示表"命令。

在建立关系的两个表（其中一个是父表，一个为子表）中，关联字段的字段名允许不同，但类型必须相同。按照关联字段的记录在两个表之间的不同匹配状况，关系可分为一对一、一对多和多对多等。

在表与表之间建立关系，不仅可确立数据表之间的关联，还可实现数据库的参照完整性。实施参照完整性的条件如下。

（1）两表必须关联，而且父表的关联字段是主键或具有唯一索引。

（2）子表中任一关联字段值，必须在父表关联字段值中存在。

1. 创建关系

Access 提供了两种专门创建关系的方法，一种是在两表间拖放字段；另一种是使用"编辑关系"对话框（在打开关系窗口的前提下，单击"编辑关系"工具）。前者较为方便，下面通过例子说明如何使用拖放字段的方法创建表间关系。

【例 5.6】 为 studentA 数据库的"学生信息表"和"dbo_成绩表"创建一对多关系，并选择"实施参照完整性"。

【解】 从"学生信息表"和"dbo_成绩表"两表的数据可以看出，两表之间通过"学号"

字段关联。操作步骤如下。

（1）打开 studentA 数据库。

（2）选择"数据库工具"菜单，单击"关系"组中的"关系"按钮，将显示"关系"和"显示表"（当前窗口）两个对话框，如图 5.26 所示。

图 5.26 "关系"和"显示表"对话框

（3）将"学生信息表"和"dbo_成绩表"加入"关系"对话框。

① 分别双击"学生信息表"和"dbo_成绩表"，将两表加入"关系"对话框中。

② 单击"关闭"按钮，返回"关系"对话框。

（4）在"学生信息表"的"学号"处按住鼠标左键，拖动鼠标至"dbo_成绩表"的"学号"处松开左键，将弹出图 5.27 所示的"编辑关系"对话框。

（5）勾选"实施参照完整性"复选框，将之选中，单击"创建"按钮，返回"关系"对话框，结果如图 5.28 所示。

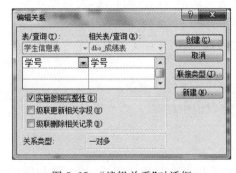

图 5.27 "编辑关系"对话框

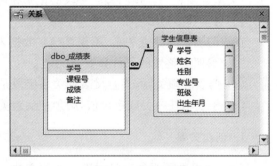

图 5.28 本例结果

（6）单击"关系"对话框右上角的关闭按钮 ，在弹出的提示框中单击"是"按钮，保存新建的关系。

（7）单击数据库窗口的关闭按钮关闭数据库。

注意：在关系窗口创建的关联称为"永久性关联"。这种关系将自动在以后的查询、窗体和报表的设计中起作用,直到关系被删除或者修改。若未在关系窗口创建过"永久性关联",在设计多表查询时(见 5.2 节),可在查询设计视图的"查询对象"窗格中直接创建关联,不过这样创建出来的关联只能在本次查询中起作用,所以称为"临时关联"。

2. 编辑关系

若需对已创建的关系进行编辑,可右击关系线,选择快捷菜单中的"编辑关系"命令或双击关系线重新打开"编辑关系"对话框。

3. 删除关系

右击关系线打开快捷菜单,选择"删除"命令,在弹出的对话框中单击"是"按钮。

读者可以参照例 5.6,为 studentA 数据库中的"dbo_课程表""dbo_成绩表""dbo_专业表"和"学生信息表"创建一对多关系,并实施参照完整性。

5.1.4　数据的导出

Access 除了可从外部获取数据外,还可单击"外部数据"菜单的"导出"组中的相应按钮,将当前数据库中的数据以另一种文件格式(如 Excel、HTML 文件、文本文件等)保存在磁盘上。

5.2　查询数据表

查询就是根据一定的条件对数据库中的数据信息进行搜索。它是数据库的最重要应用,也是数据库语言的核心功能。

每一次查询都包括查询文件和查询结果。前者是为完成查询操作而定义的一种文件;后者则是执行查询或查询文件后所得的数据集合。两者是否保存均可由用户决定。

从形式上看,查询结果和 Access 数据表相似,但它和表有本质的区别。表是用来存储原始数据的,而查询则是在原始数据上的二次加工,是在表或其他查询的基础上创建起来的。

在 Access 中,常用的查询方法主要有"范例查询"(Query By Example,QBE)和"SQL查询"两种。范例查询是用举例的方法描述查询要求;SQL 查询则是用 SQL 命令(见第 3章)直接描述查询要求。这两类查询可分别使用"查询设计视图"(通过交互方式来设计查询)和"SQL 视图"(直接创建 SQL 查询)进行创建,其中"查询设计视图"尤其适合于非专业用户使用。

5.2.1　QBE 查询

Access 支持 QBE 查询,并能自动将 QBE 查询转换为 SQL 命令(SQL 特定查询除外),十分有利于初学者学习 SQL 语言。

1. 查询设计视图

除 SQL 特定查询外,Access 的各类查询均可通过"查询设计视图"进行设计。查询设计视图的窗口分为上、下两部分,上部分为查询对象窗格,下部分为 QBE 网格,如图 5.29 所示。

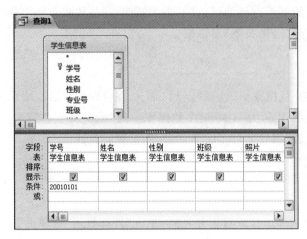

图 5.29 "查询设计视图"窗口

QBE 查询又可细分为选择查询、交叉表查询、参数查询以及包括生成表查询在内的几种操作查询。它们都可以通过"查询设计视图"进行设计,但同时还要在"查询类型"工具组中选择相应的工具按钮才能生效。

2. 选择查询

选择查询是 Access 最常用的一种 QBE 查询。它可以从一个或多个表中检索数据,在数据表中显示结果,还可以分组对记录进行总计、计数、求平均等计算。以下是创建选择查询的一般步骤。

(1) 打开待查的数据库。

(2) 打开待查的表(一个或多个)。

(3) 把查询结果所需的输出字段逐个拖曳到 QBE 网格中。

(4) 设置查询条件。

(5) 单击"查询工具"/"设计"选项卡中"结果"组中的"运行"按钮 ❗ 执行查询,查看查询结果。

(6) 保存查询文件。

【例 5.7】 在 studentA 数据库中查找"学号"为 20010101 的学生信息,显示其"学号""姓名""性别""班级"和"照片"字段,查询文件保存为"选择查询 1"。

【解】 本例的查询数据仅涉及一个表,即"学生信息表"。可使用选择查询,操作步骤如下。

(1) 打开 studentA 数据库。

（2）选择"创建"菜单，单击"查询"组中的"查询设计"按钮，同时打开"查询设计视图"窗口和"显示表"对话框。

（3）在"显示表"对话框中选择查询使用的源数据表，然后关闭"显示表"对话框。

① 单击"显示表"对话框中的"学生信息表"，然后单击"添加"按钮；或双击"学生信息表"。

② 单击"关闭"按钮，返回"查询设计视图"窗口。

（4）从查询对象窗格的"学生信息表"中，将"学号""姓名""性别""班级"和"照片"等5个字段拖至下部的 QBE 网格中。

（5）设置查询条件。在"学号"列的"条件"单元格中输入"20010101"，结果见图5.29。

（6）单击"查询工具"/"设计"选项卡中"结果"组中的"运行"按钮执行查询，查看查询结果。（此步可省略）

（7）保存查询文件。

① 单击窗口右上角的关闭按钮，弹出一个提示框，如图5.30所示。

② 单击"是"按钮，显示"另存为"对话框，如图5.31所示。

图5.30　保存查询提示信息框　　　　图5.31　"另存为"对话框

③ 在"查询名称"文本框中输入"选择查询1"，单击"确定"按钮，返回数据库窗口。

（8）单击数据库窗口的"关闭"按钮关闭数据库。

在应用系统中，查询条件通常是通过窗口或对话框动态输入的，因此在条件单元格中输入的应该是条件源对象而不是具体数据。例如，若在本例中"学号"列的"条件"单元格中输入[Forms]![简单查询]![Cboxh]，表示"学号"字段的值等于"简单查询"窗体中"Cboxh"对象的值。

【例5.8】　在 studentA 数据库中找出选修000008号课程的学生学号、姓名和成绩，按成绩由高到低排序，查询文件保存为"选择查询2"。

【解】　本例查询的数据涉及两个表，即"学生信息表"和"dbo_成绩表"。使用 QBE 查询的操作步骤如下。

（1）打开 studentA 数据库。

（2）选择"创建"菜单，单击"查询"组中的"查询设计"按钮，同时打开"查询设计视图"窗口和"显示表"对话框。

（3）在"显示表"对话框中选择查询使用的源数据表，然后关闭"显示表"对话框。

① 双击"显示表"对话框中的"学生信息表"，再双击"dbo_成绩表"。

② 单击"关闭"按钮，返回"查询设计视图"窗口。

（4）将查询对象窗格的"学生信息表"中的"学号""姓名"字段以及"dbo_成绩表"中的"课程号"和"成绩"字段拖至下部的 QBE 网格中。

（5）设置查询条件和是否显示。在"课程号"列的"条件"单元格中输入"000008"，取消显示框中的√。

（6）设置排序条件。单击"成绩"列的"排序"单元格，选择降序选项，结果如图5.32所示。

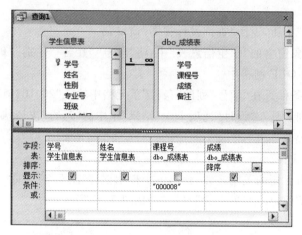

图 5.32　例 5.8 查询设计视图

（7）单击"查询工具"/"设计"选项卡中的"结果"组中的"运行"按钮 ![] 执行查询，查看查询结果。（此步可省略）

（8）保存查询文件。

① 单击窗口右上角的"关闭"按钮，弹出一个提示框。

② 单击"是"按钮，显示"另存为"对话框。

③ 在"查询名称"文本框中输入"选择查询2"，单击"确定"按钮，返回数据库窗口。

（9）单击数据库窗口的"关闭"按钮关闭数据库。

说明：

（1）查询结果中的所有字段，均可在"升序""降序""不排序"三者中选择一种输出方式，默认为"不排序"。

（2）输出查询结果时，查询条件所在字段可以在"显示"和"不显示"中选择其一，用户可通过 QBE 网格中的"显示"复选框选择显示与否。

3. 交叉表查询

交叉表查询能对数据进行"总计"计算，或重构相关的数据以方便分析。它以表或查询为数据源，可显示来源于多个表（查询）中的字段值并将它们分组，把有的组排列在数据表的左侧，另一些组排列在数据表的上部。创建交叉表查询通常包括以下步骤。

（1）打开待查的数据库。

（2）打开待查的表（一个或多个）。

（3）把查询结果所需的输出字段逐个拖曳到 QBE 网格中，并在交叉表所在行选择行标题、列标题或值。

（4）设置查询条件。

（5）单击"查询工具"/"设计"选项卡中"结果"组中的"运行"按钮 <!> 执行查询，查看查询结果。

（6）保存查询文件。

【例 5.9】　统计各班选择各门课的人数，并以班级为列标题、课程名为行标题，将查询文件保存为"交叉表查询"。

【解】　根据题意，本例涉及 studentA 数据库中的三个表，即"学生信息表""dbo_成绩表"和"dbo_课程表"的数据。可使用交叉表查询，其步骤如下。

（1）打开 studentA 数据库。

（2）选择"创建"菜单，单击"查询"组中的"查询设计"按钮，同时打开"查询设计视图"窗口和"显示表"对话框。

（3）在"显示表"对话框中选择查询使用的源数据表，然后关闭"显示表"对话框。

① 分别双击"显示表"对话框中的"学生信息表""dbo_成绩表""dbo_课程表"。

② 单击"关闭"按钮，返回"查询设计视图"窗口。

（4）单击"查询类型"工具组中的"交叉表"工具。

（5）将查询对象窗格中的"课程名""班级""学号"字段拖至下部的 QBE 网格中。

（6）指定行标题、列标题和值。

① 在"课程名"列的"交叉表"单元格中选定"行标题"。

② 在"班级"列的"交叉表"单元格中选定"列标题"。

③ 在"学号"列的"交叉表"单元格中选定"值"，并在"总计"单元格选定"计数"，结果如图 5.33 所示。

图 5.33　例 5.9 查询设计视图

（7）单击"查询工具"/"设计"选项卡"结果"组中的"运行"按钮 <!> 执行查询，查看查询结果，如图 5.34 所示。

（8）保存查询文件。

① 单击窗口右上角的"关闭"按钮，弹出一个提示框。

图 5.34 例 5.9 查询结果

② 单击"是"按钮,显示"另存为"对话框。

③ 在"查询名称"文本框中输入"交叉表查询",单击"确定"按钮,返回数据库窗口。

(9) 单击数据库窗口的关闭按钮关闭数据库。

说明:

(1) 交叉表查询必须指定行标题、列标题和值。其中行标题允许多个,列标题和值都只允许一个。

(2) 行标题和列标题用于分组,故它们的"总计"行单元格均为默认的"分组"(Group By);值用于按行与列进行统计求和(合计)、求平均值(平均值)、统计个数(计数)等。

4. 参数查询

参数查询是在执行时能够显示对话框,提示用户输入参数信息的一种特殊选择查询,常用来作为交互式窗体、报表和数据访问页的基础。它通常包括以下步骤。

(1) 打开待查的数据库。

(2) 打开待查的表(一个或多个)。

(3) 把查询结果所需的输出字段逐个拖曳到 QBE 网格中。

(4) 设置参数查询条件。在条件行输入参数值对话框的控制条件。例如:

Between [输入最高分] And [输入最低分]

等价于

>=[输入最低分] And <=[输入最高分]

(5) 设置其他查询条件。

(6) 单击"查询工具"/"设计"选项卡"结果"组中的"运行"按钮执行查询,查看查询结果。

(7) 保存查询文件。

【例 5.10】 创建一个参数查询。能够按照输入考试分数的上下限查找满足条件的学生记录,然后输出其学号、课程号和成绩,保存查询文件为"参数查询"。

【解】 本例查询仅涉及一个表,即"dbo_成绩表"的数据。如使用查询设计视图建立参数查询,其操作步骤如下。

(1) 打开 studentA 数据库。

(2) 选择"创建"菜单,单击"查询"组中的"查询设计"按钮,同时打开"查询设计视图"窗口和"显示表"对话框。

(3) 在"显示表"对话框中选择查询使用的源数据表,然后关闭"显示表"对话框。

① 双击"显示表"对话框的"dbo_成绩表"。

② 单击"关闭"按钮,返回"查询设计视图"窗口。

(4) 将查询对象窗格的"dbo_成绩表"中的"学号""课程号""成绩"字段拖至下部的QBE 网格中。

(5) 设置参数查询条件。单击"成绩"列的"条件"单元格,输入">=〔最低分:〕And <=〔最高分:〕",结果如图 5.35 所示。

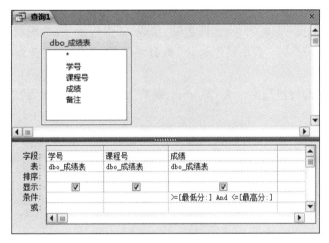

图 5.35 例 5.10 查询设计视图

(6) 单击"查询工具"/"设计"选项卡中"结果"组中的"运行"按钮 ![] 执行查询,屏幕显示第一个"输入参数值"对话框,输入需查询的最低分数,如 85,如图 5.36(a)所示,单击"确定"按钮;出现第二个"输入参数值"对话框,输入需查询的最高分数,如 100,如图 5.36(b)所示,单击"确定"按钮,即显示指定范围的所有学生记录(包括最低分和最高分,若无等号则不包括),如图 5.37 所示。

(a) 第一个   (b) 第二个

图 5.36 "输入参数值"对话框

图 5.37 例 5.10 查询结果

（7）保存查询文件。

① 单击窗口右上角的"关闭"按钮，弹出一个提示框。

② 单击"是"按钮，显示"另存为"对话框。

③ 在"查询名称"文本框中输入"参数查询"，单击"确定"按钮，返回数据库窗口。

（8）单击数据库窗口的关闭按钮关闭数据库。

5. 操作查询

操作查询主要用于维护数据表中的数据，如对数据表中的内容进行编辑、修改或者对一个或多个表执行全局性的数据操作。最常用的操作查询包括生成（新）表、追加、更新和删除等 4 种操作，在"查询"菜单中均有与之对应的命令。

生成表查询是指根据一个或多个表（或查询）中的全部或部分数据来创建一个新表。下面来看一个例子。

【例 5.11】 创建一个表名为"选课表"的新表，该表包括"dbo_成绩表"中除"课程号"以外的所有字段，以及选修"VB 程序设计"所有学生的记录，并将查询文件保存为"生成表查询"。

【解】 该项查询将涉及两个表，即"dbo_课程表"和"dbo_成绩表"的数据。其操作步骤如下。

（1）打开 studentA 数据库。

（2）选择"创建"菜单，单击"查询"组中的"查询设计"按钮，同时打开"查询设计视图"窗口和"显示表"对话框。

（3）在"显示表"对话框中选择查询使用的源数据表，然后关闭"显示表"对话框。

① 双击"显示表"对话框的"dbo_课程表"，再双击"dbo_成绩表"。

② 单击"关闭"按钮，返回"查询设计视图"窗口。

（4）将查询对象窗格的"dbo_成绩表"中的学号、成绩、备注及"dbo_课程表"中的课程名字段拖至下部的 QBE 网格中。

（5）设置查询条件和是否显示。在"课程名"列的"条件"单元格中输入"VB 程序设计"，然后取消"显示"复选框中的√。

（6）设置新表名称。

① 单击"查询类型"工具组中的"生成表"工具，屏幕显示"生成表"对话框，参见图 5.38。

图 5.38 "生成表"对话框

② 在"表名称"框中输入"选课表"，单击"确定"按钮，返回查询窗口，结果如图 5.39 所示。

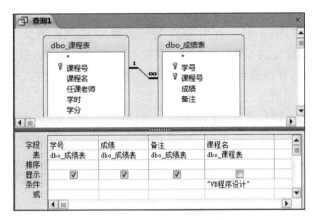

图 5.39 例 5.11 查询设计视图

（7）单击"查询工具"/"设计"选项卡"结果"组中的"运行"按钮 **!** 执行查询，屏幕显示图 5.40 所示的"生成表"提示框，单击"是"按钮即生成一个新表。

若要求生成的表已经存在，系统在出现"生成表"提示框前将显示一个"删除已有表"提示框（见图 5.41），用户可以选择是否删除。

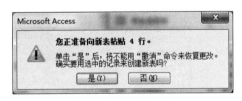

图 5.40 "生成表"提示框

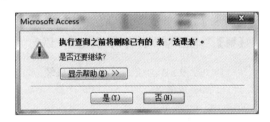

图 5.41 "删除已有表"提示框

（8）保存查询文件。

① 单击窗口右上角的"关闭"按钮，弹出一个提示框。

② 单击"是"按钮，显示"另存为"对话框。

③ 在"查询名称"文本框中输入"生成表查询"，单击"确定"按钮，返回数据库窗口。

（9）单击数据库窗口的"关闭"按钮关闭数据库。

由上可见，QBE 查询功能多样，用户只要模仿范例进行操作，即使不懂得 SQL 语言也能创建查询。但用户不难发现，其操作有时也相当烦琐，而且稍不注意就会出错。因此Access 提供了一种 QBE→SQL 的自动转换功能：当用户在查询设计视图中创建 QBE 查询时，Access 就自动在后台生成等效的 SQL 语句，供用户通过 SQL 视图对照查看。一旦读者熟悉了 SQL 语言，就可以在 QBE 和 SQL 两种方法中随意选择，使查询更加方便。

5.2.2 SQL 查询

正如查询设计视图主要用于设计 QBE 查询一样，SQL 视图主要用于设计 SQL 查询。一般地，在下列情况下需要使用 SQL 视图。

（1）用输入视图窗口的 SQL 命令直接创建 SQL 查询。它的操作有时比 QBE 查询更方便，而且有一类查询（Access 称为 SQL 特定查询）无法用查询设计视图创建。

（2）显示与已经设计的 QBE 查询相对应的 SQL 语句，可以供初学者学习。

例如，在例 5.7 的查询设计视图中，若单击"结果"工具组中的"视图/SQL 视图"，就会显示该查询设计视图所对应的 SQL 视图，如图 5.42 所示。图中显示的等效 SQL 语句，其含义是：在"学生信息表"中查找学号为 20010101 的学生，显示其"学号""姓名""性别""班级""照片"。

图 5.42　例 5.7 的 SQL 视图

以下将首先介绍涉及单个数据表和多个数据表的 SQL 查询实例，然后简介 SQL 特定查询（即只能直接在 SQL 视图输入 SQL 命令的 SQL 查询）的例子。

1. 单表查询

【例 5.12】　计算"dbo_成绩表"中每一学生的平均成绩。

【解】　本例为单表查询，其 SQL 语句如下：

```
SELECT 学号, AVG(成绩) AS 平均成绩
FROM dbo_成绩表
GROUP  BY 学号
```

查询结果如图 5.43 所示。

【例 5.13】　在 studentA 的"dbo_成绩表"中进行查询，输出平均成绩高于 75 分学生的"学号"和"平均成绩"。

【解】　本例仍为单表查询，其 SQL 语句如下：

```
SELECT 学号, AVG(成绩) AS 平均成绩
FROM dbo_成绩表
GROUP  BY 学号
HAVING  AVG(成绩)>75
```

查询结果如图 5.44 所示。

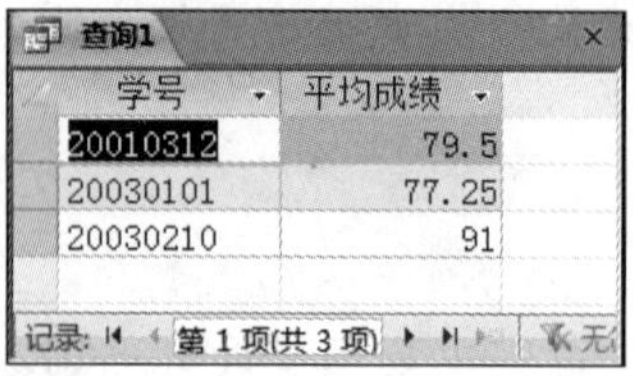

图 5.43　例 5.12 结果

图 5.44　例 5.13 结果

2. 多表查询

【例 5.14】　找出选修 000006 号课程，成绩不低于 85 分的学生的姓名、班级和成绩。

【解】　根据题意，本例涉及"学生信息表"和"dbo_成绩表"两个表，属于多表查询，其 SQL 语句可有两种写法。

① 用 FROM 子句实现两表的链接：

```
SELECT 姓名，班级，成绩
FROM 学生信息表 INNER JOIN dbo_成绩表 ON 学生信息表.学号 =dbo_成绩表.学号
WHERE 成绩>=85 AND 课程号="000006"
```

② 用 WHERE 子句实现两表的链接：

```
SELECT 姓名，班级，成绩
FROM 学生信息表，dbo_成绩表
WHERE 学生信息表.学号 =dbo_成绩表.学号 AND 成绩>=85 AND 课程号="000006"
```

【例 5.15】 求选修了"VB 程序设计"课程的学生姓名。

【解】 根据题意，需输出的学生"姓名"字段存在于"学生信息表"表中，筛选条件"课程名"字段则由"dbo_课程表"提供，而这两个表又须通过"dbo_成绩表"来建立关系，因此本例涉及三个表，其 SQL 语句也可有两种写法。

① 用 FROM 子句实现两表的链接：

```
SELECT 姓名
FROM 学生信息表 INNER JOIN (dbo_课程表 INNER JOIN dbo_成绩表 ON
dbo_课程表.课程号 =dbo_成绩表.课程号) ON 学生信息表.学号 =dbo_成绩表.学号
WHERE 课程名=" VB 程序设计"
```

② 用 WHERE 子句实现两表的链接：

```
SELECT 姓名
FROM 学生信息表，dbo_成绩表，dbo_课程表
WHERE 学生信息表.学号=dbo_成绩表.学号 AND dbo_课程表.课程号=
dbo_成绩表.课程号 AND 课程名=" VB 程序设计"
```

3. SQL 特定查询

上述的 SQL 查询均可转换为查询设计视图，但有些 SQL 查询如联合查询、数据定义查询（见第 2 章）等就无法进行转换，这类查询统称为 SQL 特定查询。

以联合查询为例，它用于合并两个以上的表或查询中的数据，即将两个以上的表或查询中的字段合并为一个字段，可通过 SELECT 语句中的 UNION 子句实现。

【例 5.16】 查找所有选修 000006 课程或计应 031 班学生的学号。

【解】 本例需将两个表（"dbo_成绩表"和"学生信息表"）中符合条件记录的学号合并输出，并删除重复的学号。选修 000006 课程的学号有 20000101、20000102、20010101、20010102、20020101、20020102 和 20030101，计应 031 班学生的学号有 20030101、20030102、20030103，其中 20030101 重复，因此实际输出有 9 个学号，见图 5.45。其 SQL 语句如下：

图 5.45 例 5.16 结果

```
SELECT 学号 FROM dbo_成绩表 WHERE 课程号="000006"
  UNION SELECT 学号 FROM 学生信息表 WHERE 班级="计应 031"
```

5.2.3 查询实例

下面以“学生成绩管理系统”为例，举出使用 SQL 查询的部分例子。

【例 5.17】 根据指定成绩范围，查找 85～100 分数段的记录数据。

【解】 设计一个简单查询窗体，向其中的两个文本框分别输入成绩的最低分和最高分(见图 5.46)，然后在结果显示窗口显示查询结果(见图 5.47)。本查询只涉及一个数据表，查询文件的 SQL 语句如下：

```
SELECT 学号, 课程号, 成绩, 备注
FROM 成绩表
WHERE 成绩>Forms!简单查询!txt1 And 成绩<Forms!简单查询!txt2;
```

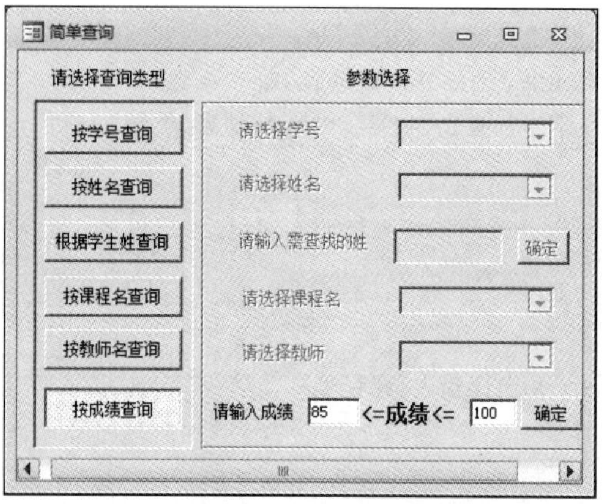

图 5.46 “简单查询”窗体的运行界面

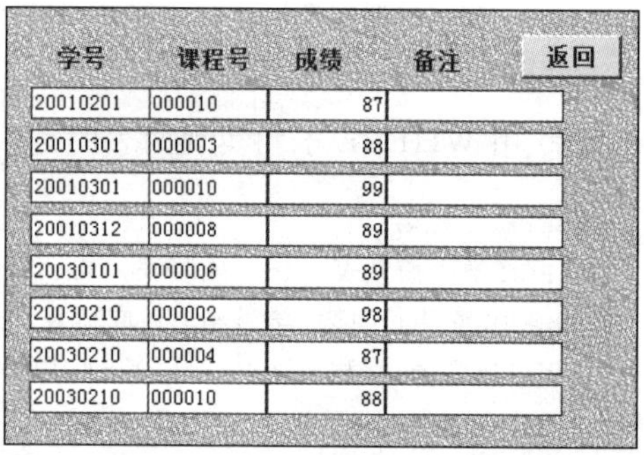

学号	课程号	成绩	备注
20010201	000010	87	
20010301	000003	88	
20010301	000010	99	
20010312	000008	89	
20030101	000006	89	
20030210	000002	98	
20030210	000004	87	
20030210	000010	88	

图 5.47 例 5.17 查询结果

【例 5.18】 统计所有课程的考试情况，即输出平均分、最高分和最低分(见图 5.48)。

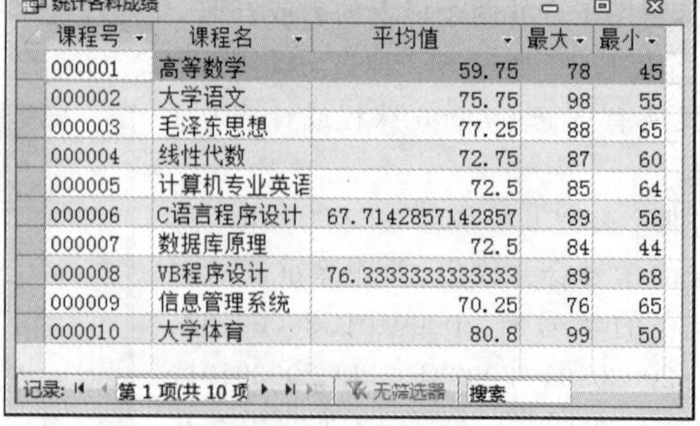

课程号	课程名	平均值	最大	最小
000001	高等数学	59.75	78	45
000002	大学语文	75.75	98	55
000003	毛泽东思想	77.25	88	65
000004	线性代数	72.75	87	60
000005	计算机专业英语	72.5	85	64
000006	C语言程序设计	67.7142857142857	89	56
000007	数据库原理	72.5	84	44
000008	VB程序设计	76.3333333333333	89	68
000009	信息管理系统	70.25	76	65
000010	大学体育	80.8	99	50

图 5.48 例 5.18 查询结果

【解】 本查询将涉及两个数据表,即课程表和成绩表,可以通过 FROM 或 WHERE 子句实现两表的链接。下面是通过 FROM 子句实现链接的 SQL 语句:

```
SELECT 成绩表.课程号,课程名,Avg(成绩) AS 平均分,Max(成绩) AS 最高分,
       Min(成绩) AS 最低分
FROM 成绩表 INNER JOIN 课程表 ON 成绩表.课程号=课程表.课程号
GROUP BY 成绩表.课程号,课程名;
```

【例 5.19】 查找指定学生的所有课程考试成绩,并按课程号升序排列(见图 5.49)。

【解】 本查询将涉及两个数据表,即学生信息表和成绩表,可以通过 FROM 或 WHERE 子句实现两表的链接。下面是通过 WHERE 子句实现链接的 SQL 语句:

```
SELECT 成绩表.课程号,成绩,备注
FROM 学生信息表,成绩表
WHERE 学生信息表.学号=成绩表.学号 and
      学生信息表.姓名= [Forms]![高级查询 2]![cbo1]
ORDER BY 成绩表.课程号;
```

图 5.49 例 5.19 查询结果

小结

在 Access 环境中,用户只需要在图形界面上同系统“交互”,不需要编程即可完成数据库的各项任务。本章介绍的数据表就是这类交互操作的主要对象。初学者学习 Access 的应用开发,通常都是从“交互操作方式”开始的。

习题

1. 选择题

(1) 下列 Access 表的数据类型的集合,错误的是( )。

　　A. 文本、备注、数字　　　　　　　　B. 备注、OLE 对象、超链接

　　C. 通用、备注、数字　　　　　　　　D. 日期/时间、货币、自动编号

(2) 如果一张数据表中含有照片,那么“照片”这一字段的数据类型通常为( )。

　　A. 备注　　　　B. 超链接　　　　C. OLE 对象　　　　D. 文本

(3) 使用表设计器来定义表的字段时,以下 ( )可以不设置内容。

　　A. 字段名称　　　　B. 说明　　　　C. 数据类型　　　　D. 字段属性

（4）在两个表之间建立关系（　　　）。

  A. 的条件是两个表中需要有相同数据类型和内容的字段

  B. 的条件是两个表的关键字必须相同

  C. 的结果是两个表变成一个表

  D. 的结果是只要访问其中的任一个表就可以得到两个表的信息

（5）下面关于主关键字段的叙述中，错误的是（　　　）。

  A. 数据库中每一个表都必须具有一个主关键字

  B. 主关键字段的值是唯一的

  C. 主关键字可以是一个字段也可以是一组字段

  D. 主关键字段中不许有重复值和空值

（6）建立 Access 的数据库时要创建一系列的对象，其中最基本的是创建（　　　）。

  A. 数据库的查询　 B. 数据库的基本表

  C. 基本表之间的关系   D. 数据库的报表

2. 填空题

（1）Access 2010 提供了使用设计器创建表、_____和通过输入数据创建表 3 种常用创建表的方法。

（2）通过输入数据来创建表时，不需要_____，系统会根据在第一个记录中输入的信息来推测该字段中要保存的数据类型。但是，这样建立的表不能实现某些功能。

（3）Access 提供了两种字段数据类型保存文本和数字组合的数据，这两种类型是文本和_____。

（4）如果在一个表中的某个字段可以对应另一个表中的多个字段，这样的关系就是_____的关系。

（5）数据库中的数据是由_____对象来组织管理的。

（6）在交叉表查询中至少要包含_____个字段。

3. 简答题

（1）表的字段数据类型有哪些？

（2）为什么在表的尾部添加一条记录后，当再次打开表时该记录的位置却不一定在表的最后？

第6章 单机系统开发窗体与报表

窗体是 Access 数据库的重要对象之一,它为用户提供了一个直观、方便操作数据库的界面;报表则是以打印格式展示数据的一种有效方式。此外,用户可通过窗体进行信息交换,而报表没有交互功能,只能输出数据。

窗体是应用系统的人机交互界面;报表则用于数据的统计和输出。

6.1 窗体设计

作为基于对象的综合开发环境,Access 除支持强大的查询功能设计外,还可以通过向导、设计器等工具,帮助用户在应用程序中方便地完成窗体的设计。本节将结合实例介绍窗体设计方法。

6.1.1 创建窗体的方法

在 Access 2010 中,有多种创建窗体的方法,如利用窗体向导、自动创建以及使用设计视图等。

窗体向导的任务是以数据源为基础来引导用户创建窗体。其步骤是:先在当前数据库中选择数据源及字段;然后选择布局版式和外观样式;最后指定窗体视图的名称。

自动创建窗体可以创建一个基于单表或查询的窗体。它操作步骤简单,可以不设置任何参数,是一种快速创建窗体的方法。

使用设计视图创建窗体,用户可完全自主地设计自己的窗体。它支持可视化程序设计,允许用户在窗体中自由创建与修改对象。

6.1.2 窗体设计视图

1. 窗体的节

在 Access 主窗口中,选择"创建"菜单,单击"窗体"组中的"窗体设计"按钮,就能够以设计视图的形式打开窗体(见图 6.1)。

在 Access 中,窗体由主体以及窗体页眉、窗体页脚、页面页眉和页面页脚等最多5个节组成。主体节是窗体的主要部分,用于组成主窗口。在创建窗体之初,设计视图中仅有一个主体节。若需要产生其他节,可通过快捷菜单中的相应命令来实现,详见表 6.1。

所有窗体都必须要有主体节,其他节均可选。由于窗体设计主要应用于系统与用户的交互,所以通常在窗体设计时很少考虑页面页眉和页面页脚的设计。

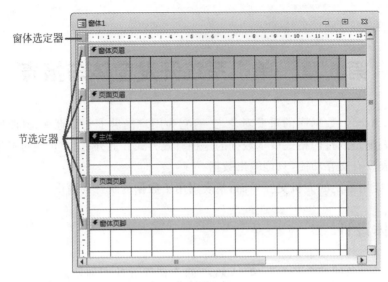

图 6.1　窗体设计视图

表 6.1　窗体的 5 个节

节名	添加与删除方法	用　途	说　明
窗体页眉	快捷菜单中的"窗体页眉/页脚"命令	添加窗体标题、窗体使用说明等	位于窗体顶部
页面页眉	快捷菜单中的"页面页眉/页脚"命令	标题、列标题、日期、页码等	仅当窗体打印时才显示,且显示在每一打印页的上方
主体	默认存在	绝大多数的控件及信息都出现在本节,通常用于显示、编辑记录数据	每个窗体必需
页面页脚	快捷菜单中的"页面页眉/页脚"命令	页汇总、日期、页码等	每页底部,仅当窗体打印时才显示
窗体页脚	快捷菜单中的"窗体页眉/页脚"命令	合计、日期、页码、按钮等	末页中最后一个主体节之后

2. 创建窗体的控件

控件是窗体上的图形化对象,如文本框、标签、复选框或命令按钮等(见图 6.2),用于输入数据、显示数据和执行操作等。通过控件可以使信息分布在窗体的各个节中。

打开窗体的设计视图后,只要单击"窗体设计工具"/"设计"选项卡"控件"组中的某一控件按钮,然后在窗体窗口内某处单击(或拖放)鼠标,就会在该处产生一个所选择的控件。若误击了某一控件按钮,又想取消创建控件,只需再次单击该按钮或单击"选择对象"按钮即可。

注意:在创建文本框或组合框等控件时,通常会同步创建一个标签控件,称为附加标签。

3. 控件的基本操作

为了合理安排控件在窗体中的位置,常需对控件进行移动、改变大小、删除等操作。其一般步骤是:首先选定控件,然后进行相应的操作。

控件的选择非常简单。首先单击窗体控件中的"选择"按钮(见图 6.2),然后在窗体中单击或按住 Shift＋逐个单击,即可选定一个或多个控件。有些控件带有附加控件,则该控件被选定后,其附加控件也随之被选定。控件被选定后,即可通过拖曳鼠标移动或调整控件的位置或大小,或按 Delete 键删除控件。若需精确定位或设置控件大小,可通过"属性表"窗口实现。

图 6.2　窗体控件按钮

4. 控件的对象属性

窗体设计是典型的面向对象设计。在 Access 中控件作为窗体的组成部分,与其他对象一样具有自己的属性,可用来描述对象的特征。以标签控件为例,其大小、颜色等外观,其位置、可见性等状态,都可用属性来表示,并列入属性表中。

在图 6.3 所示的属性表窗口示例中,自上而下有对象组合框、选项卡和属性列表等三部分。对象组合框包含当前窗体、节和控件的列表,供用户在列表中选择对象,与在窗体窗口选定对象的效果一致;选项卡按功能将属性分类,包括格式、数据、事件、其他和全部;属性列表则列出当前对象的属性,用户可根据需要直接进行更改,或单击该属性,然后单击其右侧的"生成器"按钮 ，通过"生成器"对话框来设置。表 6.2 列出了一般对象的常见属性。

图 6.3　属性表窗口示例

表 6.2　常见属性表

属性名称	编码关键字	说　明	主要应用对象
标题	Caption	指定对象的标题(显示时标识对象的文本)	窗体、标签、命令按钮等
名称	Name	指定对象的名字(区分对象,在代码中引用对象)	节、控件

续表

属性名称	编码关键字	说 明	主要应用对象
控件来源	ControlSource	指定控件中显示的数据。可以显示和编辑绑定到表、查询或 SQL 命令的字段,或显示表达式的只读结果	文本框、选项组、列表框、组合框、绑定对象框等
背景色	BackColor	指定对象内部的背景色	节、标签、文本框、列表框等
前景色	ForeColor	指定控件的前景色(文本和图形的颜色)	标签、文本框、命令按钮、列表框等
字体名称	FontName	指定控件前景字体	
字体大小	FontSize	指定控件前景文字的大小	
图片	Picture	指定某一位图或其他类型的图形,作为窗体等控件的背景	窗体、命令按钮、图像控件、切换按钮、选项卡控件的页上,或作为窗体的背景图片
宽度	Width	指定窗体(所有的节)、控件的宽度	窗体、控件
高度	Height	指定节、控件的高度	节、控件
记录源	RecordSource	指定窗体的数据源	窗体
记录选定器	RecordSelectors	指定窗体在运行状态是否显示记录选定器(设计视图不可见)	
导航按钮	NavigationButtons	指定窗体在运行状态是否显示导航按钮和记录编号框(设计视图不可见)	
分割线	DividingLines	指定窗体在运行状态是否显示分割线(设计视图不可见)	
控制框	Controlbox	指定是否有"控制"菜单和按钮	

6.1.3 窗体设计实例

以上简述了窗体设计视图的用法,本小节将介绍几个实例。

1. 启动窗口的设计

【例 6.1】 创建图 6.4 所示的"学生成绩管理系统"启动窗口。

【解】 对于此类窗体的设计,使用设计视图通常比较方便。操作步骤如下。

(1)在设计视图中打开窗体。

① 打开 STUDENT 数据库。

② 选择"创建"菜单,单击"窗体"组中的"窗体设计"按钮,同时打开"窗体"和"属性表"窗口。

(2)设置窗体的标题。在"属性表"窗口的"标题"属性框中输入"学生成绩管理系统(简化版)"。

图 6.4 "学生成绩管理系统"的启动窗口

（3）设置窗体其他属性。关闭"记录选择器"和"导航按钮"的显示。方法是将窗体的这两个属性均改为"否"。

注意：窗体的"记录选择器"和"导航按钮"属性，常用在窗体和数据库绑定情况下。在默认情况下，"记录选择器"和"导航按钮"两个属性均为"真"，图 6.5 显示了含有"记录选择器"等的窗体。但是在设计本例窗体时要注意将这些属性改为"否"。

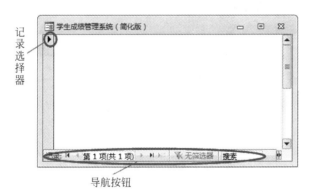

图 6.5 含有"记录选择器"和"导航按钮"的窗体

（4）创建各个控件。

① 添加图 6.4 窗体中的图像。单击"窗体设计工具"/"设计"选项卡"控件"组中的"图像"按钮 。在窗口左边拖放鼠标添加一个"图像"控件，然后在随后出现的"插入图片"对话框（见图 6.6）中选择图片，最后单击"确定"按钮。

② 添加两个标签，标题分别为"学生成绩管理系统"和"简化版"，并修改其字体和大小。

③ 添加两个命令按钮。单击"窗体设计工具"/"设计"选项卡"控件"组中的 按钮，在随后弹出的"命令按钮向导"对话框（见图 6.7）中，单击"完成"按钮。窗口中直接调整大小和位置，然后修改"属性表"窗口的"标题"值为"进入系统"，删除"图片"属性中的"（位

图)","进入系统"按钮修改前后的属性如图 6.8 所示。采用同样方法,添加"退出系统"按钮。

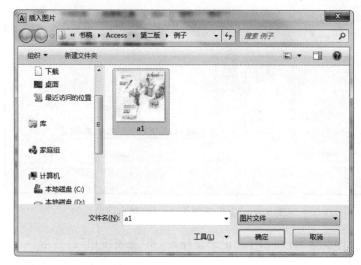

图 6.6 "插入图片"对话框

图 6.7 "命令按钮向导"对话框

(a)"标题"和"图片"属性修改前　　(b)"标题"和"图片"属性修改后

图 6.8 "进入系统"命令按钮属性修改前、后对照

④ 为命令按钮设置事件属性。在"属性表"窗口的对象框中选择"进入系统"按钮;选择"事件"选项;在"单击"事件文本框中输入"系统进入和退出.进入"(此为宏的名称)。同理,为"退出系统"按钮设置"单击"事件属性"系统进入和退出.退出"。

注意:上述的宏在窗体创建前已创建好。

(5) 关闭并保存窗体。

2. 主窗口的设计

该窗口由标签、命令按钮、选项卡和子窗体等控件组成。

选项卡控件也称为页(page),可用来放置其他控件,包括单一窗体或对话框。选项卡控件由多个选项卡组成,用分页的方法把不同类别或不适宜一起显示的数据隔离开来,可以有效地扩展窗体面积。在窗体视图中,当用户单击某选项卡时,该选项卡即被激活。

【例 6.2】 创建图 6.9 所示的主窗口。

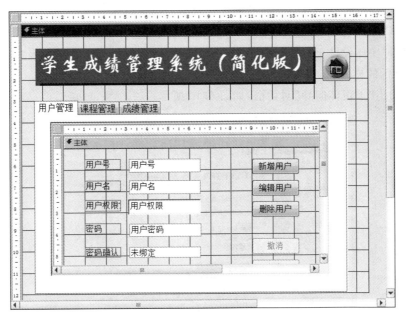

图 6.9 主窗口

【解】 本例的控件均分布于主体节中。其操作步骤如下。

(1) 在 STUDENT 数据库中,以设计视图形式打开一个新窗体。

(2) 窗体属性设置。

① 标题设置:单击窗体选定器选中窗体,此时选定器中会出现一黑色方块,在"属性表"对话框的"标题"文本框中输入"主窗口"。

② 隐藏"记录选择器"等。将窗体的"记录选择器"和"导航按钮"属性改为"否"。

(3) 在主体中添加一个标签控件。"标题"属性为"学生成绩管理系统(简化版)";并在"属性表"对话框中修改背景色、前景色(字体颜色)、字体名称(宋体、楷体、隶书等)、字号(字体大小)等属性。

(4) 在主体中添加一个命令按钮。

① 添加命令按钮。

② 单击"图片"属性文本框,然后单击对话框中的 ⋯ 按钮,打开"图片生成器"对话框,单击"浏览"按钮,通过随后弹出的"选择图片"对话框选择图片,如 home. bmp。

(5) 在主体中添加选项卡控件。

① 添加一个"选项卡"控件。此时窗口将产生两个标签文本即"页 3""页 4"的选项卡。

② 在刚创建的选项卡范围内,右击打开快捷菜单,选择"插入页"命令,窗口中将增加"页 5"标签文本。

③ 将"页 3""页 4""页 5"的"名称"属性分别改为"YH""KC""CJ"。

④ 将"YH""KC""CJ"的"标题"属性分别改为"用户管理""课程管理""成绩管理";并设置"YH"的"可用"属性为"否"(以防一般用户查看和修改用户信息)。

(6) 在选项卡控件的"用户管理"标签文本中创建子窗体。

① 单击"用户管理"标签文本。

② 单击"窗体设计工具"/"设计"选项卡"控件"组中的"子窗体/子报表"按钮,然后参照图 6.9 所示的样式,在窗口的"用户管理"标签拖放鼠标。

③ 将弹出"子窗体向导"对话框,如图 6.10 所示。

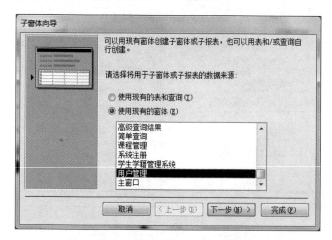

图 6.10 "子窗体向导"对话框

④ 选中"使用现有的窗体"单选按钮,在下面的列表框中选择"用户管理"选项,即将已创建的"用户管理"窗体作为子窗体。

⑤ 单击"完成"按钮。

(7) 采用(6)的方法,分别为"课程管理"和"成绩管理"创建子窗体。

(8) 关闭并保存窗体。

3. "成绩录入"窗口的设计

该窗口用于成绩的输入,控件分布在窗体页眉和主体节中,界面主要由标签、文本框和按钮三种控件组成。设计中需特别注意主体节高度的设置,以便保证数据记录的正常显示。

【例6.3】 创建图6.11所示的"成绩录入"窗口。

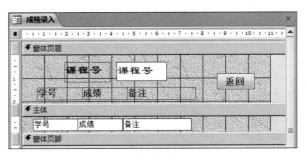

图6.11 "成绩录入"窗口

【解】 例6.2所有控件均显示在主体节中。本例的控件分别分布于窗体页眉节和主体节中。其操作步骤如下。

(1) 在STUDENT数据库中以设计视图形式打开一个新窗体。

(2) 窗体属性设置。

① 标题设置。单击窗体选定器选中窗体,此时选定器中会出现一黑色方块,在"属性表"的"标题"文本框中输入"成绩录入"。

② 隐藏"记录选择器"等。将窗体的"记录选择器"和"导航按钮"属性改为"否"。

③ 去除窗口的边框和控制框。将"边框样式"属性设置为"无","控制框"属性设置为"否"。

④ 设置记录源。将"数据"选项中的"记录源"属性设置为"成绩录入查询"。注意,该查询在创建窗体前已创建。

⑤ 使主体节保证显示所有数据记录。将"格式"选项中的"默认视图"属性改为"连续窗体";调整主体节的高度为0.7cm(主体节的高度略大于显示记录的文本框高度)。

(3) 添加窗体页眉和页脚。打开快捷菜单,选择"窗体页眉/页脚"命令。

(4) 为窗体页眉设置属性。设置窗体页眉"高度"属性为2.1cm。

(5) 在窗体页眉中添加控件。

① 添加一个"文本框"控件,将其"数据"选项中的"控件来源"属性设置为"课程号",并修改附加标签的"标题"为"课程号"。

② 添加三个标签,它们的"标题"属性分别为"学号""成绩""备注"。

③ 添加一个命令按钮,"标题"属性为"返回"。

④ 为命令按钮设置事件属性。在属性窗口的对象框中选择"返回"按钮;选择"事件"选项;在"单击"事件文本框中输入"录入成绩.返回"宏。

(6) 在主体中添加控件。

① 添加一个"文本框"控件,将其"数据"选项中的"控件来源"属性设置为"学号",删除其附加标签。

② 添加第二个"文本框"控件,将其"数据"选项中的"控件来源"属性设置为"成绩",删除其附加标签。按图6.11调整文本框的位置。

③ 添加第三个"文本框"控件,将其"数据"选项中的"控件来源"属性设置为"备注",

删除其附加标签。按图 6.11 调整文本框的位置。

（7）调整窗体页脚的高度。单击窗体页脚的"节选定器"，将"高度"属性改为 0cm。

（8）关闭并保存窗体。

6.2 报表的设计

Access 中的报表应用很广泛。利用报表对象，用户可以在显示或打印数据的同时，对各类数据进行分组汇总，或者对数值型数据执行分类统计等功能。制作报表时，还可以通过报表控件，对报表中每个对象的大小、外观等进行控制。

报表中的数据源一般是来自数据库中的表、查询等。Access 的报表共分 4 类：

① 纵栏式报表，报表中每个字段都显示在主体节中的一个独立行上，并且左边带有一个该字段的标题标签。

② 表格式报表，报表中每条记录的所有字段显示在主体节中的一行上，其记录数据的字段标题信息标签显示在报表的页面页眉节中。

③ 图表报表，是指在报表中包含图表显示的报表。

④ 标签报表，是 Access 报表的一种特殊类型，主要用于打印书签、名片、信封、邀请函等。

6.2.1 创建报表的方法

Access 2010 提供了 5 个报表按钮，用于创建报表。

（1）"报表"按钮。用于对当前选定的表或查询创建基本报表，是一种最快捷的创建报表方式。

（2）"报表设计"按钮。以设计视图的方式创建一个空报表，可以对报表进行高级设计，添加控件和编写代码。

（3）"空报表"按钮。以"布局视图"的方式创建一个空报表，然后将选定的数据字段添加到报表中。

（4）"报表向导"按钮。用以显示向导，帮助用户创建一个简单的自定义报表。

（5）"标签"按钮。用于对当前选定的表或查询创建标签式的报表。

6.2.2 报表设计视图

1. 报表的节

在 Access 主窗口中，选择"创建"菜单，单击"报表"组中的"报表设计"按钮，就能够以设计视图的形式打开报表设计视图（见图 6.12）。

在 Access 中，报表由主体以及报表页眉、报表页脚、页面页眉和页面页脚等节组成。表 6.3 列出了报表各节的产生方法和作用。

2. 报表的控件

控件是报表中的图形化对象,如文本框、复选框、图表或图像等,通过控件可以使信息分布在报表的各个节中。操作和属性设置与窗体相似,不再赘述。

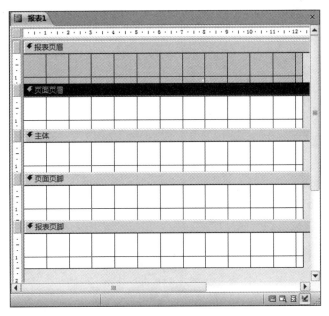

图 6.12 报表设计视图

表 6.3 报表各节的产生和作用

节 名	产生与删除方法	控件输出周期	控件输出位置	说 明
报表页眉	快捷菜单中的"报表页眉/页脚"命令	整套报表一次	位于报表顶部	用于在报表的开始放置信息,如标题、日期、报表使用说明等
页面页眉	快捷菜单中的"页面页眉/页脚"命令	每页一次	报表页眉后	用于在每页的顶部放置信息,如标题、列标题、日期、页码等
组页眉	快捷菜单中的"排序和分组"命令	每组一次	页面页眉后	用于在记录组的开头放置信息,如组名称或组总计数
主体	总是存在	每记录一次	每个报表需要	每个报表的主要部分。通常包含绑定到记录源中字段的控件,也可能包含为绑定控件,如标识字段内容的标签
组页脚	快捷菜单中的"排序和分组"命令	每组一次	页面页眉前	用于在记录组的结尾放置信息,如组名称或组总计数
页面页脚	快捷菜单中的"页面页眉/页脚"命令	每页一次	页末	用于在每页的底部放置信息,如页汇总、日期、页码等
报表页脚	快捷菜单中的"报表页眉/页脚"命令	整套报表一次	组页脚后,页面页脚前	用于在页面的底部放置信息,如合计、日期、页码等

6.2.3 报表设计实例

本小节将介绍几个实例。

【例 6.4】 创建图 6.13 所示的"各课程学生考试汇总"报表,成绩按降序排列,并计算平均值。

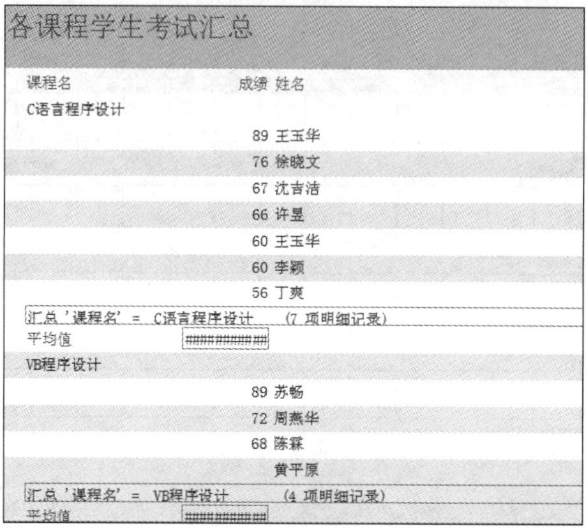

图 6.13 "各课程学生考试汇总"报表

【解】 对于此类报表的设计,使用报表向导通常比较方便。操作步骤如下。

(1) 使用下述 SQL 语句创建名为 li604 的查询:

```
SELECT 姓名,课程名,成绩
FROM 学生信息表 INNER JOIN (课程表 INNER JOIN 成绩表 ON 课程表.课程号 = 成绩表.课程
号) ON 学生信息表.学号 = 成绩表.学号;
```

(2) 使用报表向导创建"各课程学生考试汇总"报表。

① 选择"创建"菜单,单击"报表"组中的"报表向导"按钮。

② 在"表/查询"下拉列表框中选择"查询:li604",然后单击 ⏩ 按钮,结果如图 6.14 所示。

③ 单击"下一步"按钮,显示"报表向导"(二)窗口,本窗口让用户选择查看数据方式,图 6.15 分别是"通过 学生信息表"和"通过 课程表"查看数据的显示方式,此处选择后者。

④ 单击"下一步"按钮,显示"报表向导"(三)窗口,用于确认是否添加分组级别(见图 6.16),此处不添加。

⑤ 单击"下一步"按钮,显示"报表向导"(四)窗口,用于确定明细信息使用的排序次序和汇总信息。

a. 选择成绩按降序排列,结果如图 6.17 所示。

b. 单击"汇总选项"按钮,弹出"汇总选项"对话框(参见图 6.18),选中"平均"复选框,单击"确定"按钮。

图 6.14 "报表向导"(一)窗口

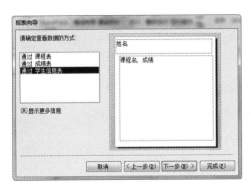

(a) 通过 学生信息表查看

(b) 通过 课程表查看

图 6.15 "报表向导"(二)窗口

图 6.16 "报表向导"(三)窗口

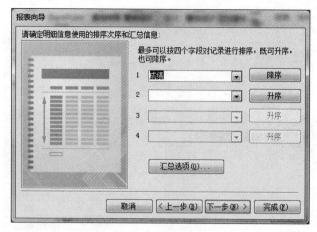

图 6.17 "报表向导"（四）窗口

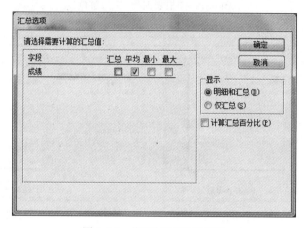

图 6.18 "汇总选项"对话框

⑥ 单击"下一步"按钮，显示"报表向导"（五）窗口，用以选择报表布局方式，此步不做任何操作，图略。

⑦ 单击"下一步"按钮，显示"报表向导"（六）窗口，在报表指定标题文本框中输入标题"各课程学生考试汇总"，选择"预览报表"，然后单击"完成"按钮。

【例 6.5】 例 6.4 使用向导创建的"各课程学生考试汇总"报表，不尽如人意，如成绩在姓名的前面、平均成绩无法正常显示等，请加以修改。

【解】 首先打开布局视图，调整报表布局，然后修改平均值的位数，具体操作步骤如下。

（1）右击对象窗格中的"各课程学生考试汇总"报表，在弹出的快捷菜单中选择"布局视图"命令，拖放鼠标调整"页面页眉"中的"姓名"和"成绩"的位置，以及"主体"中人名列和成绩列的位置。

（2）右击对象窗格中的"各课程学生考试汇总"报表，在弹出的快捷菜单中选择"设计视图"命令。

① 调整各节的高度。

② 右击"课程名页脚"节中的"＝Avg（[成绩]）"，选择快捷菜单中的"属性"命令，打

开"属性表"窗口,如图 6.19 所示。

图 6.19 "Avg([成绩])"属性表

③ 将"格式"属性改为"固定";"小数位数"的值默认为"自动"(表示保留两位小数),改为"0"。

修改结果如图 6.20 所示。

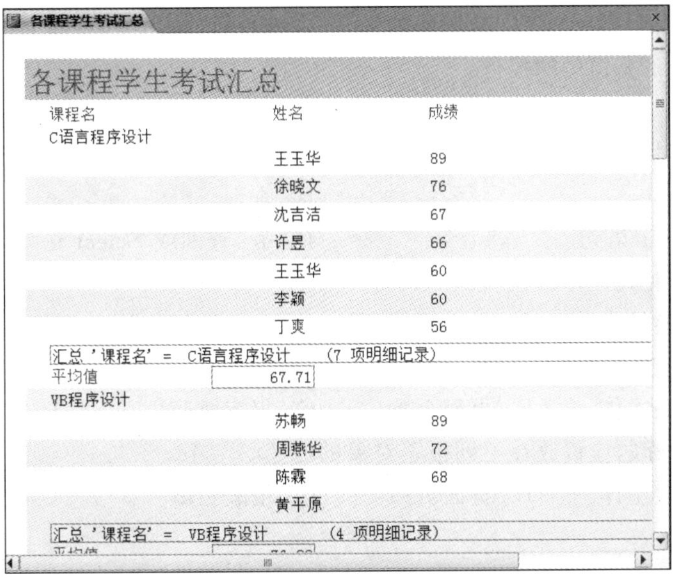

图 6.20 修改后的"各课程学生考试汇总"报表

小结

本章通过实例介绍交互操作的另两个主要对象——窗体与报表的操作方法。

数据表是数据库的基础;窗体是应用系统的人机交互界面;报表则常常用于数据的统计和输出。掌握了数据库表的创建与查询以及窗体与报表的设计方法,就可以开发简单的数据库应用系统了。

习题

1. 选择题

(1) 下列( )不是窗体的组成部分。

    A. 窗体页眉　　　B. 窗体页脚　　　C. 主体　　　　　　D. 窗体设计器

(2) 下面关于窗体的叙述中,错误的是( )。

    A. 可以接收用户输入的数据或命令

    B. 可以编辑、显示数据库中的数据

    C. 可以构造方便、美观的输入/输出界面

    D. 可以直接存储数据

(3) Access 窗体由多个部分组成,每个部分称为一个( )。

    A. 控件　　　　　B. 子窗体　　　　C. 节　　　　　　　D. 页

(4) 数据库中可以定义自己的"窗体",它的主要功能是( )、数据显示与打印、控制程序的执行。

    A. 查看数据　　　B. 数据的输入　　C. 数据的输出　　D. 数据的比较

(5) ( )不是窗体的控件。

    A. 表　　　　　　B. 标签　　　　　C. 文本框　　　　D. 组合框

(6) 可以作为窗体记录源的是( )。

    A. 表　　　　　　　　　　　　　B. 查询

    C. Select 语句　　　　　　　　　D. 表、查询或 Select 语句

(7) 属于交互式控件的是( )。

    A. 标签控件　　　B. 文本框控件　　C. 命令按钮控件　D. 图像控件

(8) 只在报表的每页底部输出的信息是通过( )设置的。

    A. 报表主体　　　B. 页面页脚　　　C. 报表页脚　　　D. 报表页眉

(9) 报表的标题应该放在下列报表对象的( )节中。

    A. 报表主体　　　B. 页面页眉　　　C. 报表页脚　　　D. 报表页眉

2. 填空题

(1) 能够输出图像的窗体控件是_____。

（2）窗体是由不同种类的对象组成，每个对象都有自己独特的_____。

（3）在窗体中，_____和_____的内容只有在打印预览或打印时才显示。

（4）如果要在窗体中创建一个对象，使其既可以直接输入文字，又可以从列表框中选择输入项，则应选择_____控件。

（5）窗体是数据库中用户和应用程序之间的主要界面，用户对数据库的_____都可以通过窗体来完成。

3. 简答题

（1）窗体由哪几部分构成？

（2）如何为窗体设定数据源？

（3）在窗体数据源中可以使用几个表？

（4）窗体数据源可以是查询表吗？

第7章 单机系统开发两种编程工具

为了方便用户编写程序,Access 提供了两种编程工具,即宏和 VBA。宏是 Access 支持的六大对象之一,可以将数据库对象的操作有机地组织起来,执行某些特定的功能,可将宏看作是一种简化的编程语言。但其功能终究有限,因此在多数情况下应用程序设计还需借助 VBA。

本章将介绍这两种编程工具的应用。

7.1 宏的应用

宏是由一个或多个操作组成的有序集合,其中每个操作都自动执行,并实现特定的功能,如打开或关闭表、查找或过滤记录等。用户通过直接执行宏或使用包含宏的用户界面,定义好有关参数,即可完成许多复杂的操作。不需要编程,也不需要背记语法,较适合于初学者使用。Access 2010 提供了八类共 80 多个宏操作命令,分别是窗口管理命令、宏命令、筛选/查询/搜索命令、数据库导入导出命令、数据库对象命令、数据库命令、系统命令和用户操作命令。

多个宏可组成宏组,用一个统一名称来命名,有助于统一管理和完成更多样的功能。

Access 还支持条件宏。条件宏就是在单个宏或宏组的基础上增加一个条件列,通过安排适当的条件表达式来控制宏的操作是否执行。

7.1.1 宏的创建

1. 两种创建方法

创建宏有两种方法,通常使用第一种方法。

(1) 使用宏的设计视图创建宏。

① 打开数据库。

② 选择"创建"菜单,单击"宏与代码"组中的"宏"按钮,打开"宏设计"窗口和"操作目录"窗口,如图 7.1 所示。

③ 添加新操作,设置操作参数,添加备注。

④ 重复③选择下一个操作,直至结束。

⑤ 单击窗口的关闭按钮,保存宏。

注意:若需在打开数据库时执行某些操作,可创建一个包含这些操作的宏,并取名为 AutoExec。名为 AutoExec 的宏是一个特殊的宏,创建方法与普通宏相同。若不想在打开数据库时运行 AutoExec 宏,可在打开数据库时按住 Shift 键。

图 7.1　"宏设计"和"操作目录"窗口

（2）在为对象创建事件时当场创建宏。

① 打开对象的属性表。

② 若某个事件框为空白，单击该事件框右侧的生成器按钮 ⑴，打开图 7.2 所示的"选择生成器"对话框。

③ 在列表中选定"宏生成器"选项，单击"确定"按钮，打开"宏设计"窗口和"操作目录"窗口。

④ 添加新操作，设置操作参数，添加备注。

⑤ 重复③选择下一个操作，直至结束。

⑥ 单击窗口的关闭按钮，保存宏。

图 7.2　"选择生成器"对话框

2. 展开或折叠操作

用户可以通过单击图 7.1 中的"宏工具"/"设计"选项卡中的"折叠/展开"组中的相应按钮，展开或折叠子宏或宏操作；用户也可通过单击子宏或宏操作前的加号或减号，展开或折叠某一子宏或某一宏操作。图 7.3 是"系统进入和退出"宏的设计窗口。

3. 编辑宏

编辑宏包括：添加宏操作，删除宏操作，更改宏操作顺序；修改宏的操作和参数；添加备注。

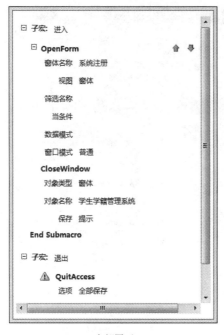

(a) 全部展开   (b) 全部折叠

图 7.3 "系统进入和退出"宏

（1）添加宏操作。

①打开宏设计视图。

② 单击窗口中"添加新操作"下拉列表框右边的下三角按钮选择选项,或在"操作目录"窗口选择操作。

③设置参数。

（2）删除宏操作。

① 打开宏设计视图。

② 选择需要删除的宏。

③ 单击✖按钮,或选择快捷菜单中的"删除"命令,或按 Delete 键。

（3）更改宏操作顺序。

① 打开宏设计视图。

② 选择需要改变顺序的行。

③ 单击👚(上移)或👇(下移)按钮,或拖动宏操作。

7.1.2　宏程序设计

本节将结合三个实例(一个一般宏、两个宏组),介绍用宏语言进行编程的方法。

1. 创建一般宏

【例 7.1】 为主窗口的图形按钮设计一个宏名为"返回"的宏。当单击该图形按钮时将执行"返回"宏,显示"学生成绩管理系统",关闭"主窗口"。

【解】

(1) 创建宏。

① 打开 STUDENT 数据库。

② 选择"创建"菜单,单击"宏与代码"组中的"宏"按钮,打开"宏设计"窗口和"操作目录"窗口。

③ 单击"宏设计"窗口"添加新操作"右边的下三角按钮,打开操作列表,选择 OpenForm,如图 7.4(a)所示。

④ 单击"窗体名称"右边的下三角按钮,打开窗体名列表,选择"学生成绩管理系统"选项,结果如图 7.4(a)所示。

⑤ 再次单击"宏设计"窗口"添加新操作"右边的下三角按钮,打开操作列表,选择 CloseWindow,如图 7.4(b)所示。

⑥ 单击"对象类型"右边的下三角按钮打开对象列表,选择"窗体"对象;单击"对象名称"右边的下三角按钮,打开对象名列表,选择"主窗口"选项,结果如图 7.4(b)所示。

(a) OpenForm   (b) CloseWindow

图 7.4　例 7.1 宏操作参数设置

(2) 保存宏。

① 单击数据库窗口左上角的"保存"按钮或按 Ctrl+S 组合键,显示"另存为"对话框。

② 在"另存为"对话框中输入宏名称"返回",单击"确定"按钮。

设计结果如图 7.5 所示。

2. 创建宏组

宏组是指包含多个独立、互不相关子宏的宏文件。宏组的创建与普通宏的创建基本相同,仅需要在设计视图中打开"操作目录"窗口,把 Submacro 拖放在"添加新操作"上面,在子宏后面文本框中输入子宏名,在它的下面输入操作名。

【例 7.2】 为启动窗口设计一个"系统进入和退出"的宏组,其中包括"进入"和"退出"两个

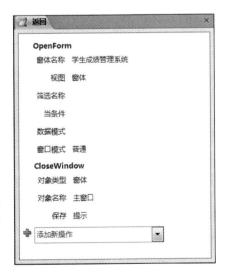

图 7.5　"返回"宏窗口

宏。当单击"进入系统"按钮时,调用"进入"宏,打开"登录"窗口,关闭启动窗口;单击"退出系统"按钮,保存所有信息,结束整个程序,并退出 Access。

设计结果如图 7.6 所示。

【解】

(1) 打开 STUDENT 数据库。

(2) 打开"宏设计"窗口。选择"创建"菜单,单击"宏与代码"组中的"宏"按钮,打开"宏设计"窗口和"操作目录"窗口。

(3) 创建子宏"进入"。

① 双击"操作目录"窗口的"程序流程/Submacro",或将"程序流程/Submacro"拖到"宏设计"窗口,参见图 7.7。

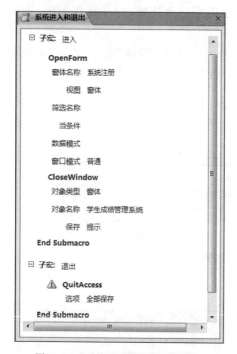

图 7.6 "系统进入和退出"宏窗口

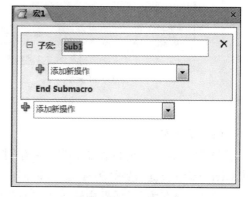

图 7.7 "子宏"窗口

② 在"子宏"文本框输入子宏名"进入"。

③ 添加打开窗体操作。在"添加新操作"下拉列表框中选择 OpenForm,单击"窗体名称"右边的下三角按钮,打开窗体名列表,选择"系统注册"选项。

④ 添加关闭窗体操作。在"添加新操作"下拉列表框中选择 CloseWindow,单击"窗体名称"右边的下三角按钮,打开窗体名列表,选择"学生成绩管理系统"选项。

(4) 创建子宏"退出"。

① 双击"操作目录"窗口的"程序流程/Submacro",或将"程序流程/Submacro"拖到"宏设计"窗口。

② 在"子宏"文本框中输入子宏名"退出"。

③ 添加 QuitAccess 操作。在"添加新操作"下拉列表框中选择 QuitAccess。

（5）保存宏组。

① 单击"宏设计"工具栏中的"保存"按钮,显示"另存为"对话框。

② 在"另存为"对话框中输入宏名称"系统进入和退出",单击"确定"按钮。

3. 创建带有条件的宏组

在某些情况下,可能希望仅当特定条件成立时才执行宏中的一个或一系列操作,此时需要设置条件。条件是一个计算结果为 True/False(或 $-1/0$)的逻辑表达式。宏将根据条件结果的真假决定是否执行操作。

图 7.8 无数据记录消息框

【例 7.3】 为查询窗口设计一个"高级查询 2"的宏组,该宏组包含高级查询的多表查询中的有关宏操作。当单击"根据课程名和学生姓名查找考试情况"按钮时,若找到数据则显示,否则显示图 7.8 所示的消息框,宏设计结果参见图 7.9。

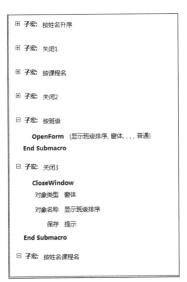

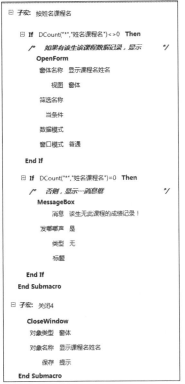

图 7.9 "高级查询 2"宏窗口

【解】

（1）打开 STUDENT 数据库。

（2）打开"宏设计"窗口,按表 7.1 设计宏组。选择"创建"菜单,单击"宏与代码"组中的"宏"按钮,打开"宏设计"窗口和"操作目录"窗口。

表 7.1 "高级查询 2"宏组的宏操作及操作参数

宏名	宏操作	操作参数
按姓名升序	OpenForm	窗体名称:显示姓名升序
		视图:窗体
关闭 1	Close	对象类型:窗体
		对象名称:显示姓名升序
按课程名	OpenForm	窗体名称:显示课程名
		视图:窗体
关闭 2	Close	对象类型:窗体
		对象名称:显示课程名
按班级	OpenForm	窗体名称:显示班级排序
		视图:窗体
关闭 3	Close	对象类型:窗体
		对象名称:显示班级排序
按姓名课程名	OpenForm	窗体名称:显示课程名姓名
		视图:窗体
	MsgBox	消息:该生无此课程的成绩记录!
关闭 4	Close	对象类型:窗体
		对象名称:显示课程名姓名

(3) 创建"按姓名升序"子宏,打开"显示姓名升序"窗口,操作略。

(4) 创建"关闭 1"子宏,关闭"显示姓名升序"窗口,操作略。

(5) 创建"按课程名"子宏,打开"显示课程名"窗口,操作略。

(6) 创建"关闭 2"子宏,关闭"显示课程名"窗口,操作略。

(7) 创建"按班级"子宏,打开"显示班级排序"窗口,操作略。

(8) 创建"关闭 3"子宏,关闭"显示班级排序"窗口,操作略。

(9) 创建"按姓名课程名"子宏,若有数据打开"显示课程名姓名"窗口,没有数据则显示消息框:

① 添加显示查询结果窗口的条件。双击"操作目录"窗口的"程序流程/If",或将"程序流程/If"拖到"宏设计"窗口。在 If 后面的文本框中输入条件表达式:DCount("＊", "姓名课程名")<>0(注:表达式中的"姓名课程名"是一个查询)。

② 添加打开窗体操作。在"添加新操作"下拉列表框中选择 OpenForm,单击"窗体名称"右边的下三角按钮,打开窗体名列表,选择"显示课程名姓名"选项。

③ 添加显示消息框的条件。双击"操作目录"窗口的"程序流程/If",在 If 后面的文

本框中输入条件表达式：DCount("＊","姓名课程名")＝0。

④ 添加显示消息框操作。在"添加新操作"下拉列表框中选择 MessageBox,在"消息"后面的文本框中输入"该生无此课程的成绩记录！"。

（10）创建"关闭4"子宏,关闭"显示课程名姓名"窗口,操作略。

（11）保存宏组。

① 单击"宏设计"工具栏中的"保存"按钮,显示"另存为"对话框。

② 在"另存为"对话框中输入宏名称"高级查询2",单击"确定"按钮。

7.2 VBA 编程

在 Access 中,大部分设计都是用向导或者图形界面来实现的。通过宏与窗体的组合能完成一定的数据管理的常规任务,但对于非常规的且较为复杂的自动化任务,宏无法实现,需要借助 VBA 来完成。

VBA(Microsoft Visual Basic for Applications)是一种计算机语言,具有语言的基本要素,包括函数、语句以及称为 VB 编辑器的编程工具等;它同时又是一种面向对象的语言,具有对象的属性、事件和方法等特征。

7.2.1 VBA 语言基础

VBA 是流行可视化语言 VB 的子集。它与 VB 一样具有基本的语言要素,如常量、变量、表达式和程序控制结构等。

使用 VBA 编程,首先必须理解对象、属性、方法和事件。对象通常是代码和数据的组合,如表、窗体、文本框等,一般由类来定义;属性是对象的特征,如颜色、大小等;方法是施加于对象的动作和行为,如刷新;事件是指对象所接受的某些外部刺激,它一般发生在用户与应用程序交互时,如单击、键盘按下(KeyPress)等。

1. 常量

常量是指在程序运行过程中其值不变的量。VBA 常量包括符号常量、系统定义常量和固有常量三种。

（1）符号常量。实际上是由用户定义的常数,通常将程序代码中会多次使用的某些值定义为符号常量。Const 语句用于声明符号常量,其格式如下：

```
[Public | Private] Const 常量名 [As 数据类型] = 表达式
```

例如,声明常量 conPI 等于 3.14159265 的语句为：

```
Const conPI=3.14159265
```

（2）系统定义常量。VBA 有 4 个系统定义常量：True 和 False 表示逻辑值;Empty表示变体型变量尚未指定初始值;Null 表示一个无效数据。

（3）固有常量。它是 Access 或引用库的一部分。通常通过开始两个字母指明常量的来源,以 ac 开头的常量表示来自 Microsoft Access 库,以 ad 开头的常量表示来自 ActiveX Data Objects(ADO)库,以 vb 开头的常量表示来自 VB 库,如 acNewRec、adOpenKeyset、vbCurrency 等。

2. 变量

变量是指在程序运行过程中其值可能变化的量。VBA 变量包括简单变量与数组变量两种,前者只有一个值,后者是一组具有相同类型的数。表 7.2 列出了 VBA 的数据类型,包含除 Access 表中的 OLE 对象和备注类型以外的所有其他数据类型。

表 7.2 VBA 数据类型

VBA 类型	含义	类型声明符	范 围
Byte	字符		0～255
Boolean	逻辑型		True 或 False
Integer	整型	%	−32 768～32 767
Long	长整型	&	−2 147 483 648～2 147 483 647
Single	单精度	!	负数 −3.402823E38～−1.401298E−45 正数 1.401298E−45～3.402823E38
Double	双精度	#	负数 −1.79769313486231E308～−4.94065645841247E−324; 正数 4.94065645841247E−324～1.79769313486232E308
Currency	货币	@	−922 337 203 685 477.5808～922 337 203 685 477.5807
Date	日期		100 年 1 月 1 日—9999 年 12 月 31 日
Object	对象		任何 Object 引用
String	字符串	$	根据字符串长度而定
Variant	变体型		
自定义变量类型			每个元素数据类型的范围

注:字符串类型又分为变长和定长两种。

变量名以字母或字符开始,长度不超过 255 个字符的字符串,字符串不能含有句号或类型说明符。通常变量先声明后使用,声明的语法格式为:

```
[Dim | Public | Private] 变量名 As 数据类型
```

其中:Dim 表示定义本地变量,即在该变量声明的过程和函数中有效;Public 表示定义公共变量,即该变量在所有的过程和函数中都有效;Private 表示定义私有变量,即在该变量声明的模块中的所有过程和函数中有效。

【例 7.4】 声明一个名为 X 的本地变量,类型为整型,并给该变量赋值,其值为 123。

【解】

```
Dim X As Integer
X=123
```

3. 表达式

与其他高级语言相似,VBA 使用的表达式也是由常数、变量(含字段名称)、函数与运算符等组合而成。它们大量用于各类语句和函数中,用来执行数据的运算或测试。

Access 中的表达式包括算术表达式、字符串表达式、关系表达式、逻辑表达式和对象表达式 5 种,常用运算符如表 7.3 所示。

表 7.3 常用运算符及其优先顺序

运算类型	运算符	表达式示例	结果
算术(X 的值为 3)	乘方(^)	$X \wedge 2$	9
	负数(−)	$-X$	−3
	乘和除(∗、/)	$X * 2$	6
	整除(\\)	$10 \backslash X$	3
	取余(Mod)	$10 \bmod X$	1
	加和减(+、−)	$2+X$	5
字符	字符串连接(&、+)	"123" + "abc" 或 "123" & "abc"	123abc
关系	等于(=)	"123" = "125"	False
	不等于(<>)	"123" <> "125"	True
	小于(<)	"123" < "125"	True
	大于(>)	"123" > "125"	False
	小于或相等(<=)	"123" < = "125"	True
	大于或相等(>=)	"123" >= "125"	False
	模式匹配(Like)	"123" Like "125"	False
逻辑(X、Y 的值均为 True,Z 的值为 False)	非(Not)	Not X	False
	与(And)	X And Y X And Z	True False
	或(Or)	X Or Y X Or Z	True True
对象	引用用户定义的内容(!)	[Forms]![简单查询]![frame1].[Value]=1	将"简单查询"窗体中的 frame1 对象的 Value 属性设为 1
	引用 Access 定义的内容(.)	文本 1.ForeColor = 255	设置"文本 1"的字体颜色

4. 程序控制结构

与其他语言一样,VBA 程序也有三种基本控制结构,即顺序、分支和循环。

1）顺序结构

顺序结构代码的执行将按照语句排列的先后顺序，一条接一条地依次执行，它是代码中最简单、最基本的结构。但多数情况下，仅用顺序结构是无法解决问题的，需用到分支结构和循环结构。

2）分支结构

分支结构能根据指定条件的当前值在两条或多条程序路径中选择一条执行。在VBA中，通过行 IF 语句、块 IF 语句和 Select Case 语句实现程序的分支控制。

（1）行 IF 语句，也称简单选择语句。格式如下：

```
If  <条件>  Then  <语句 1>[Else  <语句 2>]
```

其中<语句 1>和<语句 2>为任一条 VBA 可执行语句。

该语句的功能是：当条件为真时，执行<语句 1>；否则执行<语句 2>。若无 Else，则跳过该语句而执行 If 的后续语句。

（2）块 IF 语句，也称结构化选择语句。格式如下：

```
If <条件>Then
  <语句组 1>
[Else
  <语句组 2>]
End If
```

其中<语句组 1>和<语句组 2>是 1~n 条的 VBA 可执行语句。

该语句的功能是：当条件为真时，执行<语句组 1>；否则执行<语句组 2>。若无Else，则执行 End If 后面的句语。

若需要判断的条件进一步增加时，可使用 VBA 提供的另一种块 IF 语句，实现多级分支控制。格式如下：

```
If <条件 1>Then
  <语句组 1>
Else If <条件 2>Then
  <语句组 2>
  ⋮
Else If <条件 n>Then
  <语句组 n>
[Else
  <语句组 n+1>]
End If
```

（3）Select Case 语句，也称多分支选择语句。格式如下：

```
Select Case <表达式>
  Case <值 1>
    <语句组 1>
    ⋮
```

```
   Case <值 n>
     <语句组 n>
   [Case Else
     <语句组 n+ 1>]
End Select
```

说明：

① 表达式可以是字符串表达式或数值表达式。

② Case 后面值的形式如下。

A. 表达式，如"A" 或 5+3。

B. 用逗号分隔的枚举值，如 2,4,6,8 或 "a","e","o"。

C. 用 To 关键字指定值的范围，如 2 To 10。

D. 使用 Is 关键字表示值的范围，如 Is>8。

上述形式可以混合使用。

③ Select 语句其作用是：将 Select Case <表达式>中的结果与各 Case 子句中的值相比较，若匹配则执行该值下面的语句组；若无匹配的则执行 Case Else 后面的语句组；无 Case Else 则什么都不做。如果有多个 Case 短语中的值与表达式匹配，则只执行第一个与之匹配的语句组。

【例 7.5】 用 IF 语句计算 x 的绝对值。x 的值通过文本框 1 输入，结果输出到文本框 2。

【解】 可用行 IF 或块 IF 语句实现。

① 使用行 IF 语句：

```
x=Text1
If x<0 Then x=-x
Text2=x
```

② 使用块 IF 语句：

```
x=Text1
If x< 0 Then
  x=-x
End If
Text2=x
```

【例 7.6】 从键盘上输入一个 1~7 的整数，然后在文本框中显示中文星期几。例如，输入 2，则显示"星期二"；输入 7，则显示"星期日"。

【解】 本例使用多分支选择语句(Select Case 语句)，可读性较好。

```
n=InputBox("请输入 1~7")
Select Case n
  Case 1
    Text1.SetFocus
    Text1.Text="星期一"
```

```
    Case 2
      Text1.SetFocus
      Text1.Text="星期二"
    Case 3
      Text1.SetFocus
      Text1.Text="星期三"
    Case 4
      Text1.SetFocus
      Text1.Text="星期四"
    Case 5
      Text1.SetFocus
      Text1.Text="星期五"
    Case 6
      Text1.SetFocus
      Text1.Text="星期六"
    Case 7
      Text1.SetFocus
      Text1.Text="星期日"
    Case Else
      Text1.SetFocus
      Text1.Text="你输入的数据不是 1~7!"
End Select
```

【例 7.7】 若 x 表示学生成绩,编程为该成绩划分等级,结果通过文本框 1 输出。90
分以上为优秀,80 分以上为良好,70 分以上为中等,60 分以上为及格,60 分以下为不
及格。

【解】 本例使用多分支选择语句(Select Case 语句),可读性较好。

```
x=InputBox("请输入学生成绩")
Select Case x
  Case 90 To 100
    Text1.SetFocus
    Text1.Text="优秀"
  Case 80 To 89
    Text1.SetFocus
    Text1.Text="良好"
  Case 70 To 79
    Text1.SetFocus
    Text1.Text="中等"
  Case 60 To 69
    Text1.SetFocus
    Text1.Text="及格"
  Case 0 To 59
    Text1.SetFocus
```

```
      Text1.Text="不及格"
   Case Else
     Text1.SetFocus
     Text1.Text="你输入的成绩不对!"
 End Select
```

3) 循环结构

顺序结构和分支结构在程序执行时,每个语句只能执行一次,但有时希望某些语句或程序段重复执行若干次,此时就需用到循环结构。循环结构由指定条件的当前值来控制循环体中的语句(或命令)序列是否要重复执行。同分支结构一样,它也有多种形式,用户可以根据实际情况进行选择。

(1) 条件循环和无条件循环。

条件循环和无条件循环共有 5 种语句格式,见表 7.4。

表 7.4 条件和无条件循环语句的格式

条件循环语句				无条件循环语句
前当循环语句	后当循环语句	前直到循环	后直到循环	

Do While<条件>
<语句组 1>
[Exit Do]
<语句组 2>
Loop
	Do
	  <语句组 1>
	  [Exit Do]
	  <语句组 2>
	Loop While<条件>
		Do Until<条件>
		<语句组 1>
		[Exit Do]
		<语句组 2>
		Loop
			Do
			  <语句组 1>
			  [Exit Do]
			  <语句组 2>
			Loop Until<条件>
				Do
				  <语句组 1>
				  Exit Do
				  <语句组 2>
				Loop

语句格式中的<条件>可以是字符串表达式或数值表达式,其值为 True 或 False。在 Do 与 Loop 之间的语句序列就是循环体。这些循环语句的执行逻辑有所不同。若使用 While,当<条件>为 True 时重复执行循环体中的语句;而使用 Until,直到<条件>变为 True 结束执行循环体中的语句。

以"前当循环语句"为例,语句的执行过程是:若 Do While 子句的循环条件为 False,则循环结束,然后执行 Loop 子句后面的语句;若循环条件为 True,则执行循环体,一旦遇到 Loop 就自动返回到 Do While 重新判断循环条件是否成立,以决定是否继续循环。

(2) 步长循环。

For 语句是 VBA 中常用的循环控制语句,常用于循环次数已知的程序中。格式如下:

```
For<循环变量>=<初值>To<终值>[Step<步长>]
   <语句组 1>
   [Exit For]
   <语句组 2>
Next
```

执行语句时,首先将初值赋给循环变量,然后判断循环变量的值是否在初值和终值之间。若循环变量未超出范围,则执行循环体中的语句组,执行一旦遇到 Next,循环变量值即加上步长,然后返回到 For 重新与终值进行比较。若循环变量超出范围,则结束该循环语句的执行,继续执行 Next 后面的语句。如果在循环体中遇到 Exit For 语句,则结束循环,跳至 Next 后面的语句。

当步长为正数时,循环变量初值不大于终值就执行循环体;当步长为负数时,若循环变量初值不小于终值就执行循环体。步长的默认值为 1。

(3) 按集合中对象来循环。

For Each…Next 语句是专用于集合或数组的循环语句。格式如下:

```
For Each<集合中的元素>In<集合>
  <语句组 1>
  [Exit For]
  <语句组 2>
Next
```

该语句的功能是依次针对集合(或数组)中的每个元素,重复执行循环体语句序列。进入循环后,按集合中第一个元素执行循环体;接着按集合中第二个元素执行循环体;直至集合所有元素都用完,就退出循环。

【例 7.8】 编写一个程序,输出数组 A 中的偶数元素。

【解】

```
Dim a(10) As Integer
For i=1 To 10                    '创建数组 A
  a(i)=i
Next
For Each b In a()                '在文本框 1 显示 A 数组中的偶数元素
  If b Mod 2=0 Then
    Text1=Text1 & " " & b
  End If
Next
```

(4) 多重循环。

若一个循环语句的循环体内又包含其他循环,就构成了多重循环,也称为循环嵌套。较为复杂的问题往往要用多重循环来处理。设计多重循环代码段要分清外循环和内循环,外循环体中必然包含内循环语句,执行外循环体就是将其内循环语句及其他语句全部执行一遍。

7.2.2 VBA 程序设计

设计窗体是 VBA 程序设计最常见的应用。本小节以"学生成绩管理系统"为例,说明该系统中"系统注册"窗体和"用户管理"窗体的设计方法。

1. 系统注册窗体

为防止无关人员进入"学生成绩管理系统",该系统应包含注册功能,只允许通过注册认证的用户进入系统。

　　图 7.10 显示了"系统注册"的窗体。当用户进入该窗体时,输入"用户号"和"用户密码",单击"登录"按钮,系统将调出用户数据表进行判别。若匹配即进入主窗口;否则显示一消息框,等待用户重输。若输错三次,将结束程序。该窗体代码如下:

```
Option Explicit

Private Sub Form_Activate()                    '窗体被激活
  Me.UserID.SetFocus              '用户号和用户密码文本框置空,光标定位在用户号文本框
  Me.UserID=Null
  Me.PassWord=Null
End Sub


Private Sub cmdLogin_Click()                    '单击"登录"按钮
  On Error GoTo Err_cmdLogin_Click
  Dim str As String
  Static n As Integer
  Dim rs As Recordset                           '定义记录集对象 rs
  If n<3 Then
    If IsNull(Me.UserID) Or IsNull(Me.PassWord) Then  '判断文本框是否为空
    MsgBox ("用户号和用户密码不能为空!")
    Else                                        '查找用户
     str="select * from 用户信息表 where 用户号='" & Me.UserID
     str=str & "' and 用户密码='" & Me.PassWord & "'"
     Set rs=CurrentDb.OpenRecordset(str, dbOpenDynaset)
     If rs.RecordCount >0 Then                   '若找到该用户
       Me.Visible=False
       n=0
       DoCmd.OpenForm "主窗口"                    '打开主窗口
       If Me.UserID="000000" Then
         Form_主窗口.页 1.SetFocus                '若是管理员,显示用户管理标签
       Else
         Form_主窗口.页 2.SetFocus                '若非管理员,显示课程管理标签
       End If
     Else
       MsgBox ("没有这个用户,或者密码错误!")
     End If
    End If
    n=n+1
  Else
    MsgBox ("你已三次出错,按任意键退出!")
    DoCmd.Close
  End If
Exit_cmdLogin_Click:
```

```
        Exit Sub

Err_cmdLogin_Click:
        MsgBox (Err.Description)
        Resume Exit_cmdLogin_Click
End Sub
```

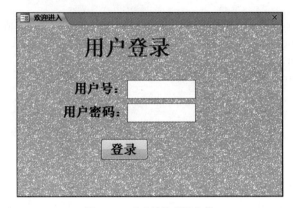

图 7.10 "系统注册"窗体

2. 用户管理窗体

"用户管理"窗体用于对"用户信息表"数据进行维护和管理。为保证系统的安全,该窗体只有管理员才有权使用,其他用户不能操作。窗体初启时界面如图 7.11 所示。单击"新增"按钮,该按钮变灰(不可用),"取消"和"保存"按钮可用;在右边的记录列表中选中某一记录后,"编辑"和"删除"按钮可用。单击"保存"按钮,首先判断"用户号"和"用户名"是否为空,然后判断两次输入的密码是否相符,最后写入记录。该窗口代码如下:

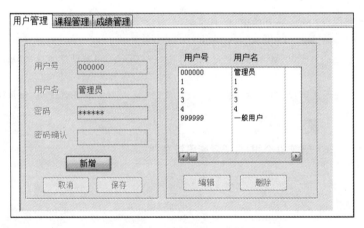

图 7.11 "用户管理"窗体

```
Private Sub Form_Load()
    Call TXTSET1
```

```
        cmdedit.Enabled=False                          '编辑和删除按钮不可用
        cmddel.Enabled=False
End Sub


Private Sub cmdadd_Click()                             '新增记录按钮
    On Error GoTo Err_cmdadd_Click

    Call TXTSET2
    PassWord2.Value=Null
    DoCmd.GoToRecord, acNewRec

Exit_cmdadd_Click:
        Exit Sub

Err_cmdadd_Click:
        MsgBox Err.Description
        Resume Exit_cmdadd_Click
End Sub


Private Sub cmdedit_Click()                            '编辑按钮
    Dim n As Integer
        Call TXTSET2

'将选中的记录传至文本框
    Form_用户管理.RecordSource="select * from 用户信息表 where 用户号=
        '" & UserDB.Column(0) & "'"
    Form_用户管理.Refresh

    UserDB.SetFocus
    cmdedit.Enabled=False                              '编辑、删除和新增按钮不可用
    cmddel.Enabled=False
    cmdadd.Enabled=False
End Sub


Private Sub cmdsave_Click()                            '保存按钮
    On Error GoTo Err_cmdsave_Click

    If IsNull(UserID.Value) Or IsNull(UserName.Value) Then
        MsgBox "用户号或用户名不可为空,请重新输入!"
        Exit Sub
    End If

    If IsNull(PassWord2.Value) Or PassWord2.Value<>PassWord1.Value Then
```

```
        MsgBox "两次输入的密码不一致,请重新输入密码!!!"
        PassWord1.Value=Null
        PassWord2.Value=Null
        PassWord1.SetFocus
        Exit Sub
      End If

      DoCmd.RunCommand acCmdSaveRecord          '将数据写入数据表中
      Form_用户管理.Refresh                '刷新"用户管理"窗口,将新增的数据显示在列表框中
      Call TXTSET1

Exit_cmdsave_Click:
      If ErrN=3022 Then                        '主键(用户号)重复的错误代码为 3022
        UserID=InputBox("用户号重复,请重新输入!")
      End If
      Exit Sub

Err_cmdsave_Click:
      ErrN=Err.Number
      Resume Exit_cmdsave_Click
End Sub

Private Sub CmdCancel_Click()                  '取消按钮
   DoCmd.RunCommand acCmdUndo
   Call TXTSET1
End Sub

Private Sub cmddel_Click()                      '删除按钮
   On Error GoTo Err_cmddel_Click
   If MsgBox("真的要删除此用户吗?", vbYesNo, "删除用户提示窗口")=vbYes Then
     DoCmd.RunSQL ("delete from 用户信息表 where 用户号='" & UserDB.Column(0)
        & "'")                                  '删除当前记录
     UserDB.SetFocus
     cmdedit.Enabled=False                      '编辑、删除按钮不可用
     cmddel.Enabled=False
     cmdadd.Enabled=True
     Form_用户管理.Refresh             '刷新"用户管理"窗口,在列表框中去除删除的数据
   End If

Exit_cmddel_Click:
     Exit Sub

Err_cmddel_Click:
```

```
        MsgBox Err.Description
        Resume Exit_cmddel_Click
    End Sub


    Private Sub UserDB_Click()                    '单击数据列表框中任一记录
      cmdedit.Enabled=True
      cmddel.Enabled=True
      cmdadd.Enabled=False
    End Sub


    Private Sub TXTSET1()                         '设置文本框不可编辑等
      UserID.Enabled=False
      UserName.Enabled=False
      PassWord1.Enabled=False
      PassWord2.Enabled=False
      cmdadd.Enabled=True
      cmdadd.SetFocus
      cmdcancel.Enabled=False
      cmdsave.Enabled=False
    End Sub


    Private Sub TXTSET2()                         '设置文本框可编辑等
      UserID.Enabled=True
      UserName.Enabled=True
      PassWord1.Enabled=True
      PassWord2.Enabled=True
      cmdsave.Enabled=True
      cmdcancel.Enabled=True
      UserID.SetFocus
      cmdadd.Enabled=False
      cmdedit.Enabled=False
      cmddel.Enabled=False
    End Sub
```

7.3　学生成绩管理系统的开发

本节以"学生成绩管理系统"为例,说明怎样用编程工具开发简单的 DBAS。

遵循软件工程的思想,应用系统的开发过程应分成计划设计和实现两个阶段。计划设计阶段包括需求分析和系统设计两部分内容,是系统开发的基础,也是决定系统成败的关键。如果初始阶段出现问题或偏差,往往无法或不容易弥补。实现阶段则是把初始阶段所做的需求分析和系统设计付诸实施的过程,整个过程又可以分成若干个子过程(子阶段)。

7.3.1 需求分析

一个软件开发得是否成功,不仅取决于软件能否正常运行,而且要看它能否全部满足用户的需求。在初始阶段,用户的需求通常是模糊和不确切的,通过分析可将模糊、不确切的需求转化为明确、量化的需求。对于本系统,其需求应包括以下内容。

(1) 使用计算机实现学生成绩等信息的存储、修改和删除。

(2) 使用计算机实现学生成绩的统计汇总,如按班级或课程等求平均成绩。

(3) 能实现各种成绩查询,并提供方便的操作界面。

7.3.2 系统设计

根据学生成绩管理的现状和用户提出的需求,对所要建立的系统业务流程和数据流程进行分析,以确定系统要完成的主要功能,其中有:①本系统用户信息的输入、修改和删除;②课程信息的输入、修改和删除;③学生成绩信息的输入、修改、查询和统计。鉴于学生基本信息和专业信息可以在建立数据库时直接从其他管理系统中导入,因此本系统不必考虑它们的输入、修改等功能。

系统设计又包括模块设计与数据库设计两方面的内容。

1. 模块设计

把上述的系统功能分为三个子系统,按照结构化程序设计的方法,可得到图 7.12 所示的系统功能模块框图。

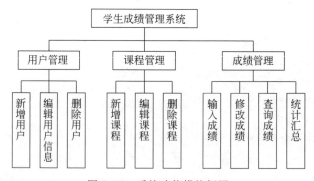

图 7.12 系统功能模块框图

2. 数据库设计

在管理信息系统中,数据库占有非常重要的地位,其结构好坏将直接影响应用系统的实现效果。合理的数据库结构可以提高数据存储效率,保证数据的完整和一致,同时也有利于应用程序的实现。设计师不仅要考虑用户当前的需要,还需考虑将来可能的扩充需求。

数据库设计应该遵循数据库规范化原则(详见第 10 章)来进行。在本例中,数据库由用户信息表、学生信息表、专业表、课程表和成绩表 5 张表组成,分别如表 7.5～表 7.9 所示。

表 7.5 用户信息表

表名:用户信息表		说明:此表保存系统用户的相关信息			
字段名称	数据类型	字段大小	必填字段	是否关键字	备注
用户号	文本	8	是	是	
用户名	文本	6			
用户密码	文本	6			

表 7.6 学生信息表

表名:学生信息表		说明:此表用于保存所有学生的基本信息			
字段名称	数据类型	字段大小	必填字段	是否关键字	备注
学号	文本	8	是	是	
姓名	文本	8			
性别	文本	1			
专业号	文本	6			来自专业表
班级	文本	10			
出生年月	日期/时间				
民族	文本	6			
来源	文本	14			
联系电话	文本	14			
照片	OLE 对象				

表 7.7 专业表

表名:专业表		说明:此表保存学校各专业的相关信息			
字段名称	数据类型	字段大小	必填字段	是否关键字	备注
专业号	文本	6	是	是	
专业名	文本	16			
所属学院	文本	14			

表 7.8 课程表

表名:课程表		说明:此表保存开设课程的相关信息			
字段名称	数据类型	字段大小	必填字段	是否关键字	备注
课程号	文本	6	是	是	
课程名	文本	16			
任课教师	文本	8			
学时	数字	整型			
学分	数字	整型			

表 7.9　成绩表

表名：成绩表		说明：此表保存学生所选课程的考试成绩等相关信息			
字段名称	数据类型	字段大小	必填字段	是否关键字	备注
学号	文本	8	是	是	来自学生信息表
课程号	文本	6	是	是	来自课程表
成绩	数字	整型			
备注	文本	4			

7.3.3　系统实现

系统实现包括数据库和表的创建以及各种窗体的设计。

1. 创建数据库和表

首先启动 Access，创建一个空数据库，并取名为"学生成绩管理"；然后按照表 7.5～表 7.9 所示创建 5 个数据表。为节省篇幅，具体操作从略。

以下介绍怎样实现各种窗体的设计。

2. 实现系统注册

图 7.10 是系统注册窗体的用户界面。其实现步骤如下。

(1) 打开窗体设计视图，按图在窗体中添加 3 个标签、2 个文本框和 1 个命令按钮控件。

(2) 按照表 7.10～表 7.12 设置各控件属性。

表 7.10　"系统注册"窗体属性设置

属性名	属性值	说　　明
记录源	用户信息表	
标题	欢迎进入	
图片	C:\WINDOWS\aa.bmp	自选图片作为窗体的背景
记录选择器	否	
导航按钮	否	
分隔线	否	

表 7.11　"系统注册"窗体各标签属性设置

用户登录		用户号		用户密码	
属性名	属性值	属性名	属性值	属性名	属性值
字体大小	26	字体大小	16	字体大小	16
标题	用户登录	标题	用户号：	标题	用户密码：

表 7.12 "系统注册"窗体各文本框和命令按钮属性设置

用户号		用户密码		登录	
属性名	属性值	属性名	属性值	属性名	属性值
字体大小	16	字体大小	16	字体大小	16
名称	UserID	名称	PassWord	名称	cmdLogin
		输入掩码	密码	标题	登录
				单击	事件过程

（3）单击数据库窗口工具栏中的"查看代码"按钮，打开代码窗口（参见图 7.13），在窗口中编写事件过程代码。

图 7.13 "系统注册"代码窗口

3. 实现用户管理

"用户管理"窗体如图 7.11 所示。实现该窗体的步骤如下。

（1）打开窗体设计视图，按图在窗体中添加 2 个矩形、4 个带有附加标签的文本框、2 个标签、1 个列表框和 5 个命令按钮控件。

（2）按照表 7.13～表 7.18 设置各控件的属性。

（3）单击数据库窗口工具栏中的"查看代码"按钮，打开代码窗口，编写代码（详见 7.2.2 小节）。

表 7.13　"用户管理"窗体属性设置

属性名	属性值	属性名	属性值
记录源	用户信息表	导航按钮	否
标题	用户管理	分隔线	否
记录选择器	否		

表 7.14　"用户管理"窗体各附加标签属性设置

用户号		用户名		密码		密码确认	
属性名	属性值	属性名	属性值	属性名	属性值	属性名	属性值
标题	用户号	标题	用户名	标题	密码	标题	密码确认
字体大小	11	字体大小	11	字体大小	11	字体大小	11

表 7.15　"用户管理"窗体右边矩形控件中各标签属性设置

用户号		用户名	
属性名	属性值	属性名	属性值
标题	用户号	标题	用户名
字体大小	11	字体大小	11

表 7.16　"用户管理"窗体各文本框属性设置

用户号		用户名		密码		密码确认	
属性名	属性值	属性名	属性值	属性名	属性值	属性名	属性值
名称	UserID	名称	UserName	名称	PassWord1	名称	PassWord2
控件来源	用户号	控件来源	用户名	控件来源	用户密码	控件来源	
				输入掩码	密码	输入掩码	密码
字体大小	11	字体大小	11	字体大小	11	字体大小	11

表 7.17　"用户管理"窗体列表框属性设置

属性名	属 性 值
名称	UserDB
行来源类型	表/查询
行来源	SELECT 用户信息表.用户号,用户信息表.用户名,用户信息表.用户密码 FROM 用户信息表 ORDER BY [用户号];
单击	事件过程

表 7.18　"用户管理"窗体各命令按钮属性设置

新增		编辑		删除		取消		保存	
属性名	属性值	属性名	属性值	属性名	属性值	属性名	属性值	属性名	属性值
标题	新增	标题	编辑	标题	删除	标题	取消	标题	保存
名称	cmdadd	名称	cmdedit	名称	cmddel	名称	cmdcancel	名称	cmdsave
单击	事件过程	单击	事件过程	单击	事件过程	单击	事件过程	单击	事件过程
						可用	否	可用	否

4．实现课程管理

"课程管理"窗体用于课程信息的维护和修改。图 7.14 显示了该窗体的界面，其内容与"用户管理"窗体相似，不再赘述。

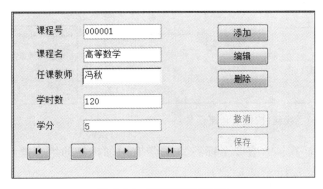

图 7.14 "课程管理"窗体

5．实现成绩管理

成绩管理是本系统的核心功能，其中有输入成绩、修改成绩、查询成绩和统计汇总等。输入和修改成绩窗体分别用于考试成绩的输入和修改；查询成绩子模块根据用户输入的查询条件进行查询，如单表查询、多表查询等；统计汇总子模块可按班级、课程等计算最高分、最低分和平均成绩。与用户管理和课程管理不同，成绩管理模块由多个窗体组成，如简单查询、模糊查询、统计汇总等。以下简述它们的实现步骤。

1）"多表组合查询"窗体

"多表组合查询"窗体如图 7.15 所示。需要指出的是，该窗体是一个只使用了"宏"而未编写任何 VBA 代码的窗体。当在窗口上半部的查询条件选择框中选中查询选项，然后单击下半部的按钮，即返回查询结果（见图 7.16），否则显示一消息框（见图 7.17）。

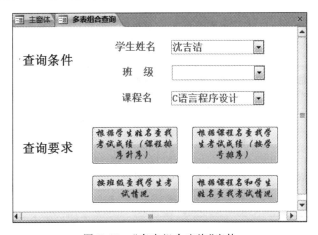

图 7.15 "多表组合查询"窗体

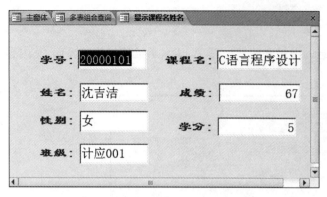

图 7.16 找到(按姓名和课程名)　　　　　　　图 7.17 未找到

"多表组合查询"窗体含有 2 个标签、3 个带有附加标签的组合框和 4 个命令按钮控件,各控件属性如表 7.19~表 7.22 所示。

表 7.19 "多表组合查询"窗体属性设置

属性名	属性值	属性名	属性值
标题	多表组合查询	导航按钮	否
记录选择器	否	分隔线	否

表 7.20 "多表组合查询"窗体各标签属性设置

条件查询		查询要求		学生姓名		班级		课程名	
属性名	属性值	属性名	属性值	属性名	属性值	属性名	属性值	属性名	属性值
标题	条件查询	标题	查询要求	标题	学生姓名	标题	班级	标题	课程名
字体大小	16	字体大小	16	字体大小	12	字体大小	12	字体大小	12
前景色	0	前景色	0	前景色	8388863	前景色	8388863	前景色	8388863

表 7.21 "多表组合查询"窗体各组合框属性设置

学生姓名		班级		课程名	
属性名	属性值	属性名	属性值	属性名	属性值
名称	Cbo1	名称	Cbo2	名称	Cbo3
字体大小	12	字体大小	12	字体大小	12
行来源	SELECT 姓名 FROM 学生信息表;	行来源	SELECT 班级 FROM 学生信息表;	行来源	SELECT 课程名 FROM 课程表;
前景色	8388863	前景色	8388863	前景色	8388863

表 7.22　"多表组合查询"窗体各命令按钮属性设置

按钮 1		按钮 2		按钮 3		按钮 4	
属性名	属性值	属性名	属性值	属性名	属性值	属性名	属性值
标题	根据学生姓名查找考试成绩（课程升序排列）	标题	按班级查找学生考试情况	标题	根据课程名查找学生考试成绩（按学号排序）	标题	根据课程名和学生姓名查找考试情况
字体名称	华文行楷	字体名称	华文行楷	字体名称	华文行楷	字体名称	华文行楷
单击	高级查询 2.按姓名升序	单击	高级查询 2.按班级	单击	高级查询 2.按课程名	单击	高级查询 2.按姓名课程名

注：表中的属性值"高级查询 2.按姓名升序"表示宏组名为"高级查询 2"中的"按姓名升序"子宏。关于宏组"高级查询 2"的创建，见例 7.3。

2）"显示课程名姓名"窗体

"显示课程名姓名"窗体含有 7 个带有附加标签的文本框（见图 7.16）。

（1）窗体的"记录源"属性为"姓名课程名"。"姓名课程名"是一个查询的名称，该查询的 SQL 语句如下：

```
SELECT 成绩表.学号, 学生信息表.姓名, 学生信息表.性别, 学生信息表.班级,
       课程表.课程名, 成绩表.成绩, 课程表.学分
FROM 课程表, 学生信息表, 成绩表
WHERE 学生信息表.学号=成绩表.学号 And 课程表.课程号=成绩表.课程号
      And 学生信息表.姓名=Forms!高级查询 2!cbo1 And 课程表.课程名 =
      Forms!高级查询 2!cbo3;
```

（2）7 个附加标签的"标题"属性分别为"学号""姓名""性别""班级""课程名""成绩""学分"；"前景色"属性为 16711680。

（3）7 个文本框控件的"控件来源"属性分别为"学号""姓名""性别""班级""课程名""成绩""学分"。

3）其他窗口

其他部分窗口界面如图 7.18～图 7.20 所示。为节省篇幅，此处不再详述。

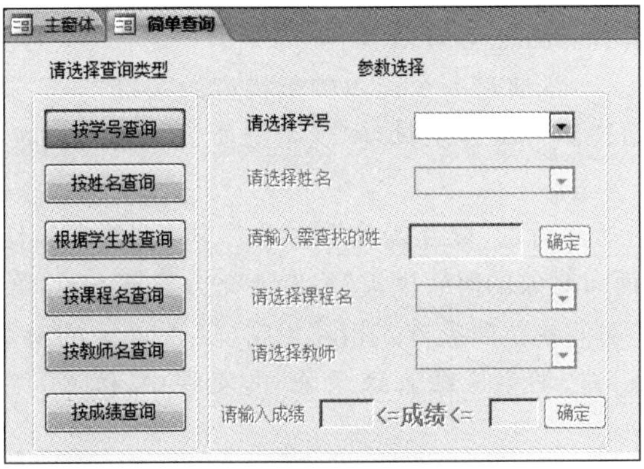

图 7.18　"简单查询"窗口

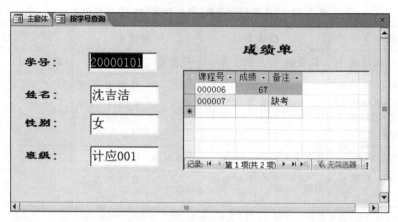

图 7.19　"按学号查询"窗口

图 7.20　"单表组合查询"窗口

小结

在 Access 的两种编程工具中，宏与 VBA 具有各自不同的特点。宏与宏组可看成是数据库操作命令的组合，它们使用方便但功能有限；VBA 则是一种面向对象的语言，它具有对象的属性、事件和方法等特征，能够按照用户的需求，完全自主地实现窗体设计等比较复杂的功能。本章通过一个简单的单机应用系统——"学生成绩管理系统"的开发，描述了怎样使用这两种编程工具，实现系统所需的基本功能，可供初学者模仿与参考。

还需指出，Access 所支持的"交互操作"与"程序执行"两类工作方式其实是相通的。前者直观、简便，符合面向对象的时代潮流；后者能充分发挥 SQL 语言和其他编程工具的功能，使之更贴近用户的需要。两类方式相辅相成，使 Access 的新老用户各得其所、各取所需。从本章末尾介绍的"学生成绩管理系统"的实现中，读者可领会到编程方式的优越性。

习题

1. 选择题

(1) 宏是一个或多个(　　)的集合。

　　A. 事件　　　　　　B. 操作　　　　　　C. 关系　　　　　　D. 记录

(2) 条件宏的条件项的返回值是(　　)。

　　A. "真"　　　　　　　　　　　　B. 一般不能确定

　　C. "真"或"假"　　　　　　　　　D. "假"

(3) 在条件宏设计时,对于连续重复的条件,要替代重复条件式可以使用下面的符号(　　)。

　　A. …　　　　　　　B. =　　　　　　　C. ,　　　　　　　D. ;

(4) 要限制宏命令的操作范围,可以在创建宏时定义(　　)。

　　A. 宏操作对象　　　　　　　　　B. 宏条件表达式

　　C. 窗体或报表控件　　　　　　　D. 宏操作

(5) 在宏的表达式中,可能引用到窗体或报表上控件的值。如果引用窗体控件的值,可使用表达式(　　)。

　　A. Forms!窗体名!控件名　　　　B. Forms!控件名

　　C. Forms!窗体名　　　　　　　　D. 窗体名!控件名

(6) 在宏的表达式中要引用报表 test 上窗体 txtName 的值,可使用引用式(　　)。

　　A. txtName　　　　　　　　　　B. text!txtName

　　C. Reports!test!txtName　　　　D. Reports!txtName

(7) 为窗体或报表上窗体设置属性值,可使用宏命令(　　)。

　　A. Echo　　　　B. MsgBox　　　　C. Beep　　　　D. SetValue

(8) 在 Access 系统中,宏是按(　　)调用的。

　　A. 名称　　　　B. 标识符　　　　C. 编码　　　　D. 关键字

(9) VBA"定时"操作中,需要设置窗体的"计时器间隔"(TimerInterval)属性值。其计量单位是(　　)。

　　A. 微秒　　　　B. 毫秒　　　　C. 秒　　　　D. 分钟

(10) VBA 中,表达式 4+5\6＊7/8Mod9 的值是(　　)。

　　A. 4　　　　B. 5　　　　C. 6　　　　D. 7

(11) 以下关于优先级比较,叙述正确的是(　　)。

　　A. 算术运算符＞逻辑运算符＞关系运算符

　　B. 逻辑运算符＞关系运算符＞算术运算符

　　C. 算术运算符＞关系运算符＞逻辑运算符

　　D. 以上均不正确

(12) 设 a＝6,则执行 x＝IIf (a＞5,−1,0) 后,x 的值为(　　)。

A. 6   B. 5   C. 0   D. −1

(13) 给定日期 DD,可以计算该日期当月最大天数的正确表达式是(　　)。

    A. Day(DD)

    B. Day(DateSerial(year(DD),Month(DD),Day(DD)))

    C. Day(DateSerial(year(DD),Month(DD),0))

    D. Day(DateSerial(year(DD),Month(DD)+1,0))

(14) VBA 中用实际参数 a 和 b 调用有参过程 Area(m,n)的正确形式是(　　)。

    A. Area m,n   B. Area a,b

    C. Call Area(m,n)   D. Call Area a,b

(15) MsgBox 函数中有 4 个参数,其中有一个参数是必须写明的,即(　　)。

    A. 对话框标题   B. 对话框中显示按钮的数目

    C. 提示信息   D. 所有以上三项

2. 填空题

(1) 宏对象是 Access 的_____ 大对象之一。

(2) 宏的主要功能是将_____有序地集合起来,完成一组特定的操作。

(3) 宏组由多个_____组成,使用一个统一的名称,可比单个_____完成更多样的功能。

(4) 所谓_____,是指当符合所设置的条件时,才能执行宏命令。

(5) 如果要引用宏组中的宏名,按照语法可写为 _____。

(6) 如果要引用条件宏,按照语法可写为 _____。

(7) VBA 中变量作用域分为三个层次,这三个层次是局部变量、模块变量和_____。

(8) 假定当前日期为 2008 年 8 月 24 日,星期日,则执行以下语句后,a、b、c 和 d 的值分别是 24、8、2008、_____。

```
a=day(now)
b=month(now)
c=year(now)
d=weekday(now)
```

(9) 执行下面的程序段后,s 的值为_____。

```
s=5
For i=2.6 To 4.9 Step 0.6
  s=s+1
Next i
```

(10) 下面程序的输出结果是_____。

```
num=0
While num<=5
    num=num+1
```

```
Wend
Msgbox num
```

（11）面向对象是大多数现代程序语言的重要特性，而_____驱动是这类程序的必备特征。

（12）VBA 中打开窗体的命令语句是_____。

（13）要在程序或函数的实例间保留局部变量的值，可以用关键字_____代替 Dim。

3. 操作题

（1）创建一个宏，往"成绩"表插入一个记录，其"学号""课程号""成绩"字段的值分别为"20070203""000007""88"。

（2）创建一个宏，要求具有下述功能。

① 打开"学生信息表""课程表""成绩表"三个表。

② 打印这三个表。

③ 关闭当前的宏窗口。

（3）创建一个宏组，用于修改"成绩"表。其中包括两个宏，分别具有下述功能。

① 增加记录。

② 编辑记录。

（4）编写一个 VBA 过程，能将字符串倒序输出。

（5）设计一个计算存款本息的 VBA 自定义函数，要求如下。

① 能按照不同的年利率计算利息，并扣除 5% 利息税。

② 计算时不计复利。

假使本金为 1 万元。按照现行整存整取的年利率，将一年期与三年期进行比较，哪种存法的利息更高？

第8章 网络应用系统的开发

前面 7 章以单用户应用为主,讨论了数据库系统的相关知识,它们是数据库应用的重要基础。随着网络应用的扩展,越来越多的计算机网络应用了数据库技术,形成了数据库技术与计算机网络技术相结合的发展趋势。本章将首先介绍网络应用的两种基本模式,即 C/S 模式与 B/W 模式(含 B/W/S 模式);然后讨论网络环境下的数据库访问技术,为学习第 9 章的 Web 数据库应用奠定初步基础。

8.1 C/S 模式

早在 1.4.2 小节就已指出,从早期的局域网到目前广泛流行的 Web 数据库,网络数据库先后采用过 W/S、C/S 及 B/W/S 等应用模式。实际上 W/S 同其后的两类模式有很大区别。本节将首先比较 W/S 和 C/S 两种模式的异同,进而讨论 C/S 模式的结构组成及其主要优缺点。

8.1.1 W/S 和 C/S 的比较

前已提到,C/S(client/server,客户机/服务器)模式是由 W/S(workstation/server,工作站/服务器)模式演变而来的。初看起来,这两种应用模式具有明显的共同点:参与对话的双方"一呼一应",一方对服务器提出请求;另一方响应请求,工作方式十分相似。但作为 W/S 模式的替代模式,C/S 模式在网络流量和设备负载等方面进行的变革,实际上带来了由响应时间为代表的网络性能的重大改进。表 8.1 列出了这两种模式的主要差异。

表 8.1　W/S 模式与 C/S 模式的主要差异

性能	W/S 模式	C/S 模式
网络流量	整个数据表在网络上往返传输,网络流量大	只传送数据应用请求与数据处理结果,网络流量小
设备负载	工作站处理数据,服务器仅存储数据,负载集中于工作站一方	按照"均衡负载"的原则,安排客户机、服务器各司其责、各尽所能,使网络资源获得最优化利用
网络性能	以 PC 为主流的工作站,处理数据的速度一般比服务器低,加上网络流量大,更增加了响应时间	网络流量小能缩短响应时间,在服务器上进行数据处理也比客户机快得多,最终导致网络性能明显提高

均衡设备负载、减少网络流量是 C/S 应用模式的主要变革。以负载为例,W/S 模式的最大特点是全部数据处理均由工作站完成,服务器仅用来存储公用数据库,可视为工作站外部设备的延伸。而在 C/S 模式中,客户机一般负责用户界面和显示逻辑,服务器负

责事务逻辑处理,双方各司其责,使网络资源获得最优化的利用。值得指出,上述两项变革最终使网络性能发生了明显的改进。以网络响应时间为例,一方面,网络流量小可导致较短的响应时间;另一方面,在功能强大的服务器上进行数据处理,其速度也比客户机更快,最终将带来网络性能的明显提高。

由此可见,"一呼一应"的共同点不过是表面现象,两者相比差异才是主要的。其实,即使在它们的共同点中也存在着重要差异:在 W/S 模式中,参与对话的双方只需要安装工作站和服务器各自的操作系统,即可正常工作;而在 C/S 模式中,对话双方还须额外分别安装客户端程序和服务器端程序,才能实现"呼应"。

C/S 应用模式的问世,为网络服务器的工作方式开辟了一条全新的途径,从此给网络(包括局域网和广域网)应用带来了根本性的改进。

8.1.2 C/S 结构

网络应用模式集中显示了应用系统的特点和工作方式,同时也反映了网络结构与软、硬件配置的变化,而很多教材在讨论 C/S 模式的组成时也常常称为 C/S 结构。

1. C/S 结构的组成

如图 8.1 所示,C/S 结构主要由客户层和服务器层两部分组成。这两部分的软件允许安装在同一台计算机上,但多数情况下经常分别安装在网络的不同计算机上:前者称为客户端,一般由 PC 承担,安装专用的客户端软件;后者称为服务器端,一般由具有较高性能的计算机(如大型机、小型机、超级微机等)承担,通常安装大型数据库系统及其 DBMS,如 Oracle、Sybase、Informix 或 SQL Server 等。当客户机发出访问数据库的请求后,服务器接受这一请求,并为之提供数据的存储和查询,最终将结果返回给客户机。

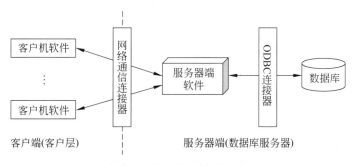

图 8.1 客户机/服务器结构

由图 8.1 可见,C/S 结构中还有一个起通信作用的纽带——连接器,其中又包含以下两个部分。

(1) 网卡及其驱动程序,用于保持客户机和服务器的网络通信连接。

(2) 实施数据访问的软件,使服务器成为数据库服务器。最常使用的这类接口软件目前有 ODBC、ADO 等,下文将陆续介绍。

上述三部分的分工是:客户层执行客户端程序,负责完成用户与数据交互的任务,即提供用户界面(user interface)和显示逻辑(presentation logic);服务器层负责有效地管理系统资源,包括访问后台数据库,并完成各种事务逻辑(transaction logic)的处理;连接器负责客户端应用程序和服务器端管理程序之间的通信。三方合作,共同完成用户的查询要求。

2. C/S 结构的优、缺点

下面对 C/S 结构的优、缺点再进行一次简要归纳。

1) C/S 的优点

(1) 克服了 W/S 结构常见的网络流量大、可能造成拥挤和堵塞等问题,从而缩短了网络的响应时间。

(2) 利用服务器的高性能,可以大幅度提高网络系统的整体性能。

(3) 对客户机的要求不高,网络硬件升级时常只需考虑服务器的升级,客户机可在较长时间内保持不变。

(4) 能充分发挥客户机和服务器双方资源的特长,组成一个优化的分布式应用环境。例如,客户机以 PC 为主,可提供高度交互的图形用户界面;服务器则使用小型机或大型机,可提供较强的数据管理能力与安全机制等。

2) C/S 的缺点

作为 W/S 的替代结构,C/S 最初是针对局域网进行设计的。与 W/S 结构相比,其优点如上文所说十分明显。目前国内使用的大部分 ERP(财务软件)产品均属于此类结构。

但是,局域网可能采用不同的工作模式和拓扑结构,网内使用的通信协议也不尽相同。任何客户机要想与服务器通信,就必须采用与服务器相同的通信协议。由于局域网内每一客户机均装有同样的客户端软件,如果要对客户端的应用程序升级或更新,就必须对每个客户端进行相同的更新,不仅增加了维护成本,而且较易引起出错。

随着网络节点数量的增加,这一由维护带来的新矛盾逐步上升为主要矛盾,最终将成为限制局域网规模(包括内部网 Intranet)的"瓶颈"。对于拥有大量服务器和客户机的因特网,这样的瓶颈就变得不可容忍了。于是,一种 C/S 结构的变型——B/W 结构,应运而生。

8.2 B/W 模式

B/W(浏览器/服务器,Browser/Web Server,有时也缩写为 B/S)模式是随着 Internet 的兴起而出现的 C/S 模式的变型模式,又可区分为两层和三层两种。本节将简述万维网的由来,同时依次介绍万维网常用的 B/W 结构和 B/W/S 结构。

8.2.1 万维网的由来

1. 从因特网到万维网

作为因特网早期的传统服务之一,"文件传输"是在文件传输协议(file transfer

protocol,FTP)支持下由服务网站完成的。随着因特网应用的扩大,网络信息资源急剧增长,用传统 FTP 工具来传输信息已难以满足用户需求。1991 年,伯纳斯·李(Tim Bernas-Lee)首次把由他研制的"超文本"(hypertext)信息系统应用于因特网,导致了万维网(World Wide Web,WWW 或简称 Web)的诞生。该信息系统用 HTML(hypertext markup languge)来编写 Web 网站的网页,采用类似 C/S 模式的 B/W 模式,在 HTTP(超文本传输协议)的支持下传递 HTML 文档。早期的 Web 多使用文本浏览器 Lynx;1993 年,美国 NCSA 公司才推出第一代图形界面浏览器 Mosaic。1994 年和 1995 年,美国 Netscape Communicator(网景)公司与 Microsoft 公司相继开发了功能更强的 Netscape Navigator 和 IE(Internet Explorer),能帮助用户从万维网的浩瀚信息海洋中,直接找出所需网站的主页(home page)。

图 8.2 显示了在 B/W 结构中请求和响应(下载)HTML 文档的过程。当 Web 服务器收到来自用户浏览器的访问请求后,即根据指定的网站地址(URL)找到相应的 HTML 文档,把它下载到客户端,然后由浏览器识别文档的内容并显示为网页。整个信息交换在 HTTP 的支持下完成。由图可见,B/W 结构其实就是由浏览器和 Web 服务器在 HTTP 协议支持下所组成的 C/S 结构。在浏览器和因特网之间,还应接入适当的通信连接器,如调制解调器(MODEM)等。

图 8.2　在 B/W 结构中请求和响应(下载)HTML 文档

到 1995 年 4 月,Web 上的数据流量已超过由 FTP 支持的"文件传输"流量,成为因特网上最大的服务项目。遍布全球的 Web 网站吸引了大批网民浏览和漫游,大大加快了因特网在各大洲的普及。据媒体报道,1997 年全球网民人数为 7000 万人,我国内地(从 1991 年起连接因特网)仅 62 万人。到 2007 年 3 季度,短短 10 年间,全球网民人数增加到 12 亿人,其中中国猛增至 1.72 亿人,仅次于美国(2.1 亿人),居世界第 2 位。

2. 搜索引擎与 Web 数据库

随着 Web 网站和网民数量的迅猛增长,到 20 世纪末,Web 上可检索的网页已有大约 27 亿个页面,且每天还以 500 万页的速度递增。为帮助网民在如此大量的网页中迅速、准确地找到各类信息,"搜索引擎"(search engine)应运而生。这里的搜索引擎,实际上是一种专用于 Web 查询的工具程序。它能在 Web 上自动漫游、收集所需信息,然后按特定的方法索引整理后存入自己的数据库。如果说直接通过 URL 地址寻访网页(尤其是远程网站)通常比较费时,则利用搜索引擎,可使用户轻松地找到所需的信息。

专业的搜索引擎区分为两类,即关键词型和分类目录型。Google(谷歌)与百度(Baidu,著名的中文搜索引擎之一),是关键词搜索引擎的两个例子。当输入搜索关键词

（如"嫦娥＋测控软件"）后，"百度"（或"谷歌"）一下，不到 1 秒钟就能显示出成千上万条与嫦娥测控软件相关的信息。因而，大多数经常上网的网民都采用"搜索＋浏览"的做法。

20 世纪 90 年代，Web 已发展成为世界上最大的网络信息系统，但当时这一信息系统是建立在文件管理的基础之上的。当 Web 信息量持续爆炸性地增长时，人们很自然地想到，能否以数据库管理来取代文件管理，实现 Web 信息处理的快速和高效呢？答案是肯定的，这就是"Web 数据库"。它既保持了 Web 所拥有的庞大信息和容易使用的优点，又兼有 DBAS 高效的数据管理功能，所以问世不久，即在因特网上广泛流行了。

3. 计算史上的最重要发展

万维网的流行使因特网从仅有少数学者和科研人员感兴趣的专用国际网，一跃成为大众化的、日常生活中不可或缺的交流平台。而随后兴起的 Web 数据库，更使 Web 如虎添翼、锦上添花。难怪 Roger S. Pressman 在他编写的国际知名软件工程教材 *Software Engineering：A practitioner's approach* 中，把 Web 的发明称为"计算（computing）历史上最重要的发展"，并把以 Web 数据库为代表的 Web 应用称为"计算历史中发生的最重要的单个事件"。

由跨国大公司开发的"管理信息系统（Management Information System，MIS）"，是 Web 数据库典型的、最具代表性的例子。它们通常配置在基于 Internet 的 Intranet 上，专供公司内部员工访问和更新数据。

8.2.2　B/W/S 结构

B/W/S 结构属于 C/S 模式多层结构中的"三层（3-tier）"结构，由 B/W 结构延伸而来：其前半部分为 B/W（browser / Web server）结构；后半部分为 W/S（Web server / Database Server）结构。它是 Web 数据库通常采用的结构，更广义地说，也是在访问 Web 上各种"动态网页"时使用的支持结构。

1. 静态和动态网页

万维网站的 Web 服务器上，通常都存储了若干网页，其中又可区分为静态和动态两种。

（1）静态网页是事先编写好 HTML（或其他同类语言，下同）文档、在访问过程中内容不变的网页，早期的网页均属于这一类。当浏览器请求访问静态网页时，Web 服务器即按照 URL 地址找到该页并下载到浏览器。无论它在网站内保存还是下载到用户浏览器上，其内容均保持不变。如果查看其源代码，可以看到完整的、事先编写好的 HTML 代码。

（2）动态网页是指由 Web 服务器动态生成的网页。在这类网页中，有一部分甚至全部内容都是尚未确定的，这也是取名"动态"的由来。当 Web 服务器发现用户访问的是动态网页时，随即将它传递给应用服务器，由后者查找并执行该网页中的"动态指令"，并按照执行结果生成网页的新内容，然后经 Web 服务器发回用户的浏览器。由此可见，①动态网页通常包含着由"脚本语言"编写的动态指令;②动态网页总是在服务器端执行的。

下面再补充两个相关的概念。

(3) Web 站点。Web 站点(Web site)简称为(万维)网站,由 Web 服务器和若干网页组成。访问某一网站其实就是从该网站的 Web 服务器下载所需的网页,使之在用户计算机上显示。

另一个与 Web 服务器相对照的词是浏览器,它总是安装在用户计算机上。有时用户计算机也称为本地计算机,以区别于通常位于 B/W/S 另一端的 Web 服务器和数据库服务器。

(4) Web 应用程序。ASP(active server pages)、JSP(Java server pages)、PHP(原为 personal home page 即个人主页,后来演变为 hypertext preprocessor)都是目前流行较广的动态网页技术,用它们编写的程序统称为 Web 应用程序。在许多网站上常见的聊天室、BBS 论坛、留言板等,都属于比较简单的 Web 应用程序。但 Web 应用的重心是数据库应用,所以基于 Web 的 MIS 系统常被认为是最具代表性的 Web 应用程序。与传统的 MIS 不同,这种基于 Web 的 MIS 系统不需要专门的操作环境,只要用户处于任何能够上网的地方,都可以通过浏览器来操作 MIS 系统。

2. B/W/S 结构的组成

图 8.3 显示了 B/W/S 结构的基本组成。现分层简介如下。

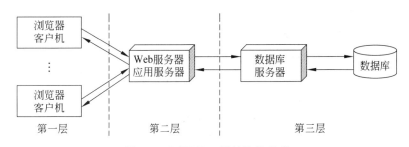

图 8.3　B/W/S 三层结构的组成

(1) 浏览器(客户端)。

它属于交互层,主要完成客户机和后台数据库的交互,以便最终输出查询的结果。在对话开始,客户端向指定的 Web 服务器提出数据访问请求;在对话结束前,客户端接受 Web 服务器传回的网页文档,并将其显示在浏览器平台供用户查看。

(2) Web 服务器+应用服务器。

它属于功能层,用于完成客户机请求的应用功能。需要注意的是,处于第二层的服务器在这里承担着双重角色,起着承前启后的作用。一方面,它作为 Web 服务器,与第一层的浏览器组成 B/W 结构,负责与用户的交互和客户端的数据显示;另一方面又兼作应用服务器,与第三层的数据库服务器组成 C/S 结构,负责对数据库内的数据实施存取和修改。简而言之,Web 服务器接受客户请求,应用服务器传递客户请求,数据库服务器则用来与后台数据库连接并进行数据处理,然后将处理结果返回 Web 服务器,再传回客户端的用户。

（3）数据库服务器。

数据库服务器是数据层，它能根据客户的请求独立地进行各种数据处理。

除上述三层外，各层之间还须配置必要的连接器，如 ODBC 等，通常又称为中间件（middleware）。

3. 浏览器的优越性

从万维网到 Web 数据库，B/W 结构和 B/W/S 结构一脉相承，都把浏览器软件用作客户端软件。这种做法的优越性可以从以下三个方面来说明。

（1）简化了客户端的数据处理。在 B/W/S 结构中，无论用户访问的网页属于静态还是动态，在经过服务器处理后，都是以 HTML 文档的形式下载到浏览器上显示的。客户与 Web 服务器交互，就像在万维网上浏览网页一样，仅有浏览器就行了，不需要再安装其他软件。

（2）降低了系统的维护成本。借助中间件，B/W/S 结构把动态指令的执行集中到服务器端，数据的处理与存储全都在服务器端完成。软件的升级、维护仅须在服务器上进行，从而可降低维护成本。

（3）采用统一的 TCP/IP 协议支持客户端与服务器端之间的通信，省去了因局域网的差异而引起的频繁更换通信协议的麻烦。位于 Internet 或 Intranet 上任何位置的用户，均可方便地实现对 Web 数据库的访问，进而实现不同人员、不同地点，以不同的接入方式（如 LAN、WAN、Internet/Intranet 等）来访问和操作公共的后台数据库。

上述三方面的优越性，充分显示了 B/W/S 模式与传统 C/S 模式相比较的优势。加上万维网的流行，已经为我们培养了大批熟悉浏览器的网民，Web 数据库继续采用浏览器平台作为客户端的界面，以便降低对系统用户的培训费用，显然是顺理成章的选择。此外，还需要补充说明以下两点。

（1）现用的浏览器不但可用来从万维网获取信息，而且能通过同一平台向用户提供其他的因特网服务。以 Microsoft 公司的 IE 为例，它同时支持 HTTP、FTP、Gopher、Telnet 等多种通信协议，允许在不同的窗口支持收发 E-mail，访问 FTP、Gopher 等站点，从而成为一个多功能的典型集成化环境。

（2）20 世纪 90 年代后期，Microsoft 公司进一步在 Windows 98、Windows 2000 和 Windows XP 等操作系统中内置了 IE 浏览器。安装了这些操作系统，就等于同时安装了浏览器，可以直接实现对网络数据库的访问。

8.3 数据库访问技术

无论是访问 Web 数据库还是动态网页，都需要 B/W/S 结构的支持。但单靠浏览器和服务器，没有连接器以及中间件的配合，还不能实现对数据库的访问。ODBC（开放数据库互联）、OLE DB（对象链接和嵌入式数据库）和 ADO（ActiveX 数据对象），就是几种常用的数据库访问技术。本节将依次对它们作简要介绍。

8.3.1 ODBC

ODBC(Open DataBase Connectivity,开放数据库互联)最早是由 Microsoft 公司在 1991 年发布的。随着关系数据库技术的发展,RDBMS 的商品如雨后春笋破土而出。面对 RDBMS 在系统结构、操作模式及文件格式上的差异,几乎没有人能编写一个应用程序,直接读出不同数据库系统的数据。为了实现数据库服务器对各种 RDBMS 数据库的访问,进而规范和简化应用程序的编写,ODBC 技术便应运而生。

ODBC 的最大特点是通过采用统一的"应用程序编程接口(Application Program Interface,API)"来实现对数据库的读写,不需要考虑数据库来自什么厂商、使用什么格式存储数据。目前它已被包括 SQL Server、Oracle、Access、VFP 等几乎所有的流行 RDBMS 所采用,从而成为在 B/W/S 结构中实现异构数据库访问的、事实上的通用接口标准。

如图 8.4 所示,ODBC 具有分层的体系结构,包括嵌入 ODBC 的数据库应用程序(Application)、驱动程序管理器(Driver Manager)、DBMS 驱动程序(DBMS Driver)和各种 DBMS 的数据源(Data Source Name,DNS)。应用程序要访问一个数据库,首先必须注册一个数据源,由驱动程序管理器根据数据源提供的数据库位置、类型及驱动程序等信息,建立起 ODBC 与具体数据库的联系。当数据库服务器按照 API 函数的请求、通过驱动程序对相应的 DBMS 及其数据源进行访问后,便可将结果返回给客户端的应用程序。

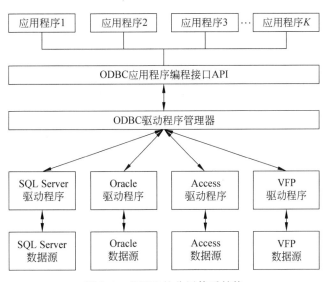

图 8.4 ODBC 的分层体系结构

1. ODBC 数据源

ODBC 驱动程序管理器(即数据源管理器)能识别三类数据源:①系统 DSN(面向系统全体用户),将配置信息保存在系统注册表 HKEY_LOCAL_MACHINE 中,允许所有登录服务器的用户使用;②用户 DSN(面向特定用户),将配置信息保存在 Windows 的注册表 HKEY_CURRENT_USER 下,只允许创建该 DSN 的登录用户使用;③文件 DSN(用于从文本文件获取数据,可供多用户访问),配置信息保存在硬盘上的某个具体文件中。

文件 DSN 允许登录服务器的所有用户使用,即使在没有任何登录用户的情况下,也可以提供对数据库 DSN 的访问支持。此外,因为文件 DSN 被保存在硬盘文件里,所以可方便地复制到其他机器中,在网络范围内共享。这样,用户可以不对系统注册表进行任何改动,就直接使用在其他机器上创建的 DSN。

2. 配置 ODBC 数据源

在不同的操作系统环境下,不同格式的数据库,配置 ODBC 数据源的方法也不相同。下面以在 Windows 7 系统环境下配置的 Access 数据库为例,介绍 ODBC 数据源配置。

例如,使用 ODBC 数据源管理器,建立一个名为"学生信息"的 Access 数据源,作为系统 DSN。

(1) 打开"控制面板"窗口,双击窗口中的"管理工具"图标,打开"管理工具"窗口。

(2) 双击"数据源(ODBC)"图标,打开"ODBC 数据源管理器"对话框,如图 8.5 所示。

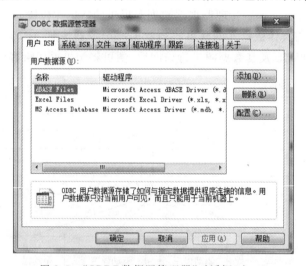

图 8.5 "ODBC 数据源管理器"对话框(之一)

(3) 选择数据源类型。打开"系统 DSN"选项卡,单击"添加"按钮(参见图 8.5),将弹出"创建新数据源"对话框,如图 8.6 所示。

(4) 为所要创建的数据源选择一个驱动程序。本例的数据库文件是用 Microsoft Access 创建的,所以在驱动程序列表框中选择 Microsoft Access Driver(∗. mdb,∗. accdb),单击"完成"按钮,弹出"ODBC Microsoft Access 安装"对话框(参见图 8.7)。

(5) 在"数据源名"右边的文本框中输入数据源的名字,如"学生信息";如果需要说明,还可在"说明"文本框中输入其内容,然后单击"选择"按钮,弹出"选择数据库"对话框(参见图 8.8)。

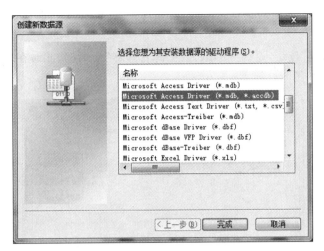

图 8.6 "创建新数据源"对话框

图 8.7 "ODBC Microsoft Access 安装"对话框

图 8.8 "选择数据库"对话框

(6) 在"数据库名"下的文本框中输入"e:\书稿\sjk\STUDENT.accdb";或在右边的"驱动器"下拉列表框中选择 e 盘,在"目录"列表框选择"e:\书稿\sjk",在"数据库名"下的列表框中选择"STUDENT.accdb"。然后单击"确定"按钮,返回"ODBC Microsoft

Access 安装"对话框,此时对话框中间的"数据库:"后显示"E:\书稿\SJK\ STUDENT. accdb"。

(7) 单击"确定"按钮,返回"ODBC 数据源管理器"对话框,此时在"系统数据源"列表框中将新增一行,如图 8.9 所示。

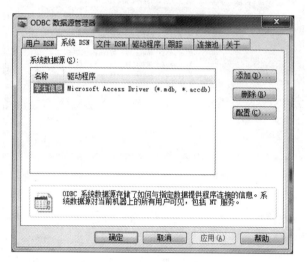

图 8.9 "ODBC 数据源管理器"对话框(之二)

(8) 单击"确定"按钮。至此,Access 数据库的一个名为"学生信息"的系统 DSN 已经配置完成。

8.3.2 OLE DB

OLE DB(Object Linking and Embedding Database,对象链接和嵌入式数据库)是继 ODBC 之后,Microsoft 公司开发的又一常用的数据(库)编程接口。它扩展了 ODBC 的功能,除了可访问关系数据库之外,还可用来访问任何以行、列形式表示的数据,如 dBase 的 ISAM 文件、Excel 电子表格以及电子邮件等。

图 8.10 显示了 OLE DB 的工作原理。由图可见,OLE DB 是通过称为"OLE DB 提供者(OLE DB provider)"的接口实现数据访问的。例如,通过 SQL OLE DB 可访问 SQL Server 数据库;通过"OLE DB 提供者"接口可访问 Excel、Exchange、其他数据源等。为了与 ODBC 已有的数据源保持兼容,Microsoft 还开发了一个专用的"OLE DB 提供者",称为 MSDA SQL。通过这一接口,可利用 ODBC 的驱动程序来访问相应数据库的数据。

需要强调指出,作为一种低层接口,"OLE DB 提供者"要求支持指针、数据结构、直接内存分配等功能。但通常用来编写动态网页(如 ASP)的语言,如 VB、VBA、VBScript、JavaScript 等,一般都不支持指针等低级功能,所以无论是 OLE DB 接口还是 ODBC API,都无法直接在动态网页中应用。由此可见,ADO 实际上是为 OLE DB 设计的又一应用程序编程接口。有了这个接口,ASP 就能调用 OLE DB 提供者或者 ODBC 驱动程序,来实现对数据库的访问了。

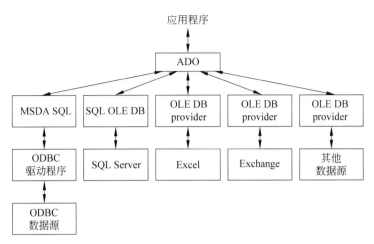

图 8.10 OLE DB 的工作原理

8.3.3 ADO

ADO(ActiveX Data Object)最初是为 OLE DB 设计的一个应用程序编程接口,后又在 ASP 动态网页中用来实现数据库的访问,即 ASP 支持网页进行动态交互,ADO 则在 ASP 应用程序中支持访问数据库。图 8.11 显示了 ASP＋ADO 两者结合工作的示意。

1. ASP 动态网页

ASP 是 Microsoft 于 1996 年开发的一种网页编程技术,可用来创建动态、交互式的 Web 应用程序。其主要特点是在 HTML 文档中加入脚本语言,如 VBScript、JScript(以上两种也由微软公司开发)和 JavaScript 等,利用脚本语言所包含的高级语言功能,可极大地增强文档"交互与动态"的效果,如弹出窗口、事件驱动、插入动画等。

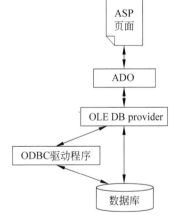

图 8.11 ASP＋ADO 实现数据库访问

ASP 应用程序的扩展名为 asp,在服务器端运行。服务器仅将执行的结果送回客户机,并全部用 HTML 代码来表示。这种工作机制使任何浏览器均可胜任对代码的解释,简化了对客户端浏览器的需求。它的另一个好处是编码时除可使用 HTML 语言、VBScript 与 JavaScript 等脚本语言外,还允许引用服务器对象,如 Request、Response 等。

(1) Request 为请求对象,用于获取从浏览器发送到服务器的数据,即用户输入数据。例如,若表单中文本框的 name 为"User_ID",则 request. form ("User_ID ")即可取得文本框中的当前数据。

(2) Response 为响应对象,用来将服务器中的数据送回浏览器。使用该对象的

Write 方法，还可将任何类型的数据显示在浏览器上。例如，

```
Response.Write "注意：该用户号已存在!"
Response.Write 123
```

执行上述语句的结果如图 8.12 所示。

2. ADO 方法

作为一种应用程序编程接口，ADO 包含了连接(connection)、记录集(recordset)、命令(command)、参数、字段、错误(error)、属性、集合、事件等一组对象模型。其中前三种对象是主要的，图 8.13 显示了它们各自的组成与相互关联。现分述如下。

图 8.12　Response 响应对象示例

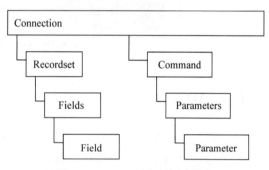

图 8.13　ADO 对象的层次结构

1) Connection 对象

Connection 对象代表对远程数据源的连接。在 ADO 中，所有与数据库的通信都要通过一个活动(即打开)的连接来进行，Connection 对象正是实现这一连接的首选工具。表 8.2 列出了 Connection 对象的常用方法与属性。其中 Open、Close、Execute 都是方法，其余两个为属性。通过这些方法，可打开、关闭连接，或执行相关的命令；通过设置属性，可以设定当前连接的参数。

表 8.2　Connection 对象的常用方法与属性

方法与属性	作用或含义
Open	打开与数据源的连接
Close	关闭到数据源的连接，释放所使用的资源
Execute	执行查询并返回一个 Recordset 对象，或执行数据源支持的其他命令
ConnectionString	代表连接到数据源的连接字符串
Provider	表示当前数据提供者的名字

正确使用 Connection 对象的方法与属性，将使对数据库的访问和数据的操作变得更加容易。以 Open、Close 为例，在 ADO 中，与数据库通信前必须"打开"已有的连接，通信完成后还要"关闭"连接。例如，如果用户已经用以下命令建立一个 ADO 的连接对象 conn：

```
SET conn=SERVER.CREATEOBJECT("ADODB.CONNECTION")
```

则使用 Open 方法(可以写为 conn. OPEN)就可建立从 conn 到某一 ODBC 数据源的连接;在应用结束后,还需使用 Close 方法(可以写为 conn. CLOSE)把连接切断。

2)Recordset 对象

Recordset 对象代表从数据源返回的结果集,常用于查询和修改数据,见图 8.12,每个 Recordset 对象包含了一个 Field 对象的集合(即 Fields),其中每个 Field 对象代表 Recordset 中的一个数据列。用户可通过查询直接创建对目标数据源的连接;但如果已创建了 Connection 对象,也可利用它的 Execute 方法创建 Recordset 对象(参见表8.2第3行)。

所有的 Recordset 对象均采用二维表的行(记录)、列(字段)构造形式,它可以存储多行数据。打开 Recordset 时,当前记录位于第一个记录,属性 BOF 和 EOF 被设置为 False;若表中一行记录也没有,则属性 BOF 和 EOF 均为 True。借此可以查看是否已移出了 Recordset 的开始或结尾。

利用 Recordset 对象,可以对集内所有的数据进行操作,这是检查和修改各行数据的常见做法。当检查某行记录的数据时,首先须用 Move 方法把当前记录移动到指定的位置。在这里,Move 是 Recordset 对象最常用的方法之一。其他常用于移动当前记录的方法,还有 MoveFirst(移动到 Recordset 的第一条记录)、MoveLast(移动到 Recordset 的最后一条记录)、MoveNext(移动到下一条记录)和 MovePrevious(移动到前一条记录)等。

此外,Recordset 对象还提供了 AddNew、Delete、Update 等方法,可用于完成对数据库进行添加、删除和更新等操作。

3)Command 对象

Command 对象的作用,是通过执行 SQL 命令来强化对数据库的操作。常用于对数据库进行添加、更新和删除等操作,并能把对数据库选择查询的结果存储到 Recordset 对象中。由图 8.13 可见,Command 对象通常包含一个 Parameters 集合,其中每一 Parameter 表示 SQL 语句中的一个参数。

用户可通过查询直接创建对目标数据源的连接;但如果已创建了 Connection 对象,也可利用它的 Execute 方法创建 Command 对象。如果已经创建了 Recordset 对象 rs,还可以使用 Recordset 对象提供的 AddNew、Update 和 Delete 方法,完成对数据库进行添加、更新和删除等操作(均限于当前记录)。此时可分别写为 rs. AddNew、rs. Update 和 rs. Delete。

综上可见,ADO 是实现 ASP 页与数据库连接的核心。在 ADO 中,Connection、Recordset 和 Command 是三个主要的对象,彼此相互关联。Recordset 和 Command 对象既可使用一个活动(或打开)的 Connection 对象连接数据源,也可以直接创建自己与目标数据源的连接。Command 对象可使用 SQL 命令来添加、更新和删除数据库的当前记录,也可通过 Recordset 对象提供的 AddNew、Delete 和 Update 方法来实现这些操作。

小结

作为数据库网络应用知识的首章,先介绍网络应用模式的演变,包括 W/S、C/S 以及 C/S 的变型 B/W 与 B/W/S 等;接着讨论了几种常用的数据库访问技术。

从 W/S 到 C/S,不仅反映了网络环境由局域网到广域网的变化,也显示了 C/S 模式在网络流量和设备负载上进行的变革以及由此带来的网络性能的重大改进。从表面上看,两者都具有"一呼一应"的共同点,实际上却存在着重要的差异。可以毫不夸张地说,C/S 应用模式的问世,标志着网络服务器的工作方式从此开辟了一个新纪元。

从 B/W 结构到 B/W/S 结构,反映了万维网由静态网页到动态网页的变化,也代表了从早期的冲浪万维网到今天的 Web 数据库和 ASP 应用的惊人发展。这两种结构一脉相承,充分表明了浏览器的优越性。例如,软件的升级仅需在服务器上进行,从而可降低维护成本;又如,Internet 或 Intranet 上任何位置的用户,均可方便地实现对 Web 数据库的访问,进而实现不同人员、不同地点、以不同接入方式来访问共同的后台数据库等。

为使读者初步理解动态网页和 Web 数据库,本章以超过一半的篇幅介绍了三种数据库访问技术,即 ODBC(开放数据库互联)、OLE DB(对象链接和嵌入式数据库)和 ADO(ActiveX 数据对象)。

1991 年由微软推出的 ODBC,现已被包括 SQL Server、Oracle、Access、VFP 在内的大多数流行 RDBMS 所采用,享有实现异构数据库访问的"事实上通用接口标准"的美誉。其最大特点是提供统一的 API 接口来实现对数据库的读写。通过这一接口,用户可屏蔽不同 RDBMS 在系统结构、操作模式及文件格式上的差异,调用相应的驱动程序来访问几乎所有的关系数据库,从而"规范和简化"应用程序的编写。

OLE DB 为继 ODBC 之后,Microsoft 公司开发的又一常用的数据(库)编程接口。它通过一个称为"OLE DB 提供者"的接口扩展了 ODBC 的功能,把数据(库)访问范围从关系数据库扩大到任何以"基本行、列格式"来表示的数据。为了与 ODBC 已有的数据源保持兼容,Microsoft 还开发了一个称为 MSDA SQL 的"OLE DB 提供者"。通过这一专用接口,即可利用 ODBC 的驱动程序来访问相应数据库的数据。

ADO 是 Microsoft 为 ASP 页面提供的又一应用程序编程接口,它是实现 ASP 页与数据库连接的核心。"ASP+ADO 实现数据库访问"的基本思想,就是以 ASP 支持网页进行动态交互,而 ADO 则在 ASP 应用程序中支持访问数据库。在"数据库访问技术"一节中,初步阐明了 ADO 中三个彼此相互关联的主要对象,即 Connection、Recordset 和 Command 的简单组成与用法。

作为网络应用开发示例的先导,本章着重说明理论知识,目的是为下章选讲的几个简单示例奠定初步的基础。

习题

1. 选择题

(1) W/S 模式是指(　　)。

  A. 单机结构　　　　　　　　　　B. 客户机/服务器结构

  C. 工作站/服务器结构　　　　　　D. 浏览器/服务器结构

(2) B/W 模式是指(　　)。

  A. 单机结构   B. 客户机/服务器结构

  C. 浏览器/工作站结构   D. 浏览器/服务器结构

（3）客户机/服务器模式的特点,是由（   ）发出指令,数据的存储和处理都在服务器端进行。

  A. 客户机向服务器   B. 服务器向客户机

  C. 服务器向浏览器   D. 服务器向工作站

（4）动态网页,其含义通常是指（   ）。

  A. 含有动画的网页   B. 含有声音的网页

  C. 含有图像的网页   D. 由 Web 服务器动态生成的网页

2. 填空题

（1）在 ADO 对象模型中,_____、_____ 和 _____ 是三个主要的对象。

（2）Connection 对象代表_____;Recordset 对象代表_____;而 Command 对象的作用是_____。

（3）Connection、Recordset 和 Command 等三个对象彼此相互关联。Recordset 和 Command 对象既可使用_____,也可以直接创建自己与目标数据源的连接。

（4）如果已创建 Recordset 对象,可使用它提供的 AddNew、Delete 和 Update 方法,完成对数据库记录的添加、删除和更新。此时可分别写作 _____、_____ 和_____。

（5）ODBC 能识别以下的三类数据源,即 _____、_____ 和 _____。

（6）ODBC 向应用程序提供统一的 API 接口来实现对数据库的读写。目的是屏蔽不同 RDBMS 在系统结构、操作模式及文件格式上的差异,_____ 应用程序的编写。

（7）OLE DB 通过一个称为"OLE DB 提供者"的接口,把数据（库）访问范围从关系数据库扩展到任何以 _____ 来表示的数据。

3. 问答题

（1）C/S 应用模式的问世,为网络服务器的工作方式开辟了一条全新的途径,你怎样理解这句话的含义?

（2）使用浏览器作为客户端软件有哪些优越性?

（3）简单说明 B/W/S 三层结构中第二层的工作。

（4）什么是静态网页和动态网页? 试比较它们的异同。

（5）什么是 Request 和 Response? 请解释它们的作用。

（6）简单说明图 8.11 各个组成部分的作用,以及相互间的联系。你怎样理解"ASP＋ADO 实现数据库访问"的含义?

（7）ADO 是实现 ASP 页与数据库连接的核心。按照你的理解说明这句话的含义。

第 9 章　Web 数据库应用开发实例

为简化读者的学习内容,本章将以 ASP 活动网页访问的 Access 数据库为示例,说明"学生成绩管理系统"(网站)的部分开发过程。

9.1　访问 Web 数据库

前已指出,Access 可以接受其他应用程序开发语言(如 VB 等)或网络脚本语言(如 ASP 等)的访问。这些开发语言或脚本语言不但能读取 Access 数据库中的数据,还可对数据进行增、删、修改等操作。虽然它没有类似 SQL Server 或 Oracle 那样严格的并发控制和完整的数据安全保护,但在访问量不很大的情况下,用作后台数据库接受其他应用程序的访问还是可行的。

作为后台数据库,Access 在 C/S 结构模式或 B/S 结构模式的应用系统中均可使用。利用第 8 章介绍的数据访问技术,即可实现对 Access 数据库的访问。本节将以 ASP 为例,介绍在 B/S 模式中通过 ADO 访问 Access 数据库的方法。正如第 8 章所指出,"OLE DB 提供者"要求支持指针、数据结构、直接内存分配等功能。ADO 实际上可看成是为 OLE DB 设计的又一应用程序编程接口。

9.1.1　ADO 数据访问技术

作为低层的数据接口,OLE DB 对数据访问的支持要通过多种 COM 接口才能实现,其结构相当复杂。ADO 作为 OLE DB 的应用程序编程接口,实际上封装了 OLE DB 的功能,从而简化了 OLE DB 的接口,为 VB、ASP 等访问 OLE DB 提供了便利。

需要指出的是,在 VB 中使用 ADO 访问数据库,必须先添加对 ADO 数据访问技术的引用才能在程序中使用它。例如,如需在 VB 中创建 ADO 对象,通常要先选择"工程/引用"命令,然后在"引用"对话框中选择 Microsoft ActiveX Data Objects 2. X Library 选项,其中后一个 X 表示版本,可选用 0、1、5、6、7、8 等。

但 ASP 程序则不同,它是通过 IE 浏览器来编译执行的。由于在 IE 浏览器中已经包含对数据访问技术的解释,故不需要另添对 ADO 对象模型的引用,就可直接使用 ADO 对象。

9.1.2　建立应用程序与数据库的连接

在访问后台数据库之前,首先要建立应用程序与数据库的连接。这时可采取多种方法:最常见的是用 Connection 对象建立数据库连接;也可在创建 Command 和 Recordset

对象后,在这两个对象中指定连接参数来建立与数据库的连接。

在 ASP 中利用 Connection 的对象建立数据库的连接,通常可分为两步走:首先创建一个连接,然后打开连接。代码如下:

```
SET conn=SERVER.CREATEOBJECT("ADODB.CONNECTION")    '创建一个 ADO 连接对象
conn.OPEN CONNSTR                                    '使用 OPEN 方法打开连接
```

上述代码中,conn 为 Connection 对象名,CONNSTR 为连接字符串,设置连接字符串又可有多种方法,下面是其中的两种。

(1) 使用 ODBC 数据源:

```
connstr="DSN=数据源名;UID=sa;PWD=123456"
```

(2) 使用 OLE DB 数据库组件:

```
DBPATH=Server.MapPath("data/student.accdb")         '设置数据库所在目录
connstr="Provider=Microsoft.ACE.OLEDB.12.0;Data Source="& DBPATH
```

现举例说明如下。

【例 9.1】　在 ASP 中建立与 student.accdb 数据库的连接。student.accdb 文件存放在当前文件夹的 data 文件夹中。

【解】　本例可使用 OLE DB 数据库组件建立连接,其代码如下:

```
dim conn,connstr                                    '定义变量
DBPATH=Server.Mappath("data/student.accdb")         '设置 student.accdb 所在目录
connstr="Provider=Microsoft.ACE.OLEDB.12.0;Data Source="& DBPATH
                                                    '设置连接字符串
set conn=Server.CreateObject("ADODB.connection")'创建一个 ADO 连接对象
conn.Open connstr                                   '使用 OPEN 方法打开连接
```

上述连接建立后,在 ASP 页面中即可使用 SQL 语言的相关命令,对 student.accdb 数据库中的数据进行插入、删除或更新等操作。

9.1.3　创建记录集

记录集是指存放在服务器端的内存中的一组记录的"集合"。创建记录集的常见方法有 Recordset 对象名.OPEN、Connection 对象名.EXECUTE 和 Command 对象名.EXECUTE 等三种,其格式分别如下。

(1) Recordset 对象名.OPEN:

```
Set rs=Server.CreateObject("ADODB.Recordset")
rs.open SQLSTR,conn,1,3
```

其中,SQLSTR 为一 SELECT 语句。

（2）Connection 对象名.EXECUTE：

```
Set rs=conn.EXECUTE(SQLSTR)
```

其中，SQLSTR 为 CREATE、SELECT、UPDATE、DELETE 等 SQL 语句。

（3）Command 对象名.EXECUTE：

```
Set rs=command.EXECUTE(SQLSTR)
```

其中，SQLSTR 为 CREATE、SELECT、UPDATE、DELETE 等 SQL 语句。

上述三种创建记录集的方法各有利弊，因篇幅关系不再详述。记录集创建完成后，即可用 ADDNEW、DELETE、UPDATE 等对数据表进行增、删、改操作。

【例 9.2】 在例 9.1 连接好的数据库的基础上，为"用户信息表"创建一个记录集，该记录集按"用户号"降序排列。

【解】 本例可采用上述前两种方法完成。

（1）首先定义两个变量 sqlstr（存放 SQL 的查询语句）和 rs（记录集对象变量），然后分别创建查询字符串和记录集对象，最后使用 OPEN 向记录集中填入查询后得到符合要求的记录。其代码如下：

```
dim sqlstr,rs
sqlstr="select * from 用户信息表 order by 用户号 desc"        '按降序排列
set rs=Server.CreateObject("ADODB.Recordset")
rs.Open sqlstr,conn,1,3
```

（2）首先定义两个变量（sqlstr 和 rs），然后分别创建查询字符串和记录集对象，最后使用 Execute 向记录集中填入查询后得到符合要求的记录。其代码如下：

```
dim sqlstr,rs
sqlstr="select * from 用户信息表 order by 用户号 desc"
set rs=conn.Execute(sqlstr)
```

【例 9.3】 在例 9.1 的基础上修改 student.accdb 数据库中的用户信息表，插入一个数据记录。记录中，用户号、用户名、用户密码和用户权限各字段的值，由变量 U_ID、U_name、U_PWD、U_DE 提供。

【解】 首先使用 OPEN 创建记录集，然后用 Addnew 方法为添加记录做准备，接着将新的数据写入数据缓冲区，最后用 Update 方法将缓冲区的数据送入数据库。其代码如下：

```
dim strsql,rs
set rs=server.createobject("adodb.recordset")
strsql="select * from 用户信息表"
rs.open strsql,conn,1,3
rs.Addnew                        '为添加一条新记录做准备
rs("用户号")=U_ID
rs("用户名")=U_Name
rs("用户密码")=U_PWD
```

```
rs("用户权限")=U_DE
rs.Update                              '更新记录集写到数据库
```

【例 9.4】　在例 9.1 的基础上修改 student.accdb 数据库中的用户信息表,删除"用户号"为 U_ID、"用户名"为 U_name 的用户的数据记录。

【解】　首先使用 OPEN 创建一个只含有满足条件的数据记录集(该记录集只有一个数据记录),然后用 delete 方法删除记录。其代码如下:

```
dim strsql,rs
set rs=server.createobject("adodb.recordset")
strsql="select * from 用户信息表 where 用户号='" & U_ID & "' and 用户名='" &
U_name & "'"
rs.open strsql,conn,1,3
rs.delete
```

【例 9.5】　在例 9.1 的基础上修改 student.accdb 数据库中的用户信息表,更新特定用户("用户号"为 U_ID)的"用户名"(U_name)、"用户密码"(U_PWD)和"用户权限"(U_DE)。

【解】　首先使用 OPEN 创建一个只含有满足条件的数据记录集(该记录集只有一个数据记录),接着将新的数据写入数据缓冲区,最后用 Update 方法将缓冲区的数据送入数据库。其代码如下:

```
dim strsql,rs
set rs=server.createobject("adodb.recordset")
strsql="select * from 用户信息表 where 用户号='" & U_ID & "'"
rs.open strsql,conn,1,3
rs("用户名")=U_Name
rs("用户密码")=U_PWD
rs("用户权限")=U_DE
rs.Update                              '更新记录集写到数据库
```

9.1.4　创建并执行数据操作命令

除去以上介绍的"通过创建记录集、然后对数据库进行操作"外,用户还可在 ASP 中直接对 Connection 对象中的数据进行操作。这时可使用以下代码:

```
strsql=SQL 语句
conn..Execute(strSql)
```

其中,SQL 语句为 INSERT、UPDATE、DELETE 等语句。

例 9.6～例 9.8 列出了三个示例。

【例 9.6】　题目要求同例 9.3。

【解】　先定义一个变量 strsql 用于存放 SQL 的插入语句,然后调用 Connection 对象的 EXECUTE。实现代码如下:

```
dim strsql
strsql="insert into 用户信息表(用户号,用户名, 用户密码,用户权限) values
('" & U_ID & "','" & U_name & "','" & U_PW & "','" & U_DE & "')"
conn.execute(strSql)                '利用 Execute 方法插入记录
```

【例 9.7】 题目要求同例 9.4。

【解】 先定义一个变量 strsql 用于存放 SQL 的删除语句,然后调用 Connection 对象的 EXECUTE。实现代码如下:

```
dim strsql
strsql="Delete From 用户信息表 where 用户号='" & U_ID & "' and 用户名='" &
U_name & "'"
conn.Execute(strSql)                     '利用 Execute 方法删除记录
```

【例 9.8】 题目要求同例 9.5。

【解】 先定义一个变量 strsql 用于存放 SQL 的更新语句,然后调用 Connection 对象的 EXECUTE。实现代码如下:

```
dim strsql
strSql="update 用户信息表 set 用户名='" & U_name & "',用户密码='" & U_PWD & "',
用户权限='" & U_DE & "' where 用户号='" & U_ID & "'"
conn.Execute(strSql)                     '利用 Execute 方法修改记录
```

9.1.5   关闭数据库

为了数据库的安全,数据库访问结束后应立即断开与数据库的连接,即关闭数据库。在关闭数据库之前,应先关闭记录集。其代码如下:

```
rs.close
Set rs=Nothing
conn.close
Set conn=Nothing
```

9.2   ASP 网页的开发

不言而喻,ASP 网页可以在 Internet 环境中开发。但是更常见的做法,是在本地计算机上建立一个模拟的 Internet 环境。借助微软公司开发的 IIS,就能方便地实现这种模拟。本节将以第 6 章"学生成绩管理系统"中的用户管理为例,介绍在 IIS 模拟环境中开发 ASP 网页的方法。

9.2.1   ASP 文件及其运行环境

ASP 是一种文件格式,其通常都是以×××. ASP 来命名。这种文件中包含两种代码：一种是可以在客户端浏览器中运行的代码，如 HTML；另一种是在服务器端运行的代码，如 VBScript。HTML 代码用于编辑页面中静态的内容，VBScript 则编辑需要动态生成的内容。

要运行一个 ASP 程序，必须先安装模拟的 Web 服务器，设置好虚拟目录，并在浏览器的地址栏中使用虚拟目录；否则 ASP 程序无法正常运行。

当一台普通的家用 PC 安装了 Windows 组件 IIS(Internet Information Service，该组件可用来建立虚拟站点)后，就可通过虚拟站点运行 ASP 文件了。

9.2.2 IIS 的安装与配置

IIS 是 Windows NT 和 Windows 7 等提供的 Web 服务器，支持 ASP 的文件运行。

1. IIS 的安装

对于 Windows 2000 Server 等 Server 版本的操作系统，IIS 是自动安装的；而在 Windows 7 等版本中，IIS 不是默认安装选项，需手动安装。以下是在 Windows 7 系统中安装 IIS 的步骤。

(1) 打开"控制面板"窗口(见图 9.1)，单击"程序"图标按钮。

图 9.1 控制面板窗口(1)

(2) 在随后弹出的"程序"窗口(见图 9.2)，单击"程序和功能"组中的"打开或关闭 Windows 功能"。

(3) 在"Windows 功能"对话框中，单击图 9.3(b)中方框中的所有选项，单击"确定"按钮开始安装。

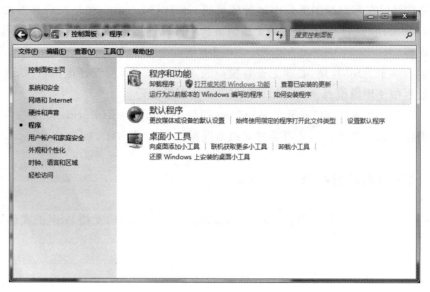

图 9.2　控制面板窗口(2)

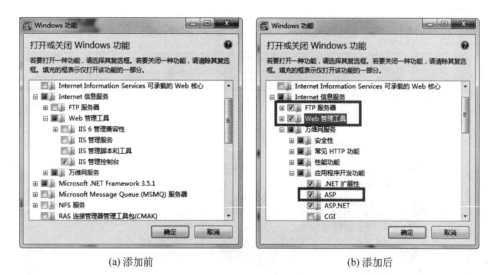

(a) 添加前　　　　　　　　　　　　　　(b) 添加后

图 9.3　"Windows 功能"对话框

2. 开启 ASP 父路径

IIS 安装完成后,首先须开启 ASP 父路径,即将其值设为 True。操作步骤如下。

(1) 打开"控制面板"窗口,单击"管理工具"图标按钮。

(2) 在随后弹出的"管理工具"窗口中,双击"Internet 信息服务(IIS)管理器"图标按钮。

(3) 在"Internet 信息服务(IIS)管理器"窗口中(参见图 9.4),展开左侧边栏一直到"Default Web Site"并单击。

图 9.4　"Internet 信息服务(IIS)管理器"窗口(一)

(4) 双击"Internet 信息服务(IIS)管理器"窗口中间的 ASP 图标。

(5) 将"行为"组中的"启用父路经"选项值设置为 True。

(6) 单击右上角的"应用"确认如图 9.5 所示。

图 9.5　"Internet 信息服务(IIS)管理器"窗口(二)

至此,ASP 基本运行环境配置完成。

3. IIS 网站配置

接下来用户就可进行网站配置。以下列出 Windows 7 系统中配置 IIS 的操作步骤
如下。

(1)～(3) 与开启 ASP 父路径相同。

（4）单击"Internet 信息服务（IIS）管理器"窗口右侧的"高级设置"选项，打开"高级设置"对话框，参见图 9.6。

图 9.6　"高级设置"对话框

（5）单击"物理路径"右侧的文本框，然后单击⋯按钮，选择网站目录，单击"确定"按钮。

（6）设置网站的端口。单击"Internet 信息服务（IIS）管理器"窗口右侧的"绑定"选项，打开"网站绑定"对话框（参见图 9.7）；单击"添加"按钮，打开"编辑网站绑定"对话框（参见图 9.8），设置完各选项后，单击"确定"按钮返回"网站绑定"对话框，单击"关闭"按钮。

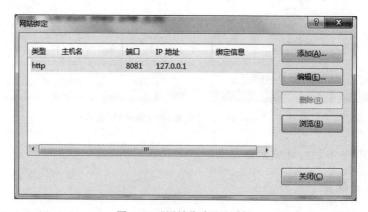

图 9.7　"网站绑定"对话框

默认情况下，网站使用的是 80 端口，通常此步可省略。如果 80 端口已经被占用，才

图 9.8　"编辑网站绑定"对话框

需添加一个其他的端口号来浏览站点。

4. 网站测试

IIS 配置好后,就可以使用网址 http://localhost 或 http://127.0.0.1 测试网站了。

9.2.3　ASP 与 Web 数据库的联系

在 ASP 动态网页中,Web 数据库中的数据都是依靠"脚本语言程序"实现更新的。用户在访问网页时,为了把输入的数据写到查询语句中,通常都通过表单来与网页"交互"。可见,在 ASP 网页设计中表单占有重要的地位。

在脚本语言程序中,表单一般以<form…>开始、</form>结束,其格式如下:

```
<form name="form1" action="update.asp" method="post">
...
</form>
```

其中,action 表示本页提交到哪一页(如本例表示提交到 update.asp),可以是本页;method 表示提交的方法,通常用 post。在提交到的那页中,就可以用 VBScript 方法中的 Request.form("表单域名")来获得某一表单域的内容。

【例 9.9】　通过图 9.9 所示的网页添加课程数据记录。

【解】　网页中,文本框后有"**"的表示必添内容,因此需判断其中是否为空,若为空需提示输入信息。

(1) 按图 9.9 所示设计静态页面。该页面主要由表单组成,可能的代码如下:

```
<h2 align="center">新增课程</h2>
<center>
<table border="1" width="80%">
  <form action="" method="post" name="form1">
    <tr>
      <td bgcolor="#FFFFCC"><div align="left">课程编号:</div></td>
```

图 9.9 新增课程网页

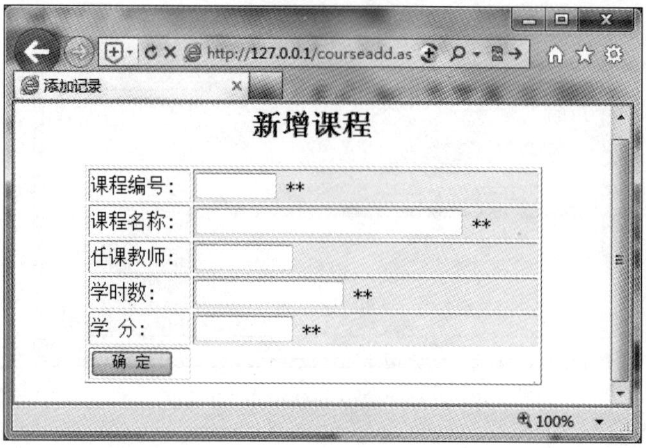

```
<td bgcolor="#CCFFFF"><input type="text" name="C_ID" size=8></td>
</tr><tr>
  <td bgcolor="#FFFFCC"><div align="left">课程名称:</div></td>
  <td bgcolor="#CCFFFF"><input type="text" name="CNAME" size=30></td>
</tr><tr>
  <td bgcolor="#FFFFCC"><div align="left">任课教师:</div></td>
  <td bgcolor="#CCFFFF"><input type="text" name="TNAME" size=10></td>
</tr><tr>
  <td bgcolor="#FFFFCC"><div align="left">学时数:</div></td>
  <td bgcolor="#CCFFFF"><input type="text" name="period" size=16></td>
</tr><tr>
  <td bgcolor="#FFFFCC"><div align="left">学  分:</div></td>
  <td bgcolor="#CCFFFF"><input name="creditH" type="text" size="10"></td>
</tr><tr>
  <td><div align="left">
    <input name="ok" type="submit" id="ok" value=" 确 定 "></div></td>
</tr>
</form>
</table>
</center>
```

(2) 用 VBScript 代码将通过表单输入的数据写入数据库。可能的代码如下:

```
<%
'定义变量,将表单各文本域 C_ID(课程号)、CNAME(课程名)、period(学分)、creditH(学时)
 的内容存入变量 C_ID、Cname、period、creditH 中
  Dim i,strSql,rs,C_ID,Cname,Tname,period,creditH
  C_ID=Request.form("C_ID")
  Cname=Request.form("CNAME")
```

```
period=Request.form("period")
creditH=Request.form("creditH")
```

'下面程序段判断必填表单文本域中是否有内容。若无,显示消息框要求输入;否则将表单文本域中的内容写入数据库中。

```
if C_ID<>"" and Cname<>"" and period<>"" and creditH<>"" Then

    '先建立 Recordset 对象实例 rs,判断课程号是否已存在
    strSql="select * from 课程表 where 课程号='" & C_ID & "'"
    set rs=createobject("adodb.recordset")
    rs.open strSql,conn,1,3
    if rs.RecordCount<>0 then
    response.Write("<script>alert('该课程号已存在,请重新填写!');history.go
    (-1);</script>")
    response.End()
    end if

    '该课程号不存在,添加记录
    Tname=Request.form("TNAME")
    StrSql="insert into 课程表(课程号,课程名,任课老师,学时,学分) values('" & C_
    ID & "','" & Cname & "','" & Tname & "'," & period & "," & creditH & ")"
    conn.execute(strSql)                     '这里利用 Execute 方法,添加记录
    Response.Redirect "Coursemain.asp"       '添加完毕,返回课程首页 Coursemain.asp

Else                                         '必填表单文本域中有未输入
    response.Write("<script>alert('信息不全,请补充完整!');history.go(-1);
        </script>")
    response.End()
end if
%>
```

(3) 按照上述步骤创建的 ASP 文件,在初启该页面时就会出现不该出现的消息框(见图 9.10)。若需避免,可利用表单中的按钮被按下后不为空的特点。在判断表单中各必填文本域之前,通过下述语句先判断是否按下"确定"按钮,这样就可避免不该出现的消息框的显示。代码如下:

图 9.10 信息不全消息框

```
if request.Form("ok")<>"" then           '按下"确定"按钮
  if C_ID<>"" and Cname<>"" and period<>"" and creditH<>"" Then
    ...
  end if
end if
```

9.3 Web 数据库系统的开发

本节将以"学生成绩管理系统"网站为例,简介 Web 数据库系统的开发。

9.3.1 需求分析

在 7.3 节中,已分析过"学生成绩管理系统(单机应用)"的软件需求。本节介绍的"学生成绩管理"(网站)是一个 Web 数据库系统,其功能需求与单机应用基本相同,仍应包括以下内容。

(1) 使用计算机实现学生成绩等信息的存储、修改和删除。

(2) 使用计算机实现学生成绩的统计汇总,如按班级、课程等求平均成绩。

(3) 能实现各种成绩查询,并提供方便的操作界面。

9.3.2 系统设计

与单机应用一样,学生成绩管理(网站)需要完成以下主要功能。

(1) 本系统用户信息的输入。

(2) 本系统用户信息的修改。

(3) 本系统用户信息的删除。

(4) 课程信息的输入。

(5) 课程信息的修改。

(6) 课程信息的删除。

(7) 学生成绩信息的输入。

(8) 学生成绩信息的修改。

(9) 学生成绩信息的查询。

(10) 学生成绩信息的统计。

由于学生基本信息和专业信息在建立数据库时可直接从其他管理系统中导入,因此本系统不考虑这些数据的输入和修改等。

1. 模块设计

图 9.11 所示为系统功能模块框图。

2. 数据库设计

与单机应用一样,学生成绩管理(网站)也由用户信息表、学生信息表、专业表、课程表和成绩表这 5 张表组成,如表 9.1～表 9.5 所示。

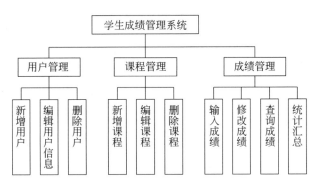

图 9.11　系统功能模块框图

表 9.1　用户信息表

表名：用户信息表		说明：此表保存系统用户的相关信息			
字段名称	数据类型	字段大小	必填字段	是否关键字	备注
用户号	文本	8	是	是	
用户名	文本	20			
用户密码	文本	6			
用户权限	文本	4			

表 9.2　学生信息表

表名：学生信息表		说明：此表用于保存所有学生的基本信息			
字段名称	数据类型	字段大小	必填字段	是否关键字	备注
学号	文本	8	是	是	
姓名	文本	8			
性别	文本	2			
专业号	文本	6			来自专业表
班级	文本	10			
出生年月	日期/时间				
民族	文本	6			
来源	文本	14			
联系电话	文本	14			
照片	OLE 对象				

表 9.3　专业表

表名：专业表		说明：此表保存学校各专业的相关信息			
字段名称	数据类型	字段大小	必填字段	是否关键字	备注
专业号	文本	6	是	是	
专业名	文本	16			
所属学院	文本	14			

表 9.4 课程表

表名：课程表		说明：此表保存开设课程的相关信息			
字段名称	数据类型	字段大小	必填字段	是否关键字	备注
课程号	文本	6	是	是	
课程名	文本	16			
任课教师	文本	8			
学时	数字	整型			
学分	数字	整型			

表 9.5 成绩表

表名：成绩表		说明：此表保存学生所选课程的考试成绩等相关信息			
字段名称	数据类型	字段大小	必填字段	是否关键字	备注
学号	文本	8	是	是	来自学生信息表
课程号	文本	6	是	是	来自课程表
成绩	数字	整型			
备注	文本	4			

9.3.3　系统实现

系统实现包括"创建数据库和表"及"编写 ASP 网页程序"两大步。

首先启动 Access，创建一个空数据库，并取名为 student.accdb；然后按照表 9.1～表 9.5 创建 5 个数据表。

以下通过 6 个例题（例 9.10～例 9.15），列出编写不同 ASP 网页程序使用的代码。

【例 9.10】　数据库连接文件 db_conn.asp。

【解】　用于建立 ASP 应用程序与数据库的连接。其代码如下：

```
<%
dim conn,connstr,dbpath
dbpath=Server.MapPath("..\data\student.accdb")
connstr="Provider=Microsoft.ACE.OLEDB.12.0;Data Source="& dbpath
set conn=Server.CreateObject("ADODB.connection")
conn.Open connstr
%>
```

【例 9.11】　系统注册页面 login.asp。

【解】　为防止无关人员访问"学生成绩管理系统"，系统应包含注册功能，只允许通过注册认证的用户进入本系统。

图 9.12 显示了"系统注册窗口"页面。当用户单击"提交"按钮时，本页面需完成下述功能。

（1）验证客户填写的信息是否为空。如果为空，将弹出一消息框告知用户"用户号和

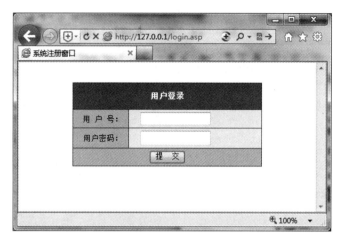

图 9.12　系统注册页面

密码不能为空"；否则进入下一步。

（2）验证用户注册的用户号是否已经存在。查找"用户信息表"，寻找与输入的用户号和密码相同的记录，并将其放入"记录集"中。利用"记录集"的 recordcount 方法（如果没有记录，返回值为 0），判断记录集中是否有记录。若有记录则进入主页面；否则显示一消息框，告知用户用户号和密码不正确。

其代码如下：

```
<%Option Explicit %>
<!--#include file="db_conn.asp"-->
<html>
<head>
<title>系统注册窗口</title>
</head>
<body text="#000000">
<br>
<form method="post" action="login.asp">
  <div align="center"><table cellpadding=3 cellspacing=1 width=316
      bgcolor="#183EAD">
  <tr bgcolor=#F0AA06>
    <td bgcolor="#027CD7" align=center colspan="2" height="42">
      <font size="-1" color="#ffffff"><b>用户登录</b></font></td>
  </tr>
  <center>
  <tr bgcolor=#F0AA06>
    <td width="86" align="center" height="25" bgcolor="#B5CBFF">
      <font size="-1"> 用 户 号:</font></td>
    <td width="215" height="25" bgcolor="#ECF1FF"> 
      <input type="text" name="U_ID" size="15">  </td>
  </tr>
```

```
            <tr bgcolor=#F0AA06>
              <td width="86" align="center" height="27" bgcolor="#B5CBFF">
                <font size="-1"> 用户密码:</font>
              </td>
              <td width="215" height="27" bgcolor="#ECF1FF"> 
                <input type="password" name="U_PWD" size="15"></td>
            </tr>

            <tr bgcolor=#F0AA06>
              <td bgcolor="#B5CBFF" align=center colspan="2" height="1">
                <input name="ok" type="submit" id="ok" value="提 交">
              </td>
            </tr>
          </table>
        </div>
      </form>
  <%
  dim U_PWD,U_ID,rs,strsql
  if request.form("ok")<>"" then
  '验证参数的合法性
      U_ID=trim(request.Form("U_ID"))
      U_PWD=trim(request.Form("U_PWD"))
      if U_ID="" or U_PWD="" then
          response.Write("<script>alert('用户号和密码不能为空');history.go(-1);
          </script>")
          response.End()
      end if
  '查询客户信息是否正确
      strsql="select * from 用户信息表 where 用户号='"&replace(U_ID,"'","''")
      &"' and 用户密码='"&replace(U_PWD,"'","''")&"'"
      set rs=createobject("adodb.recordset")
      rs.open strsql,conn,1,1
      if rs.recordcount>0 then
          Response.Redirect "usermain.asp"
          rs.close
          set rs=nothing
      else
          response.Write("<script>alert('用户号和密码不正确');history.go(-1);
          </script>")
          response.End()
      end if
  end if
  %>
  </body>
  </html>
```

【例 9.12】 用户管理主页面 usermain.asp。

【解】 "用户管理"主页面如图 9.13 所示。该页面显示系统中所有用户的用户号和用户名,用户可通过该页面的超链接实现用户信息的增、删、改操作。

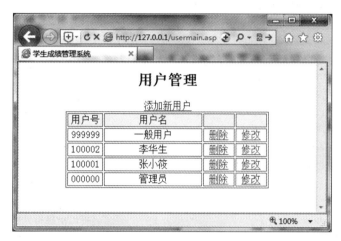

图 9.13 "用户管理"主页面

其代码如下:

```asp
<%Option Explicit %>
<!--#include file="db_conn.asp"-->
<html>
<head>
    <title>学生成绩管理系统</title>
</head>
<body>
  <h2 align="center">用户管理</h2>
  <%
    '以下建立 Recordset 对象实例 rs
    dim sqlstr,rs
    sqlstr="select * from 用户信息表 order by 用户号 desc"   '按降序排列
    set rs=Server.CreateObject("ADODB.Recordset")
    rs.Open sqlstr,conn,1
    '以下显示数据库记录
  %>
<center>
<a href="Uadd.asp">添加新用户</a>
<table border="1" bordercolor="#8800FF" width="71%" cellspacing="2">
  <tr bgcolor="#CCFFFF" align="center">
  <td width="18%">用户号</td>
  <td width="50%">用户名</td>
  <td width="16%"> </td>
```

```
    <td width="16%"> </td>
    </tr>
<%
    dim U_ID,U_NAME
    do while not rs.Eof                                  '只要不是结尾就执行循环
%>
    <tr bgcolor="#FFFFCC" align="center">
    <td><%=RS("用户号")%>
    <td><%=RS("用户名")%></a></td>
    <td><a href="Udele.asp? U_ID=<%=rs("用户号")%>&U_NAME=<%=rs
        ("用户名")%>">删除</a></td>
    <td><a href="Umodi.asp? U_ID=<%=rs("用户号")%>&U_NAME=<%=rs
        ("用户名")%>">修改</a></td>
    </tr>
<%
    rs.movenext                                          '将记录集指针移动到下一条记录
    loop
%>
    </table>
    </center>
</body>
</html>
```

【例 9.13】 添加新用户页面 Uadd. asp。

【解】 添加新用户页面用于为用户信息表添加新用户记录,如图 9.14 所示。当用户单击“确定”按钮后,本页面可以完成下述功能。

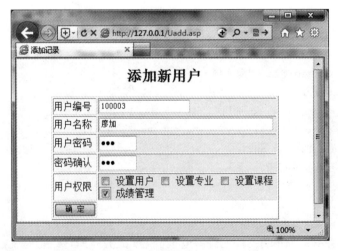

图 9.14　“添加新用户”页面

(1) 验证客户必填信息是否为空。如果为空,将弹出一消息框告知用户“信息不全,请补充完整!”;否则进入下一步。

（2）判断两次输入的密码是否一致。若不一致,将弹出一消息框告知用户"两次密码输入不相同,请重新填写!";否则进入下一步。

（3）验证用户号是否已经存在。查找"用户信息表",寻找用户号与输入的用户号相同的记录,并将其放入"记录集"中。若有记录显示一消息框,告知用户号已存在;否则进入下一步。

（4）使用 SQL 的插入语句将记录加入用户信息表。需要注意的是,用户信息表中的用户权限字段为 4 个字符(由 0 和 1 组成,0 表示选中,1 表示未选中),分别对应设置用户、设置专业、设置课程和成绩管理,在将数据写入数据表前需先将这 4 个选项的选中与否转换为 0 和 1,然后拼接为一个整体。

其代码如下:

```
<%Option Explicit %>
<!--#include file="db_conn.asp"-->
<html>
<head>
    <title>添加记录</title>
</head>
<body>
  <h2 align="center">添加新用户</h2>
  <center>
  <table border="1" width="80%">
    <form  action="" method="post"  name="form1">
    <tr>
        <td bgcolor="#FFFFCC">用户编号</td>
        <td bgcolor="#CCFFFF"><input type="text" name="U_ID" size=20></td>
    </tr><tr>
        <td bgcolor="#FFFFCC">用户名称</td>
        <td bgcolor="#CCFFFF"><input type="text" name="U_NAME" size=40></td>
    </tr><tr>
        <td bgcolor="#FFFFCC">用户密码</td>
        <td bgcolor="#CCFFFF"><input type="password" name="U_PWD" size=6></td>
    </tr><tr>
        <td bgcolor="#FFFFCC">密码确认</td>
        <td bgcolor="#CCFFFF"><input type="password" name="U_PWD1" size=6></td>
    </tr><tr>
        <td bgcolor="#FFFFCC">用户权限</td>
        <td bgcolor="#CCFFFF">
        <input type="checkbox" name="U_DE1">设置用户
        <input type="checkbox" name="U_DE2">设置专业
        <input type="checkbox" name="U_DE3">设置课程
        <input type="checkbox" name="U_DE4">成绩管理</td>
      </tr><tr>
        <td><input name="ok" type="submit" id="ok" value=" 确 定 "></td>
```

```
        </tr>
      </form>
    </table>
  </center>
<%
  Dim i,j(4),strsql,rs,U_ID,U_NAME,U_PWD,U_DE
    '如果上面的信息填全了,就添加记录,否则给出错误信息
  if request.Form("ok")<>"" then                '表单被提交了就作以下操作
    U_ID=Request.form("U_ID")
    U_NAME=Request.form("U_NAME")
    U_PWD=Request.form("U_PWD")                  '该用户号不存在
    if U_ID<>"" and U_NAME<>"" and U_PWD<>"" Then
      '以下添加新记录
      if Request.Form("U_PWD")<>Request.Form("U_PWD1") then
        response.Write("<script>alert('两次密码输入不相同,请重新填写!');
          history.go(-1);</script>")
        response.End()
      end if
      '以下建立 Recordset 对象实例 rs,判断用户号是否已存在
      strsql="select * from 用户信息表 where 用户号='" & U_ID & "'"
      set rs=createobject("adodb.recordset")
      rs.open strsql,conn,1,3
      if rs.RecordCount<>0 then
        response.Write("<script>alert('该用户号已存在,请重新填写!');
          history.go(-1);</script>")
        response.End()
      end if
      if Request.Form("U_DE1")<>"" then j(1)="1"
      if Request.Form("U_DE2")<>"" then j(2)="1"
      if Request.Form("U_DE3")<>"" then j(3)="1"
      if Request.Form("U_DE4")<>"" then j(4)="1"
      for i=1 to 4
        if j(i)<>"1" then j(i)="0"
      next
      U_DE=j(1)+j(2)+j(3)+j(4)
      strsql="insert into 用户信息表(用户号,用户名, 用户密码,用户权限) values
        ('" & U_ID & "','" & U_NAME & "','" & U_PWD & "','" & U_DE & "')"
      conn.execute(strsql)                '这里利用 Execute 方法添加记录
      Response.Redirect "usermain.asp"     '添加完毕,返回 usermain.asp
    else
        response.Write("<script>alert('信息不全,请补充完整!');history.go
          (-1);</script>")
      response.End()
    end if
```

```
    end if
%>
</body>
</html>
```

【例 9.14】　修改用户信息页面 Umodi.asp。

【解】　修改用户信息页面用于修改用户信息,如图 9.15 所示。当单击"用户管理主页面"某一记录后的"修改"两字后,即可进入该页面,并完成下述功能。

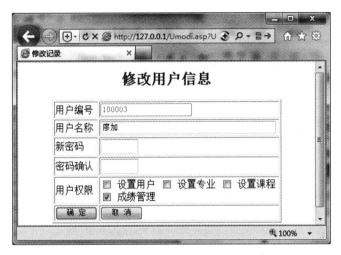

图 9.15　"修改用户信息"页面

(1) 根据主页面传入的用户号创建一记录集。

(2) 将记录集中的用户权限字段中的 4 个字符拆分开来,将 0 和 1 转换成 4 个复选框(设置用户、设置专业、设置课程和成绩管理)的选中和未选中。

(3) 将记录集中的数据显示在页面对应的选项中。

(4) 单击"确定"按钮,将修改后的数据写入用户信息表,返回"用户管理"主页面;如果单击"取消"按钮,将直接返回"用户管理"主页面。

其代码如下:

```
<%Option Explicit %>
<!--#include file="db_conn.asp"-->
<html>
<head>
    <title>修改记录</title>
</head>
<body>
  <h2 align="center">修改用户信息</h2>
  <%
    '首先根据传入的用户号 U_ID 将原有数据记录显示在表单内
    Dim U_ID,j(4)
    U_ID=Request("U_ID")
```

```
'以下建立 Recordset 对象实例 rs
Dim strsql,rs
set rs=server.createobject("adodb.recordset")
strsql="select * from 用户信息表 where 用户号='" & U_ID & "'"
rs.open strsql,conn,1,3
if mid(rs("用户权限"),1,1)="1" then j(1)="checked"
if mid(rs("用户权限"),2,1)="1" then j(2)="checked"
if mid(rs("用户权限"),3,1)="1" then j(3)="checked"
if mid(rs("用户权限"),4,1)="1" then j(4)="checked"
%>
<center>
<table width="80%" border="1" bgcolor="#FFFFCC">
  <form action="" method="post" name="form1">
  <tr>
     <td>用户编号</td><td><input type="text" name="U_ID"
          size=20 value="<%=rs("用户号")%>" disabled></td>
  </tr><tr>
     <td>用户名称</td><td><input type="text" name="U_NAME" size=40
        value="<%=rs("用户名")%>"></td>
  </tr><tr>
     <td>新密码</td><td><input type="password" name="U_PWD" size=6>
          </td>
  </tr><tr>
     <td>密码确认</td><td><input name="U_PWD1" type="password" id=
        "U_PWD1" size=6></td>
  </tr><tr>
     <td>用户权限</td>
     <td><input type="checkbox" name="U_DE1"<%=j(1)%>>设置用户
          <input type="checkbox" name="U_DE2"<%=j(2)%>>设置专业
          <input type="checkbox" name="U_DE3"<%=j(3)%>>设置课程
          <input type="checkbox" name="U_DE4"<%=j(4)%>>成绩管理</td>
  </tr><tr>
     <td><input name="ok" type="submit" value=" 确 定 "></td>
     <td><input name="cancel" type="submit" value=" 取 消 "></td>
  </tr>
  </form>
  </table>
  </center>
  <%
'如果上面的信息填全了,就添加记录;否则给出错误信息
  Dim U_NAME,U_PWD,U_DE,i
  if request.Form("ok")<>"" then      '如果表单被提交了就执行更新语句
     U_NAME=Request.form("U_NAME")
     If U_NAME<>"" Then
```

```
'以下修改记录
    U_PWD=Request.form("U_PWD")
    if Request.Form("U_DE1")<>"" then j(1)="1"
    if Request.Form("U_DE2")<>"" then j(2)="1"
    if Request.Form("U_DE3")<>"" then j(3)="1"
    if Request.Form("U_DE4")<>"" then j(4)="1"
    for i=1 to 4
      if j(i)<>"1" then j(i)="0"
    next
    U_DE=j(1)+j(2)+j(3)+j(4)
    strSql="update 用户信息表 set 用户名='" & U_name & "',用户密码='" _
    & U_PWD & "',用户权限='" & U_DE & "' where 用户号='" & U_ID & "'"
    conn.Execute(strSql)          '这里利用 Execute 方法,修改记录
    Response.Redirect "usermain.asp"     '修改完毕返回 usermain.asp
  else
    response.Write("<script>alert('用户名不能为空!');history.go(-1);
      </script>")
    response.End()
  End If
end if
if request.Form("cancel")<>"" then     '如果表单被提交了就执行更新语句
  Response.Redirect "usermain.asp"     '修改完毕返回首页 usermain.asp
end if
%>
</body>
</html>
```

【例 9.15】 删除用户 Udele.asp。

【解】 当单击"用户管理主页面"某一记录后的"删除"两字时,可通过 SQL 语言的删除语句删除该行的数据记录。其代码如下:

```
<% Option Explicit %>
<!--#include file="db_conn.asp"-->
<%
    dim U_ID,U_name
    dim strsql
    U_ID=request("U_ID")              '获取需删除记录的用户号和用户名
    U_name=request("U_NAME")
    strsql="Delete From 用户信息表 where 用户号='" & U_ID & "' and 用户名='" &
      U_name & "'"
    conn.Execute(strSql)              '利用 Execute 方法删除记录
    response.redirect "usermain.asp"   '删除完毕,返回 usermain.asp
%>
```

为了节省篇幅,以上仅介绍了"学生成绩管理"(网站)的登录页面和用户管理模块。

由此可知通过 ASP 对 Web 数据库进行增、删、改操作的方法。模仿此例,读者可自行完成课程管理模块和成绩管理模块。

小结

本章以"学生成绩管理"(网站)为例,介绍了 Web 数据库的简单应用。

用 ASP 活动网页访问 Access 支持的 Web 数据库,是 Web 数据库的简单应用之一。本章通过三节内容简单叙述了这一示例,完整地展示了 Web 数据库的开发方法。

9.1 节阐明了访问 Web 数据库的一般方法。虽然说的是 Access 数据库,其基本原理也适用于其他 RDBMS。

9.2 节介绍了 ASP 网页的开发方法,着重说明了通过 IIS 建立模拟网络环境的方法及其重要意义。熟悉 IIS 的用法是学会方便地在 PC 上建立网络应用的前提。

9.3 节是全章的重点和归宿。建议读者仔细阅读各个例题的代码,举一反三,达到为 Access 网络应用奠定初步基础的目的。

习题

1. 选择题

(1) ASP 使用的环境是(　　),在其支持下 ASP 程序才能运行。

    A. IE   B. Netscape   C. DHTML   D. IIS

(2) 配置 IIS 时,设置站点的主目录的位置,下面的说法正确的是(　　)。

    A. 只能在本机的 c:\inetpub\wwwroot 文件夹

    B. 只能在本机操作系统所在磁盘的文件夹

    C. 只能在本机非操作系统所在磁盘的文件夹

    D. 以上全都是错的

(3) 关于 ASP,下列说法正确的是(　　)。

    A. 开发 ASP 网页所使用的脚本语言只能采用 VBScript

    B. 网页中的 ASP 代码同 html 标记符一样,必须用分隔符"<"和">"将其括起来

    C. ASP 网页,运行时在客户端无法查看到真实的 ASP 源代码

    D. 以上全都是错的

(4) ASP 脚本编程使用的语言是(　　)。

    A. Delphi   B. VBScript   C. VB   D. C#

2. 填空题

(1) 在 IE 浏览器中,不需要另添对 ADO 对象模型的_____,就可直接使用 ADO 对象。

　　（2）记录集创建完成后，即可用＿＿＿＿＿＿＿、＿＿＿＿＿＿＿、＿＿＿＿＿＿＿等对数据表进行增、删、改操作。

　　（3）通过 IE 测试本地 Web 服务器的两个访问方式是使用 IP 地址＿＿＿＿＿＿＿和使用网址＿＿＿＿＿＿＿。

　　（4）Web 中使用表单传递数据的两种方法是＿＿＿＿＿＿＿和＿＿＿＿＿＿＿。

　　（5）Windows 2000 Server 等 Server 版本的操作系统，IIS 通常是＿＿＿＿＿＿＿安装的，而 Windows 7 需＿＿＿＿＿＿＿安装。

3. 综合题

　　（1）举例说明在 ASP 中利用 Connection 对象建立数据库的连接。

　　（2）举例说明记录集的创建方法。

　　（3）简述使用 IIS 创建 Web 站点的步骤。

　　（4）模仿本章的例子实现课程管理模块。

第 4 部分
进一步的知识

第 10 章　关系数据库设计

建立一个关系数据库系统,首先要考虑怎样建立数据库的关系模式。在拟建的关系模式中需要包含多少个关系? 每个关系又应该包含哪些属性? 为了指导关系模式的设计,Codd 提出了关系规范化理论。本章首先介绍关系规范化,然后讨论关系数据库的设计方法。

10.1　关系规范化

关系规范化所讨论的都是与关系模式优化相关的原则,所以有人把关系规范化理论称为设计数据库的指导理论。在 2.2.2 小节描述的"关系应该具备的性质"中,已经指出每个关系必须是规范化的关系。本节将简介关系规范化的主要内容,包括函数依赖、关系范式等,并结合实例说明它们的应用。

10.1.1　函数依赖

关系数据库的特点之一就是在数据项之间存在相互联系。这种联系不仅存在于关系的内部(即表内联系),也存在于各个关系之间(即表间联系)。函数依赖就是在同一个关系(数据表)中不同属性之间存在的相互依赖。例如,在关系 R 中有 X、Y 两个属性,如果每个 X 值只有一个 Y 值与之对应,就可描述为"属性 X 能唯一地确定属性 Y",或者说"属性 Y 函数依赖于属性 X"。

属性间的依赖将直接影响关系的规范化程度。在详细讨论前先看一个实例。

如图 10.1 所示,关系 SDC 是一个与第 2 章的引例"学生数据库(STUDENT)"功能相似、但经过了简化的数据表。它的每个数据项都是不可再分的,即满足下文(见 10.1.2 小节之"定义一")第一范式的条件。这个关系的主码是 S♯＋C♯,因为只有这两个属性的组合才能唯一地确定 SDC 中的某个元组。主属性 S♯ 与 C♯ 都是不能重复的;姓名 SN 则允许有重名。

以下就结合关系 SDC 说明属性之间存在的函数依赖。

1. 属性之间的函数依赖

图 10.2 显示了关系 SDC 中属性之间的依赖关系。在一般情况下,一个学号只对应一个学生,一个学生只属于一个系,因此当学号值确定之后,姓名及其所在系等的值就被唯一地确定了。属性 SN、DEPT、ADDR 函数依赖于主属性 S♯,类似地,属性 CN 也函数依赖于 C♯,只有属性 GRADE 依赖于主码(S♯＋C♯)。为了区分以上这两种情况,通常称属性 GRADE 对于主码是完全函数依赖,其余属性对于主码仅仅是"部分(partial)"

SDC						
学号	姓名	所在院系	院系地址	课程号	课程名	学习成绩
S#	SN	DEPT	ADDR	C#	CN	GRADE
S1	A1	MANA	G201	C1	MATH	90
S1	A1	MANA	G201	C2	ENGL	85
S1	A1	MANA	G201	C3	PHYS	88
S2	A2	COMP	S103	C1	MATH	77
S2	A2	COMP	S103	C2	ENGL	66
S3	A3	FORI	M301	C2	ENGL	96
S3	A3	FORI	M301	C3	PHYS	66
S4	A4	COMP	S103	C4	MACH	70

图 10.1　关系 SDC

函数依赖。在图 10.2 中,完全函数依赖的箭头是从(S♯＋C♯)的总围框出发的,而部分函数依赖的箭头则是分别从 S♯ 或 C♯ 的小围框出发的。

在非主属性之间也可能存在函数依赖。例如,非主属性 ADDR 实际上是由非主属性 DEPT 决定的,亦即 ADDR 也应函数依赖于属性 DEPT。如图 10.3 所示,S♯ 确定 DEPT,DEPT 又确定 ADDR,因而 ADDR 通过 DEPT 也间接地函数依赖于 S♯。换句话说,ADDR"传递"函数依赖于主属性 S♯,可以在箭头旁加一 t 来表示。

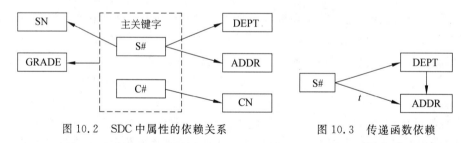

图 10.2　SDC 中属性的依赖关系　　　图 10.3　传递函数依赖

2. 不适当函数依赖引起的问题

传递函数依赖(t)与部分函数依赖(p),往往是导致冗余和异常的根源,所以统称为不适当的函数依赖。关系 SDC 虽已属于第一范式,能满足规范化关系的最低要求,由于存在不适当的函数依赖,仍可能在应用中带来以下的问题。

(1)冗余度大。SDC 有许多属性值多次重复出现,修改文件内容时不易维护数据的一致性。例如,要修改 ADDR,就有不止一个地方需要进行修改,不能有任何遗漏;则会造成数据的不一致性。

(2)删除异常。假定学号为 S4 的同学只选了一门课 C4,后来他不选这门课了,本来 C4 应删掉。但因为 C4＋S4 是主键,若删掉 C4,整个元组就不能存在,也必须跟着删除,从而导致 S4 的其他信息也被删除了。这称为删除异常,即不应删除的信息也被删掉了。

(3)插入异常。如果想插入一个元组,至少要同时具备 S♯ 和 C♯ 两个主属性的内容,当其中有一个为空时即无法插入。例如,有一个刚入学的学生,S♯＝S7,DEPT＝COMP,但他还未选课,C♯不能确定。由于此时主码有部分为空,这个学生的信息就无法插入。

要想解决上述问题,就需要消除不适当的函数依赖,提高关系 SDC 的范式等级。

10.1.2　关系模式的范式

为了减少数据冗余,避免在数据插入和删除时出现异常,Codd 定义了关系模式的几种范式(normal form),并讨论了它们与函数依赖的关系,供数据库设计人员遵循。起初 Codd 仅提出第一、第二和第三这三种范式,随后其他学者又补充了 BCNF、4NF 和 5NF 等范式。本节主要介绍前三种范式。

定义一:如果一个关系 R 的每一属性都是不可再分的,则 R 属于 1NF(第一范式)。

定义二:若 R 属于 1NF,且它的每一非主属性都完全函数依赖于主属性,则 R 也属于 2NF。

定义三:若 R 属于 2NF,且它的每一非主属性都不传递依赖于主属性,则 R 也属于 3NF。

由此可见,2NF 可从 1NF 消除非主属性对主属性的部分函数依赖后获得,而 3NF 可从 2NF 消除非主属性对主属性的传递函数依赖后获得,即

$$1NF(消除部分函数依赖) \rightarrow 2NF(消除传递函数依赖) \rightarrow 3NF$$

请看下面的例子。

【例 10.1】　已知关系 SDC 属于 1NF。试消除该关系中的部分函数依赖,使之提高为第二范式。

【解】　在一个关系中出现部分函数依赖和传递函数依赖,通常是因为它"包罗万象",内容太杂。常用的解决方法是"化大为小",将一个大关系分解为几个较小的关系。显而易见,任何分解都不应以损失信息为代价。

在本例中,通过投影把 SDC 分解为图 10.4 所示的三个关系(SC、SD 和 C),就可以消除非主属性对主属性的部分函数依赖,提升为 2NF。图 10.5 显示了它们的函数依赖关系。

【例 10.2】　如图 10.3 所示,在关系 SDC 的属性 S♯ 与 ADDR 之间存在着传递函数依赖。这种传递依赖显然也存在于关系 SD 中,因此关系 SD 仍可能与关系 SDC 一样产生前面所讲的问题。试设法消除。

【解】　把 SD 再分解为 S 和 D 两个关系,如图 10.6 所示,则关系 S 和 D 既满足了 2NF 又消除了传递函数依赖,因而提高为 3NF。

从以上的讨论可知以下几点。

(1) 范式其实就是施加于关系模式的约束条件。满足 1NF 的条件,就可以避免"字段又分字段"给数据操作带来的麻烦。2NF 与 3NF 则消除了关系中的不适当依赖,可以使模式的结构更趋简单,数据间的联系更加清晰,从而使数据操作更为简便。

(2) "投影分解"是提高关系模式范式等级的常用方法。它既可消除不适当的函数依

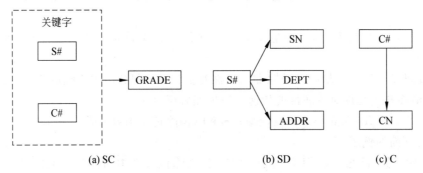

SC		
学号	课程号	学习成绩
S#	C#	GRADE
S1	C1	90
S1	C2	85
S1	C3	88
S2	C1	77
S2	C2	66
S3	C2	96
S3	C3	66
S4	C4	70

SD			
学号	姓名	所在院系	院系地址
S#	SN	DEPT	ADDR
S1	A1	MANA	G201
S2	A2	COMP	S103
S3	A3	FORI	M301
S4	A4	COMP	S103

C	
课程号	课程名
C#	CN
C1	MATH
C2	ENGL
C3	PHYS
C4	MACH

图 10.4　从关系 SDC 分解得到的 3 个关系

(a) SC　　　　　　(b) SD　　　　　　(c) C

图 10.5　3 个关系 SC、SD 和 C 的函数依赖关系

S		
学号	姓名	所在院系
S#	SN	DEPT
S1	A1	MANA
S2	A2	COMP
S3	A3	FORI
S4	A4	COMP

D	
所在院系	院系地址
DEPT	ADDR
MANA	G201
COMP	S103
FORI	M301

图 10.6　关系 SD 分解后的两个关系 S 和 D

赖,又可以不丢失信息(称为无损分解)。正如例 10.1 和例 10.2 所示,随着范式等级的提高,数据冗余将相对降低,插入和删除异常也随之减少或消失。但分解越细,执行查询操作时花费在关系连接上的时间往往越多,有时反而会得不偿失。

(3) 在具体应用中,确定关系模式的范式等级应该从实际出发,并非越高越好。在大多数情况下,使用 3NF 的关系已能达到比较满意的效果。但对于包含"多值依赖"的关系,还需要使用 4NF 或 5NF 等范式,这里就从略了。

10.2 数据库设计概述

同基于一般数据文件的应用系统不同,数据在 DBAS 中不再从属于应用程序,数据库的设计也上升为一项独立的活动。由于数据组织得是否合理会直接影响查询的效率,数据库设计越来越受到人们的关心,现已成为 DBAS 开发的中心问题。

1. 应用系统的分类

从应用的角度,现有的数据库系统大体可区分为"以数据为中心"和"以处理为中心"两大类。前者将数据面向社会公众,开发时把重点放在数据的采集与维护上,如国家或省、市的人才数据库、老干部数据库等。后者即通常所说的 DBAS,一般包含数据查询、统计、报表打印等应用程序。

图 10.7 是"以处理为中心"的数据库应用系统的开发示意图。由图可见,这类系统的一般开发步骤为:需求分析→数据库设计→应用程序设计→程序调试→系统发布。

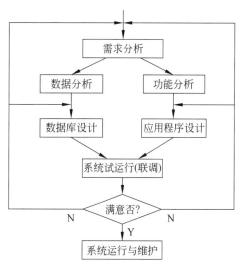

2. 需求分析

整个开发活动从对系统的需求分析开始,系统需求包括对数据的需求和对应用功能的需求两方面内容。图 10.7 中把前者称为数据分析,后者称为功能分析。数据分析

图 10.7　以处理为中心的 DBAS 开发示意图

的结果是归纳出系统应包含的数据,以便进行数据库设计;功能分析的目的是为应用程序设计提供依据。

需要注意的是,功能分析与数据分析并非完全独立,而是相互影响的。一方面,应用程序设计时将受到数据库当前结构的约束;另一方面,在设计数据库时,也必须考虑应用程序实现数据处理的方便。

3. 数据库设计的阶段

传统的数据库设计只包含逻辑设计和物理设计两个阶段。开发人员在需求分析后,立即就开始数据库的逻辑设计,既要满足数据分析的需求,又要考虑数据库的效率和合理性,往往顾此失彼。1978 年,在美国新奥尔良市发表了"数据库设计小组工作报告",建议在逻辑设计前增加一个概念设计阶段,使开发人员将注意力首先集中在对系统数据的需求上,暂时不去考虑怎样来实现,以免分散精力。这一建议获得了数据库设计人员的广泛认同,从此,数据库设计一般都分为概念设计、逻辑设计和物理设计三个阶段。

概念设计的目的是,把需求分析中得出的有关数据库的需求,综合为准备开发的

DBAS 的概念模型。这一模型通常用"实体-联系图"(Entity-Relationship diagram,简称为 E-R 图)来表示,所以有时也称为 E-R 模型。随后,就可以在 E-R 模型的基础上确定数据库中所有数据表的逻辑结构(逻辑设计),进而确定适合于所用 DBMS——如 SQL Server 或 Access 的数据库存储结构(物理设计)了。由此可见,概念设计是面向问题的,逻辑设计和物理设计才是面向实现的。

这里还需要补充以下两点。

(1) 以上三个设计阶段的工作一般都不可能一次成功,而是要经过多次反复。譬如逻辑设计中得到的关系模式,在经过模式优化后可能要修改概念设计。

(2) 如图 10.7 所示,在"数据库设计"之前要进行"数据分析",之后还要装入数据,与应用程序一起实现"系统(的)试运行"。有些教材把"需求分析""概念设计""逻辑设计""物理设计""数据库实施"(包含装入数据和试运行)和"数据库运行和维护"统称为"数据库设计的 6 个阶段",实际上概括了图 10.7 中与数据库设计相关的所有活动。

以下将结合关系数据库系统的开发,对数据库设计三个阶段的内容依次进行讨论。

10.3 概念设计

数据从现实生活进入到数据库,要经历现实世界、信息世界和数据(或机器)世界这三种环境。现实世界是存在于人们头脑之外的客观世界,现实世界的事物反映到人脑中,经过认识、选择与加工,将有价值的对象(实体)命名分类后,形成信息世界。数据世界则是信息世界的数据化,并通过计算机对数据进行存储和处理。

10.3.1 实体-联系方法

还在新奥尔良会议以前(1976—1978 年),美籍华人陈平山(Peter Pingshan Chen)就几次发表文章,介绍使用他提出的"实体-联系"方法来建立数据库的概念模型,简称为 E-R 模型。现在,E-R 方法已经成为进行概念设计最常用的设计工具。在 E-R 模型中,数据被区分为实体、联系和属性三种成分,分别用矩形框、菱形框和椭圆框(或圆框)来表示。

实体和属性其实是对现实世界中具有某些共同特性的对象所进行的抽象。例如,在学校中,可以把来校求学的人抽象为"学生"实体;而识别或区分这些学生的特征事物,如学号、姓名、专业、年级等,可以抽象为学生实体的"属性"。

需要指出,实体与属性都是相对而言的。同一事物,在一种应用环境中用作"属性",在另一种应用环境中可能处理为"实体"。例如,高等学校中的"系",在"学生"实体中可表明一个学生属于哪个系,是一个属性;而在"系"实体中它代表的是实体,还可能拥有"系名""系主任""办公地点""教师人数""学生人数"等属性。为了简化 E-R 图,凡能够作为属性对待的事物,一般应尽量作为属性。

区分实体和属性的一般原则:①属性不能再具有需要描述的性质,即属性必须是不可分的数据项,不能再由另一些属性组成;②属性不能与其他实体具有联系,即联系只发生在实体之间。

【**例 10.3**】 例 10.1 中有三个关系,即 SC、SD 和 C。

(1) 试用 E-R 图来表示其中"学生""课程"两个实体以及它们的属性。

(2) 上述两个实体可通过"选课"进行联系,用 E-R 图来表示这种联系。

【**解**】 图 10.8 显示了本例的三个 E-R 图。

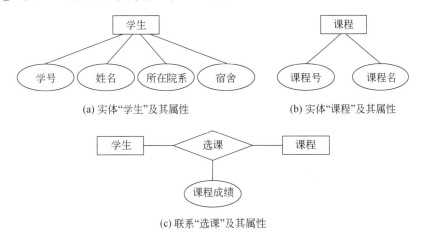

(a) 实体"学生"及其属性   (b) 实体"课程"及其属性

(c) 联系"选课"及其属性

图 10.8 用 E-R 图表示实体或联系的属性

从图 10.8(c)可见,联系也可以有属性(当然也可以没有,参看图 10.10 中的"属于")。例如,图中的"课程成绩"就是联系"选课"的属性,因为它既取决于学生,又取决于所选修的课程,不能单独地算作"学生"实体或"课程"实体的属性。

10.3.2 用 E-R 图描述概念模型

一般地,概念设计可遵循以下的步骤来完成。

(1) 进行"数据分析"。对需求分析阶段(见图 10.7)收集到的各种数据进行分析和组织,确定数据库应该包含的所有实体及其属性,以及实体之间的联系(如一对一的联系、一对多的联系或多对多的联系)。

(2) 绘出局部 E-R 图。通过"功能分析"(见图 10.7)收集系统要求的各种应用,针对每一种典型的应用(其中至少涉及两个实体)画出其局部 E-R 图,作为概念模型的一部分。

(3) 设计系统的全局视图。将各个局部 E-R 图汇合成整个系统的概念模型(基本E-R 图)。在这一步,除了要消除冗余数据和冗余联系外,还须解决属性冲突(包括属性域冲突和属性取值冲突,如属性值的类型、取值范围或取值集合发生冲突或者是属性取值单位冲突等)和可能出现的结构冲突(例如,同一对象在不同的应用中有不同的抽象,在一处应用中用实体表示,而在另一处应用中用属性表示;以及属性名、实体名、联系名在不同场合可能发生的命名冲突,包括同名异义或异名同义)等存在的问题。

现在仍以 10.1 节引入的简化"学生数据库"为例,说明系统概念模型的设计过程。

【**例 10.4**】 某高校的"学生数据库"系统,要求数据库具有以下功能。

（1）能查询学生信息，至少包括学号、姓名、院系名称和宿舍地址。

（2）能查询课程信息，至少包括课程号和课程名。

（3）能查询学生选课信息，提供每个学生选择的课程及其成绩。

试用 E-R 方法设计该数据库系统的概念模型。

【解】 如果"眉毛胡子一把抓"，把所有信息都放在一个数据库内，必将形成像 SDC 那样包罗万象的数据表，显然不符合数据库的设计要求。以下是典型的设计过程。

（1）进行数据分析。找出数据库中应该包含的各种数据，包括学号、姓名、院系、宿舍、课程号、课程名以及课程成绩等，从中确定"学生""课程"两个实体和它们之间的联系：

实体"学生"，其属性包括"学号""姓名""所在院系"和"宿舍"。

实体"课程"，其属性包括"课程号"和"课程名"。

联系"选课"，其属性为"课程成绩"。

（2）绘局部 E-R 图。由本例的功能分析可见，仅有学生选课这一应用涉及"学生"和"课程"两个实体。画出其 E-R 图，如图 10.8(c)所示。

（3）在图 10.8(c)的基础上为"学生"和"课程"两个实体添上它们的属性，或者说把图 10.8 中的三个图合并，即可获得本例的初步 E-R 模型，如图 10.9 所示。

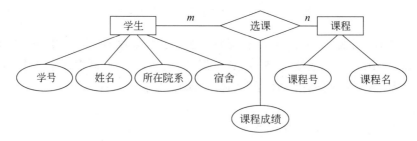

图 10.9 例 10.4 的初步 E-R 模型

需要指出，由于本例仅包含一个局部 E-R 图，所以初步 E-R 模型与局部 E-R 图是一样的，这只能算是一个特例。在下面的例 10.9 中，还将介绍一个将两个局部 E-R 图合并成初步 E-R 模型的一般例子。

10.4 逻辑设计

逻辑设计的任务就是根据概念设计阶段建立起来的 E-R 模型，选择一个特定的 DBMS，并按照一定的转换规则，把概念模型转换为该 DBMS 所能接受的逻辑数据模型。由于目前的 DBMS 产品绝大多数为 RDBMS，本节主要讨论 E-R 图向关系模式的转换。

10.4.1 E-R 模型向关系模式的转换

E-R 图向关系模型的转换原则，可以简单地归结为——"将每一实体转换为一个关系，每一个联系也转换为一个关系，同时确定这些关系的主码"。其具体转换规则如下。

（1）E-R 图中的每一个实体转换为关系模型中的一个关系，实体的属性就是关系的属性，实体的主码就是关系的主码。

（2）一个 $m : n$ 联系转换为一个关系，关系的属性是与该联系相连的各实体的主码以及联系本身的属性组合，关系的主码为两个相连实体主码的组合。

（3）一个 1:1 联系可以转换为一个独立的关系，也可以与任意一端实体所对应的关系合并。如果将 1:1 联系转换为一个独立的关系，则与该联系相连的各实体的主码以及联系本身的属性均转换为关系的属性，且每个实体的主码均是该关系的候选码；如果将 1:1 联系与某一端实体所对应的关系合并，则需要在被合并关系中增加属性，其新增的属性为联系本身的属性和与联系相关的另一个实体的主码，合并后关系的主码不变。

（4）一个 1:n 联系也可有两种转换方法：一种方法是将联系转换为一个独立的关系，其关系的属性由与该联系相连的各实体的主码以及联系本身的属性组成，该关系的主码为 n 端实体的主码；另一种方法是与 n 端实体所对应的关系合并，在被合并关系中新增一些属性，分别是 1 端实体的主码和联系自身的属性，合并后关系的主码不变。

（5）三个或三个以上实体间的一个多元联系（如 $m : n : p$）转换为一个关系，关系的属性是与该多元联系相连的各实体的主码以及联系本身属性的组合，关系的主码为各实体主码的组合。

（6）具有相同主码的关系可合并。合并方法：将其中一个关系的全部属性加入到另一个关系中，然后去掉其中的同义属性（可能同名也可能不同名），并适当调整属性的次序。

【例 10.5】　将图 10.9 中的两个实体分别转换为关系。

【解】

① 实体名：学生

对应的关系：学生(学号,姓名,所在院系,宿舍)

② 实体名：课程

对应的关系：课程(课程号,课程名)

在以上关系中，加下画线的属性为关系的主码。

【例 10.6】　将图 10.9 中的联系"选课"转换为关系。

【解】

联系名：选课

所联系的实体及其主码：学生(学号)；课程(课程号)

对应的关系：选课(学号,课程号,课程成绩)，其中"学号＋课程号"为主码。如上文所指出，并不是所有的联系都需要转换为独立的关系。请看下面的例子。

【例 10.7】　在例 10.4 原有的两个实体（"学生"与"课程"）基础上，再增加一个"专业"实体，其属性包括"专业号"（主属性）、"专业名"和"院系"。并且规定：①每个学生只能属于一个专业；②应用程序可通过"学生"与"专业"这两个实体之间的联系，查询每个专业的学生人数。

试用 E-R 图来表示"学生"与"专业"之间的联系，并将此 E-R 图转换为关系。

【解】　图 10.10 显示了"学生"与"专业"这两个实体的 E-R 图。

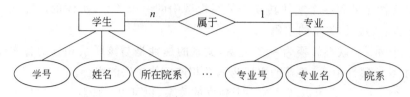

图 10.10　用 E-R 图表示"学生"与"专业"两个实体的联系

如图 10.10 所示,实体"学生"与"专业"是通过"属于"实现联系的。当把 E-R 图转换为关系时,可能有以下两种做法(参看上述的转换规则第(4)条)。

方法 1:把联系"属于"转换为独立的关系。

① 实体名:学生

对应的关系:学生(学号,姓名,所在院系,宿舍)

② 实体名:专业

对应的关系:专业(专业号,专业名,院系)

③ 联系名:属于

所联系的实体及其主码:学生(学号);专业(专业号)

对应的关系:属于(学号,专业号)

方法 2:联系"属于"不转换为独立的关系,而是与实体"学生"合并成一个新关系。

① 实体名:学生

对应的关系:学生(学号,姓名,所在院系,宿舍,专业号)

② 实体名:专业

对应的关系:专业(专业号,专业名,院系)

这时,学生和专业两个关系是通过公共属性"专业号"互相联系的,用以代替独立的关系"属于"。"专业号"在"专业"关系中为主码,而在"学生"关系中则是外码(参阅 2.2.3 小节)。显而易见,方法 2 具有数据冗余小、查询快等优点,因而是可取的。

10.4.2　关系模式的优化

利用关系规范化理论,对通过转换规则得到的关系模式进行优化,可获得改进的关系模式。以下首先举一个简单的例子(例 10.8),然后结合例 10.9,进一步说明模式优化在数据库设计过程中的应用。

【例 10.8】　考察例 10.5 和例 10.6 转换得到的三个关系,可知"课程"和"选课"已属于 3NF,但"学生"为 2NF,仍存在较大的数据冗余。

【解】　通过投影分解,把"学生"继续分解为"学生 2"和"院系"两个关系(见图 10.6),即

学生 2(学号,姓名,所在院系)

院系(院系,宿舍)

这样,上述两个新的关系也都是 3NF 了。

【例 10.9】　继续例 10.7。现在"学生数据库"系统已扩充为包括"学生""课程""专

业"三个实体的系统,拥有图 10.8(c)和图 10.10 所示的两个局部 E-R 图。试将它们综合为基本 E-R 图,绘出该系统的概念设计模型,同时说明模式优化在数据库设计过程中的应用。

【解】 在例 10.4~例 10.7 中,对"学生数据库"系统的设计已有过许多说明,以下仅补充一些说明。

(1) 选择"查询学生选课"和"查询专业学生人数"两种应用,画出其局部 E-R 图,分别如图 10.8(c)和图 10.10 所示。

(2) 将两图合并,得出图 10.11 的初步 E-R 图,其中包括三个实体和两个联系。

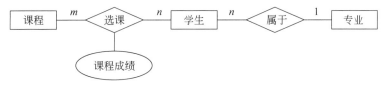

图 10.11 合并得出的初步 E-R 图

(3) 由例 10.5~例 10.7 可知,按照 10.4.1 小节的转换规则,图 10.11 中的两个联系中,"属于"不转换为单独的关系,而是将相关实体"专业"的主码"专业号"合并入"学生"关系。因此,当"学生"实体转换为关系时,将先后出现两种不同的关系模式,即

学生(学号,姓名,院系,宿舍)

学生(学号,姓名,院系,宿舍,专业号)

显然,在图 10.11 中的"学生"实体,其包含的属性应该是后一种,即(学号,姓名,院系,宿舍,专业号)。

(4) 由于在"专业"实体中也包含了(专业号,专业名,院系)等属性,"学生"实体中的"院系"为冗余数据,可以也应该删除,只保留(学号,姓名,宿舍,专业号)4 个属性。

(5) 参照例 10.8 可知,"宿舍"是函数依赖于"专业号"的,作为"专业"实体的属性将更为合理。这样,"学生""课程""专业"三个实体的属性将最终变成:

"学生":学号,姓名,专业号

"课程":课程号,课程名

"专业":专业号,专业名,院系,宿舍

如果在图 10.11 中添加"学生""课程""专业"三个实体的属性(使用椭圆框),即可得出系统的基本 E-R 图了(图略)。

10.5 物理设计

物理设计的目的是根据所选定的软、硬件,确定数据库的存储结构,使之既能节省存储空间,又能提高存取速度。不言而喻,其中包含了许多复杂的技术任务。但是就用户而言,其主要工作就是根据逻辑设计的结果做好以下两件事情。

(1) 确定各个数据库表的名称,以及它们所包含的字段名称、类型与字段宽度。

(2) 确定各个数据库表需要建立的索引,以及在哪些字段上建立索引等。

由于这些工作都要在关系数据库系统的 DBMS 的支持下进行,具体做法随所选的 DBMS 而不同,这里不再赘述。

小结

由于数据组织的是否合理直接影响到应用系统的质量,数据库设计已经上升为 DBAS 开发的中心问题。经过 30 余年的实践,关系数据库设计现已成为一项有理论(关系规范化理论)、有规范(概念设计、逻辑设计和物理设计三阶段设计)的活动。

在数据库设计的三个阶段中,概念设计是面向问题的,逻辑设计和物理设计是面向实现的。其中的物理设计虽然也包含了一些复杂的技术,但大部分工作对用户是透明的,可以由 DBMS 承担。所以对一般用户而言,主要应掌握概念设计与逻辑设计的方法,特别是 E-R 模型和关系规范化理论。

概念设计的目的是完成整个系统的概念模型(基本 E-R 图)。为此,首先要对需求分析阶段收集到的数据进行分析,确定数据库应该包含的所有实体及其属性以及实体之间的联系。然后选择从"功能分析"中归纳出来的比较典型的应用,用 E-R 方法画出局部 E-R 图,再汇合成基本 E-R 图。在 E-R 模型中,数据被区分为实体、联系和属性三种成分,形象地展示了数据之间的联系和 DBAS 可能实现的典型应用。

逻辑设计的任务是选择一个特定的 DBMS,把前阶段获得的 E-R 模型转换为该 DBMS 所能接受的逻辑数据模型。在关系数据库系统中,主要就是实现 E-R 图向关系模式的转换。但是,按照转换规则得到的关系模式仅仅是初步的,还需要进行优化。为此,以 E. F. Codd 为代表的一批学者分析了存在于关系各个属性之间的函数依赖,讨论了关系的 1NF、2NF、3NF 等不同范式的性质,提出了用"无损分解"提高范式等级的原则。

理解和熟悉关系规范化的理论,对掌握数据库设计具有极其重要的意义。

习题

1. 选择题

(1) 假如采用关系数据库系统来实现应用,在数据库设计的(　　　)阶段,需要将 E-R 模型转换为关系数据模型。

  A. 概念设计   B. 物理设计

  C. 运行阶段   D. 逻辑设计

(2) 数据库的概念模型用(　　　)来描述。

  A. E-R 图   B. 内模式   C. 存储模式   D. 外模式

(3) 规范化理论是关系数据库进行逻辑设计的理论依据,根据这个理论,关系数据库中的关系必须满足:每一个属性都是(　　　)。

  A. 长度不变的   B. 不可分解的

C. 互相关联的　　　　　　　　　　D. 互不相关的

(4) E-R 图中的每一个实体转换为关系模型中的一个(　　　)。

A. 元组　　　　　B. 关系　　　　　C. 字段　　　　　D. 属性

(5) 设有"学生"和"班级"两个实体,每个学生只能属于一个班级,一个班级可以有多个学生,"学生"和"班级"两个实体间的联系是(　　　)。

A. 多对多　　　　　B. 多对一　　　　　C. 一对多　　　　　D. 一对一

2. 填空题

(1) 在关系 R 中有 X、Y 两个属性,如果每个 X 值只有一个 Y 值与之对应,就可以说"属性 X 能唯一地确定属性 Y",或者说"属性 Y _____ 于属性 X"。

(2) E-R 数据模型一般在数据库设计的_____阶段使用。

(3) 在关系模型中,实体以及实体间的联系都是用_____来表示的。

(4) E-R 图向关系模型转化要解决的问题是如何将实体和实体之间的联系转换成关系模式,如何确定这些关系模式的_____和_____。

(5) "为哪些表、在哪些字段上建立什么样的索引"这一设计内容应该属于数据库设计中的_____设计阶段。

(6) 概念设计阶段的主要任务是根据_____的结果找出所有数据实体,画出相应的_____。

3. 问答题

(1) 举例说明不适当函数依赖造成的问题。

(2) 什么是 E-R 图?构成 E-R 图的基本要素是什么?

(3) 数据库逻辑设计的任务是什么?

4. 综合题

(1) 举出实体之间具有一对一、一对多、多对多的联系的例子。

(2) 请按下述数据信息设计概念模型(E-R 图)。

设某商业数据库中包含公司、仓库和职工三个实体。公司与仓库之间是"隶属"联系,每个公司管辖若干仓库,每个仓库只能属于一个公司管辖;仓库与职工之间是"聘用"联系,每个可聘用的职工人数应该在 10~40 人之间,每个职工只能在一个仓库工作,仓库聘用职工有聘用期和工资。

公司有公司编号、公司名、地址等属性;仓库有仓库编号、仓库名、规格、地址等属性;职工有职工编号、姓名、性别等属性。

(3) 将第(2)题 E-R 图转换成关系模型,并注明主码和外码。

(4) 请按下述数据信息设计概念模型(E-R 图)。

设某工程数据库中包含供应商(SUPPLIER)、工程项目(PROJECT)和零件(PART)三个实体。一个供应商可以为多个工程项目(PROJECT)提供多种零件(PART);每种零件可以由多个供应商提供,被多个工程项目所使用;一个工程项目可以使用多个供应商提供的多种零件。

工程项目有编号（J♯）、项目名（Jname）、项目日期（Date）；零件有编号（P♯）、零件名（Pname）、颜色（Color）、重量（Weight）；供应商有编号（S♯）、名称（Sname）、供应地（Address）。此外，还要反映某一工程项目使用某种零件的数量（Total）和某一供应商提供某种零件的数量（Amount）。

（5）将第（4）题 E-R 图转换成关系模型。

第 11 章　数据库保护

作为一种共享资源,数据库必须加强保护,保证在使用过程中其数据正确有效、安全可靠,一旦数据丢失还能有效地恢复。这就是数据的完整性、安全性和可恢复性,统称为数据库保护。为此,在 DBMS 中一般都能提供下列的功能。

(1) 完整性保护,用于保证数据的正确性和一致性。

(2) 安全性保护,防止对数据的非法使用,避免被人为破坏或泄露、篡改。

(3) 数据库恢复,包括定时地备份数据库,数据丢失后能够有效地恢复等。

在本章中,将联系 Access 环境和 SQL Server 2008,依次简述 RDBMS 的上述保护功能。

11.1　数据库完整性

早在 2.3.3 小节就已经简述了 Access 的数据完整性,包括实体完整性、参照完整性与用户定义的完整性。为了保持各个数据表的正确和一致,Access 通常在 SQL 语句中设置一些“完整性规则”,以便在运行过程中对表内的数据进行约束。实体完整性规则是针对单个数据表而言的,用于约束同一关系中的数据;参照完整性规则用于约束外码的数据,目标是“不允许参照(或引用)被参照数据表中不存在的数据”。而用户定义的完整性,其约束规则可用于满足用户特定应用的需要,在系统预先设定的完整性规则的基础上给出具体的补充。

需要注意的是,不同公司开发的 SQL,其完整性约束规则也不尽相同。

对完整性规则的约束可以追溯到关系的性质。由 E. F. Codd 提出的关系的 6 条性质,实际上已经包含任何关系从结构到数据应该遵循的约束。例如,“在关系中,每一分量必须是不可再分的数据项”就是对关系结构的约束;而“在同一个关系中,任意两个元组(两行)不能完全相同”则是对关系数据的约束。由此可见,了解并掌握关系的性质,确保其结构和数据的完整性,对创建和使用符合规范的关系模式都具有重要的意义。

11.2　数据库安全性

数据库系统集中存放了大量数据,且一般须供多用户共享。因此,怎样保证系统的安全,防止数据被非法存取或人为破坏,已成为一个突出的问题。本节先简述商品化 RDBMS 常见的一般安全措施,然后介绍 SQL Server 的安全管理功能。

11.2.1　RDBMS 的一般安全措施

为了有效地保证系统的安全,商品化的 RDBMS 通常都具有用户标识、存取控制、采用视图、密码存储等常见的安全措施。现简述如下。

1. 用户标识

用户进入数据库时,系统须对其身份进行核实。通常以用户名或账号来标识用户身份。如果有此用户,即要求他输入口令。为保密起见,口令输入时并不显示在屏幕上。若输入有错,应允许用户重输,若连错三次,则该用户被视为非法,本次访问将遭到拒绝。

以上方法虽然简单易行,但用户名及口令都可能被人窃取,所以可靠性不高。

2. 存取控制

为使用户只能存取有权存取的数据,须对每个用户定义其"存取权限",包括可存取的数据对象以及对数据可以施加的操作类型,如插入、修改和删除等。通常把对于存取权限的定义称为授权(authorization)。

1) 数据库用户的分类

数据库用户可分为三类:

(1) 特权用户,即数据库管理员(database administrator,DBA),他拥有支配整个数据库资源的特权。

(2) 数据库拥有者(database owner,dbo)创建了当前数据库的部分数据表或其他资源,对他所创建的资源拥有支配权。

(3) 一般用户,通常用关键字 PUBLIC 来代表。只能对数据库进行被授权的操作。

2) 用户存取权限

在关系系统中,DBA 可以把建立和修改数据表的权限授予任何用户。获得这种授权的用户就成为 dbo,可以建立和修改基本表,还可以创建所建表的索引和视图。表 11.1 列出了关系系统中的用户存取权限。由表可见,它不仅包括数据对象(如表和属性列),也包括数据的结构(如逻辑模式、外模式和内模式)。

表 11.1 关系系统中的用户存取权限

属性	数据对象	操作类型
关系模式	逻辑模式	建立、修改、检索
	外模式	建立、修改、检索
	内模式	建立、修改、检索
数据	表	查找、插入、修改、删除
	属性列	查找、插入、修改、删除

3) GRANT 和 REVOKE 命令

在关系数据库中,对用户的授权主要通过 SQL 语言提供的 GRANT 命令来实现。其一般格式如下:

GRANT<权限>ON<数据对象>TO<数据库用户名>

已经授权的权限,还可用 REVOKE 命令来收回。其一般格式如下:

REVOKE<权限>ON<数据对象>FROM<数据库用户名>

需要注意的是,上述命令除 DBA 可以使用外,也可被 dbo 用来将自己已获得的权限转授给别人,从而也增添了数据不安全因素。

例 3.31~例 3.36(见 3.4.2 小节)列出了使用 GRANT 和 REVOKE 命令的例子,这里不再重复。

3. 采用视图

用视图来限定用户对数据的存取权限,是常用的数据库保护策略之一。大型数据库系统都支持视图,以便把需要保密的数据对不需要或无权存取它们的用户隐藏起来。在 SPARC 分级结构中的外模式,就是用来定义不同用户所需的数据表的(见图 1.3)。

4. 密码存储

对于特别重要的数据,用密码的形式存储在磁盘上,可以防止被非法存取者窃取。无论数据的加密还是解密,这时都必须通过密钥。当存储的记录写入内存物理块后,首先要对其加密再存入磁盘;反之,没有密钥也不能对数据解密。企图越过 DBMS 和密钥,以不正常的途径存取数据的窃取者,只能看到一些无法辨认的二进制数。

密码存储又称为数据加密,具有该功能的 DBMS,系统也可按用户要求选择不加密存储。

11.2.2 SQL Server 的安全管理

SQL Server 2008 的安全功能包括服务器级别和数据库级别等。

(1) 服务器级别所包含的安全性对象主要有登录名、服务器角色等。其中,登录名用于登录数据库服务器,而固定服务器角色用于给登录名赋予相应的服务器访问权限。

(2) 数据库级别所包含的安全对象主要有用户、角色、架构、非对称密钥、证书、对称秘钥和数据库审核规范等。

在 SQL Server 的安全功能中,主要突出了两种管理:一是用户或角色管理,即只允许合法的用户/角色使用数据库,这里的角色泛指具有一定权限的用户组合。SQL Server 的角色可分为两级,一个是服务器级,另一个是数据库级;二是权限管理,即具有合法身份的用户和角色,才可以进行指定的数据存取操作。

1. 登录 SQL Server

要成为 SQL Server 的合法用户,首先须通过账号及口令在 SQL Server 上进行登录。SQL Server 2008 有两种登录模式,即 Windows 身份验证和 SQL Server 身份验证。

在 T-SQL 中,管理登录账户的 SQL 语句有 CREATE LOGIN、DROP LOGIN 和 ALTER LOGIN。下面举例说明登录账户的创建、删除和修改。

【例 11.1】 创建一个新登录账户,账户名为 teacher,密码为 123456。

【解】

```
CREATE LOGIN teacher WITH PASSWORD='123456'
```

【例 11.2】 将刚创建的登录名为 teacher 的账户密码改为 teacher。

【解】

```
ALTER LOGIN teacher WITH PASSWORD=' teacher '
```

【例 11.3】 将刚创建的登录名为 teacher 的账户的登录名更改为 teacherA。

【解】

```
ALTER LOGIN teacher WITH NAME=teacherA
```

【例 11.4】 删除刚创建的登录名为 teacherA 的账户。

【解】

```
DROP LOGIN teacherA
```

2. 权限管理

为了进一步确保数据的安全,SQL Server 还对合法的数据库用户提供了两类权限管理,包括对象权限管理和语句权限管理。这里仅简介权限管理的基本思想,具体做法可参阅 SQL Server 说明书,不另赘述。

1) 对象权限管理

对象权限管理是针对各种数据库对象进行设置的,由 dbo 管理这类对象权的授予、废除或撤销。表 11.2 显示了适用于不同数据库对象的 T-SQL 语句。

表 11.2 适用于不同数据库对象的 T-SQL 语句

数据库对象	Transact-SQL 语句
表、视图以及表和视图中的列	SELECT(查询)
表、视图以及表中的列	UPDATE(修改)
表、视图	INSERT(插入)
表、视图	DELETE(删除)
存储过程	EXECUTE(调用过程)
表及表中的列	DRI(声明参照完整性)

在 SQL Server 2008 中,对象权的授予(在复选框中画√)、废除(画×)或撤销(复选框为空,即不画)一般都通过 SQL Server Management Studio 工具实现,其中又包括了以下两种做法。

(1) 对于某一特定的数据库对象,一次为多个用户/角色(如 dbo、guest 等)授予、废除或撤销该数据库对象的各种对象操作权,如 SELECT、UPDATE、INSERT 等。

(2) 对于特定的 SQL Server 用户/角色,同时授予、废除或撤销对于多个数据库对象(如表或视图)的对象操作权,如 SELECT、UPDATE、INSERT 等。

2）语句权限管理

对于特定的数据库对象，可以由 SA 或 dbo 向不同的用户/角色授予、废除或撤销关于该数据库对象的语句操作权。表 11.3 列出了以 T-SQL 语句表示的语句及其权限的含义。

表 11.3　以 T-SQL 语句表示的语句及其语句权的含义

Transact-SQL 语句	语句权的含义
CREATE DATABASE	创建数据库，只能由 SA 授予 SQL 服务器用户或角色
CREATE DEFAULT	创建默认
CREATE PROCEDURE	创建存储过程
CREATE RULE	创建规则
CREATE TABLE	创建表
CREATE VIEW	创建视图
BACKUP DATABASE	备份数据库
BACKUP LOG	备份日志文件

在 SQL Server 2008 中，语句权限管理也是通过企业 SQL Server Management Studio 工具来实现的。其一般步骤是，首先展开 SQL Server Management Studio 工具的数据库目录树，从中选择特定的数据库对象，然后打开管理数据库语句权限的对话框，针对不同的用户或角色，授予、废除或撤销关于该数据库对象的语句操作权，如创建表、创建视图、备份数据库和备份日志文件等。

11.3　数据库的恢复

即使采取了上节的所有安全措施，仍不能确保数据库万无一失。软件的缺陷、硬件（尤其是磁盘）的故障、操作的失误、人为的破坏（包括病毒）都可能导致数据丢失。为此，还须对数据库采用备份（backup）的方法；并在备份的基础上采取有效的恢复措施。

本节将阐明备份数据库和利用备份数据库实施数据库恢复等内容。重点放在数据库恢复的基本思想上，读者只需要了解其基本概念就可以了。

11.3.1　数据库备份

1. 备份数据库

在表 11.3 的语句操作权中，已经提到过备份数据库。它是数据库恢复中常用的基本技术，通常指定期地将整个数据库复制到磁带或另一个磁盘上保存起来的过程。

在 SQL Server 2008 中，对数据库进行"备份"也称为"数据转储"。这是一项十分耗时和占用资源的操作，不宜频繁进行。数据转储有多种分类方法。

（1）按照转储时系统状态的不同，可分为静态转储和动态转储。

① 静态转储。在转储过程中禁止系统同时运行其他事务，即不对数据库进行任何存取、修改活动。

② 动态转储。在数据库正常运行期间进行转储,即转储期间仍有对数据库的存取或修改。

(2) 根据转储数据量的不同,又可区分为海量转储和增量转储。

① 海量转储。每次转储时都将转储数据库全部内容。

② 增量转储。每次仅仅转储上一次转储后更新过的数据。

由此可见,数据转储共可有 4 种方式,即静态海量转储、静态增量转储、动态海量转储和动态增量转储。

2. 日志文件

日志文件(log)是用于记录数据库更新操作的文件,主要用于数据库的恢复。以日志文件的日记录(log record)为例,其内容主要包括事务标识、操作类型(如插入、删除或修改)、操作对象,以及在更新前后数据的旧值与新值等。登记日志文件又称为 logging。在登记时必须先写日志文件,然后才进行数据库的更新操作。因为如果先修改数据库,忘记在日志文件中登记,以后将无法恢复这一修改;反之如果先写了日志,即使没有修改数据库,按日志文件恢复时不过是多执行一次不必要的 UNDO 操作而已,不影响数据库的正确性。

鉴于日志文件的重要性,备份数据库时通常也备份日志文件(参见表 11.3 末行),供数据恢复时使用。

11.3.2 数据库恢复策略

1. SQL Server 常用的事务命令

通过执行一次事务来更新数据库内的数据时,经常要用到表 11.4 所示的命令。

表 11.4 SQL Server 常用的事务命令

事务命令	含　义
BEGIN TRANSACTION	开始事务
COMMIT	提交本次事务
ROLLBACK	结束事务
UNDO	撤销事务,恢复更新操作执行以前的数据
REDO	重做事务,即重新执行日志文件登记的操作,把更新后的值写入数据库

2. 恢复数据库

在数据库运行过程中,根据故障的影响范围,这些故障可以分为事务故障、系统故障和介质故障三类。

1) 事务故障及恢复

事务故障是指仅影响单个事务顺利运行的故障。如由于输入数据错误、运算溢出、违反存储保护、并行事务发生死锁等造成的程序非正常结束。

发生事务故障时,被迫中断的事务可能已对数据库进行了修改,为了消除该事务对数据库的影响,要利用日志文件中所记载的信息强行回滚(ROLLBACK)该事务,将数据库恢复到修改前的初始状态。为此,要检查日志文件中由这些事务所引起的发生变化的记录,取消这些没有完成的事务所做的一切改变。具体做法如下。

(1)反向扫描日志文件,查找该事务的更新操作。

(2)对该事务的更新操作进行反操作,即对已经插入的新记录进行删除操作,对已删除的记录进行插入操作,对修改的数据恢复旧值,用旧值代替新值。这样由后向前逐个扫描该事务已做的所有更新操作,并做同样处理,直到扫描到此事务的开始标记,事务故障恢复完毕为止。

因此,一个事务越短,越便于对它进行 UNDO 操作。如果一个应用程序运行时间较长,则应该把该应用程序分成多个事务,用明确的 COMMIT 语句来结束各个事务。

2)系统故障及恢复

系统故障通常是因硬件故障(如 CPU 故障)、操作系统故障、DBMS 代码错误、突然停电等影响,致使所有正在运行的事务都以非正常方式终止,要求系统重新启动。

如果系统发生了故障,有可能出现以下两种情况。

(1)故障发生时,对数据库的更新已有一部分写入数据库,但整个事务尚未完成。

(2)故障发生时事务虽已提交,但是对数据库的更新还留在缓冲区,未及写入数据库。

因此,系统故障的恢复要完成两方面的工作,既要撤销所有未完成的事务,还要重做所有已提交的事务,这样才能将数据库真正恢复到一致的状态。具体做法如下。

(1)正向扫描日志文件,查找尚未提交的事务,将其事务标识记入撤销队列。同时查找已经提交的事务,将其事务标识记入重做队列。

(2)对撤销队列中的各个事务进行撤销处理。方法同事务故障中所介绍的撤销方法。

(3)对重做队列中的各个事务进行重做处理。进行重做处理的方法是正向扫描日志文件,按照日志文件中所登记的操作内容重新执行操作,使数据库恢复到最近某个可用状态。

3)介质故障及恢复

介质故障称为硬故障,是指辅助存储器介质受到破坏,使存储在外存中的数据部分或全部丢失。这类故障比事务故障和系统故障发生的可能性要小,但这是最严重的一种故障,破坏性很大,磁盘上的物理数据和日志文件可能被破坏,这需要装入发生介质故障前最新的后备数据库副本,然后利用日志文件重做该副本后所运行的所有事务。具体做法如下。

(1)装入最新的数据库副本,使数据库恢复到最近一次转储时的可用状态。

(2)装入最新的日志文件副本,根据日志文件中的内容重做已完成的事务。首先扫描日志文件,找出故障发生时已提交的事务,将其记入重做队列。然后正向扫描日志文件,对重做队列中的各个事务进行重做处理。

如上所述,当发生系统故障和介质故障后,恢复处理需要扫描全部事务日志文件多遍。然而事实上,故障发生时绝大部分事务都已正常结束,所以不需要把它们全部撤销或重做。为了提高恢复效率,实际工作中通常采用基于检查点的恢复。具体做法可参阅相关书籍,不另赘述。

小结

在现代 RDBMS 产品中,数据库保护是十分重要的功能,直接影响数据库的可用性。本章联系 Access 环境和 SQL Server 2008,依次讨论了数据完整性、数据安全性和数据库恢复等内容,各节逐层展开,向读者显示了上述三个方面在数据库保护中的相互关系。前两节还借用了第 2 和第 3 章使用过的一些例子,读者可前后联系起来阅读,以便加强呼应,收到更好的效果。

作为本科非计算机专业学生的教材,本章着重阐明数据库保护的基本概念,避免让初学者陷入具体方法与操作步骤等细节。但数据库保护又有很强的实践性,建议读者在上机时多做练习,借以进一步加深对基本概念的理解。

习题

1. 选择题

(1) 保护数据库,防止未经授权的或不合法的使用造成的数据泄露、更改破坏。这是指数据的(　　)。

    A. 完整性　　　　　B. 可靠性　　　　　C. 安全性　　　　　D. 隔离性

(2) 下面(　　)不属于 RDBMS 常见的安全措施。

    A. 存取控制　　　　　　　　　　B. 用户标识

    C. 采用视图　　　　　　　　　　D. 出入机房登记和加锁

(3) SQL 语言的 GRANT 和 REVOKE 语句主要是用来维护数据库的(　　)。

    A. 完整性　　　　　B. 安全性　　　　　C. 可靠性　　　　　D. 一致性

2. 问答题

(1) 简述数据库的安全性控制方法。

(2) SQL Server 安全分几个层次? 有几种安全模式? 有什么区别?

(3) 什么是数据库备份? 4 种数据库备份和恢复方式是什么?

(4) 什么是日志文件? 为什么要设立日志文件?

第 12 章 数 据 仓 库

数据库应用的蓬勃开展,使很多企业积累了大量数据。能否从浩瀚的数据海洋中找出有价值的信息,帮助企业领导人进行正确的决策以加强企业的市场竞争力呢?

迄今介绍的数据库系统,都是面向联机事务处理(on-line transaction processing, OLTP)的,不适用于分析处理。在以"数据仓库之父"W. H. Inmon 为代表的许多专家、学者的努力下,一种称为数据仓库的新技术应运而生,现已在很多企业中获得有效的应用。

本章将首先介绍数据仓库(data warehouse)的概述、建立以及应用途径——联机分析处理(on-line analysis processing, OLAP)。数据仓库、联机分析处理与数据挖掘共同构建了决策支持系统(decision supporting system, DSS)的新框架,推动该系统迈入了实用化的阶段。

12.1 数据仓库概述

数据库已经在信息技术领域有了广泛的应用,社会生活的各个部门几乎都有各种各样的数据库保存着与人们生活息息相关的各种数据。作为数据库的一个分支,数据仓库概念的提出相对于数据库从时间上就近得多。美国著名信息工程专家威廉博士在 20 世纪 90 年代初提出了数据仓库概念的一个表述,认为"一个数据仓库通常是一个面向主题的、集成的、随时间变化的、但信息本身相对稳定的数据集合,它用于对管理决策过程的支持。"

12.1.1 数据仓库基本概念

随着计算机技术、全球信息化的高速发展以及互联网的进一步普及,各种各样的信息呈指数级增长,有用和无用的垃圾数据掺杂在一起,使得我们难以分辨,尤其在企业中产生的数据太多,而没有有效的方法来使用这些数据,在数据的汪洋大海中迷失了方向,提高效益不显著。因此,传统数据库已经难以解决这些问题,而数据仓库的出现正好给这种局面提供了巨大的动力。

数据仓库现在正步入商业主流。很多著名的公司都把已经广泛收集到的数据建成数据仓库,以便帮助他们在商业投资方面产生更大的回报。同时数据仓库的实施周期不能太长,费用也不能太高;否则就不能达到直接促进商业运作的预期目标,也不能提高企业的效率。

数据仓库概念始于 20 世纪 80 年代中期,首次出现是在被誉为"数据仓库之父" Inmon 的《建立数据仓库》一书中,"数据仓库是一个面向主题的、集成的、相对稳定的、反映历史变化的数据集合用于支持管理决策"。数据仓库并没有严格的数据理论基础,也没有成熟的基本模式,且更偏向于工程,具有强烈的工程性,因此有些专家也把数据仓库作为软件工程领域。但数据仓库的基本概念就是给最终用户特别是决策支持者们提供对公用数据更好的访问支持。

12.1.2　数据仓库作用

数据仓库在制造业信息化中的两大作用如下。

(1) 支持全局应用。许多企业在其发展过程中逐渐形成了各自独立的计算机应用(子)系统,如计算机辅助设计/计算机辅助制造系统、生产计划管理、库存管理、质量管理、财务管理和人事管理等系统。这些子系统有些可能是独立的,其中的数据源往往是异构的,有文件系统、层次数据库、关系数据库或面向对象数据库等。企业信息化常常需要建立企业范围内围绕某些主题的全局应用,直接在许多分散的、不统一的数据上实施是很困难或不可能的。而数据仓库提供企业范围内的全局模式,其中存储的是经过集成的信息,来自各数据源的相关数据被转换成统一格式,方便了全局应用系统的开发。

(2) 支持决策分析。在信息技术不断发展的今天,人们对信息的使用也越来越复杂。企业高层管理者需要从积累的丰富数据中提取有用信息,进行各种复杂分析,如长期趋势分析和数据开采等,以力图找出规律性的知识规划,更科学地做出决策。

企业信息化中存在两类不同的数据处理,即操作型数据处理和分析型数据处理。操作型数据处理也叫事务处理,如业务人员对数据库联机地进行日常操作,通常是对一个或一组记录的查询和修改。对此,人们关心的是响应时间、数据安全性和完整性。分析型数据处理则用于管理人员的决策分析,经常要访问大量来自多方面的历史数据、高度概括的数据,其数据容量非常大(到 TB 量级)。显然,这两者间的巨大差异使得操作型处理和分析型处理的分离成为必然。传统数据库只适用于操作型处理,数据仓库适用于分析型处理。为了满足企业信息处理的需要,企业的数据环境应发展为一种由操作型环境和分析型环境共同构成的体系化环境。数据仓库是企业数据体系化环境的组成部分,是建立决策支持系统(DSS)的基础。

12.1.3　数据仓库其他相关概念

1. 数据仓库与数据库区别

(1) 数据库是面向事务的设计,数据仓库是面向主题设计的。数据库一般存储在线交易数据,可以增、删、改;数据仓库存储的一般是历史数据,一般只有增加记录。

(2) 数据库设计是尽量避免冗余,一般采用符合范式的规则来设计,如遵循三个范式和 BCNF;数据仓库在设计时有意引入冗余,采用反范式的方式来设计,因此数据仓库有很多冗余数据,占用大量的空间,但这是必需的,因为数据仓库要从历史数据获取知识。

（3）数据库是为存储数据而设计；数据仓库是为分析数据获取知识而设计，它的两个基本元素是维表和事实表。维是看问题的角度，如时间、部门，维表放的就是这些东西的定义，事实表里放着要查询的数据，同时有维的 ID。下面以家电零售业务为例，做进一步说明。

数据库是事务系统的数据平台，客户购买的电器产品交易都会写入数据库，可以简单地理解为用数据库记账。数据仓库是分析数据的平台，它从众多事务系统获取数据，并做汇总、加工，为决策者提供决策的依据。如某家电零售业某子连锁企业一个月发生多少交易，该子连锁企业当前卖出产品是多少，人口分布如何。如果人口分布密集，且消费交易又多，那么该地区就有必要扩大规模了；或者考虑子连锁企业所在地形，根据人口分布的规律找出最适合建立子连锁企业的地点。

数据仓库的出现并不是要取代数据库。目前，大部分数据仓库还是用关系数据库管理系统来管理的。可以说，数据库、数据仓库相辅相成、互相发展。

2. 数据仓库与商业智能的区别

商业智能（business intelligence，BI）又称为商业智慧或商务智能，指用现代数据仓库技术、线上分析处理技术、数据挖掘和数据展现技术进行数据分析以实现商业价值。

商业智能的概念由 Howard Dresner 在 1989 年提出。早在 20 世纪 90 年代初，Garter Group 的 Howard Dresner 把 EUQR（终端查询和报表）、DSS、OLAP 称为商业智能，企业使用这些工具使企业获得的优势也称为商业智能。后来，出现了数据仓库、数据集市技术以及与之相关的 ETL（抽取、转换、上载）、数据清洗、数据挖掘、商业建模等，人们也将这些技术统归为商业智能的领域。

目前，商业智能通常被理解为将企业中现有的数据转化为知识，帮助企业做出明智的业务经营决策，从而指导实践的工具。这里所谈的数据包括来自企业业务系统的订单、库存、交易账目、客户和供应商资料及来自企业所处行业和竞争对手的各种数据，以及来自企业所处的其他外部环境中的各种数据。通过对数据的分析，为公司决策夯实基础。

把商业智能看成一种解决方案应该比较恰当。商业智能的关键是从许多来自不同的企业运作系统的数据中提取出有用的数据并进行清理，然后经过 ETL 过程合并到一个企业级的数据仓库里，从而得到企业数据的一个全局视图，在此基础上利用合适的查询和分析工具、数据挖掘工具、OLAP 工具等对其进行分析和处理（这时信息变为辅助决策的知识），最后将知识呈现给管理者，为管理者的决策过程提供支持。因此商业智能更加类似一个企业或多个企业的解决方案。

12.2 数据仓库的建立

与传统的数据库系统相比，数据仓库系统有本质的区别。表 12.1 列出了它们之间主要特征的对照。

表 12.1　数据库系统与数据仓库系统主要特征对照表

对比项	数据库系统	数据仓库系统
应用对象	日常事务处理	管理和决策支持
业务功能	面向具体业务	面向主题(可能涉及多种业务的多个环节)
数据源	单一数据源(多为手工录入)	多种数据源(数据来自多个业务系统)
操作类型	插入、删除、修改,查询规模小	不需要删除、修改,查询规模大
数据性质	动态数据,即时更新	数据快照
历史数据	很少使用	利用大量历史数据
数据	细节的	细节的和大量的汇总数据

由表 12.1 可见,应用目的的不同是数据仓库系统与数据库系统的根本差异,进而引起了两者在业务功能、数据源数量、操作类型和数据性质等方面一系列特征的差别。另两项重大的分歧则表现在系统包含的数据上:传统数据库系统很少使用历史数据,数据仓库系统则不仅包含了大量历史数据,还大量地使用各种汇总的数据。

12.2.1　数据仓库的特征

数据仓库概念的创始人 W. H. Inmon 在《建立数据仓库》一书中列出了原始数据(操作类型数据)与导出型数据(数据决策支持数据、数据挖掘获取的知识)之间的区别。其中主要区别见表 12.2。

表 12.2　原始数据与导出型数据之间的区别

原始数据/操作型数据	推导数据/DSS 数据
细节的	综合的或提炼的
在存取瞬间是准确的	代表过去的数据
可更新的	不更新
操作需求事先可知道	操作需求事先不知道
生命周期符合 SDLC	完全不同的生命周期
事务驱动	数据分析驱动
一次操作数据量小	一次操作数据量大
支持日常操作	支持管理需求
对性能要求高	对性能要求宽松
面向应用	面向数据分析

数据仓库除了具有传统数据库的共享性、独立性等特征外,还具有面向主题、集成、稳定和随时间变化这 4 个最重要的特征。

1. 面向主题

基于传统关系数据库系统建立的各个阶段,是面向应用进行数据组织的;而数据仓库中的数据是面向主题的,并且业务系统是以优化事务处理的方式来构造数据结构的,而某个主题的数据常常分布在不同业务数据库中,这里的主题是指一个分析领域,是指较高层

第 12 章 数据仓库

次上企业数据的综合、分类并进行不同程度的抽象。比如,家电零售业中,客户数据可以在不同的地方,如果把这些客户数据进行综合分析是家电零售业数据仓库建立的主题。由于分布在很多地方对于商务智能分析和决策支持来说都是非常不利的,因为这意味着访问某个主题的数据实际上需要去访问多个分布在不同数据库中的数据集合。

数据仓库在各行各业建立过程中,典型的主题域有客户、产品、员工、销售和收益等。例如,图 12.1 所示为一个以家电零售业为主的企业情况。该企业在以前的企业信息化中已经构建了消费数据库、成本数据库、客户服务数据库和市场信息数据库。其中,消费数据库记录了客户对不同家电产品的消费情况,客户服务数据库记录了客户的咨询、投诉情况、退货、积分兑奖等。这两个数据库都是面向客户主题的相关数据库。如果直接使用原有的业务系统进行决策支持,则需要分别访问这两个数据库才能获得客户各个侧面的信息,如果这样就会浪费系统处理的时间和效率,并且会导致数据之间的不一致性问题,将极大地影响决策的可靠性,从而增加了家电零售企业的成本支出。

图 12.1 数据仓库面向主题的特征

基于以上原因,如果为家电零售业创建数据仓库,就会把这些数据集中于一个地方,在这种结构中,对应某个主题的全部数据被存放在同一个地方,这样决策者可以非常方便地在数据仓库中的一个位置检索包含某个主题的所有数据。在图 12.1 中,有客户、市场和效益三个分析主题,客户主题可以从消费数据库和客户服务数据库中获得客户消费和咨询等全方位的信息;市场主题可以从市场信息数据库分析市场的发展趋势;效益主题可以从成本数据库、客户服务数据库获取降低成本的方法。按照这种方法组织数据,极大地方便了数据分析的过程,提高企业效率。

2. 集成的

正确的数据是有效地进行分析和决策的首要前提。数据仓库不是简单地将外部信息源数据照搬过来,而必须进行必要的提取、净化、转换和装载等集成操作。

如图 12.2 所示,在事务数据中,分布在不同数据库中的字段 A,它们的字段长度、字段所赋值域是不一样类型的,这些数据如何归纳、集成就是数据仓库中一个集成问题,比如把字段 A 的值域全部赋值成($t \mid f$),这样就在进入分析数据库时统一了字段命名格式和值域类型。

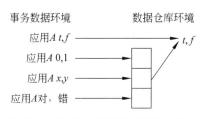

图 12.2 数据仓库环境下数据的集成

3. 稳定的

数据仓库反映的是历史信息的内容,而不是联机情况下数据内容。在实际的数据库系统中,一般存储短期数据,因为业务系统一般只需要当前数据,因此在数据库中数据是随时间变化的,类似于时态数据库中的一个快照数据库,记录的是系统中每一个变化的瞬态。但是对于决策分析来说,历史数据至关重要,许多知识的得出离不开历史数据的依托。没有历史数据就难以有企业的未来。在数据仓库中,数据一旦装入其中,基本不会发生变化。数据仓库中每个数据项都对应一个特定时间。当其对象某些数据发生变化时就会生成新的数据项。并且旧的数据一般不会从数据仓库中删除,此外更新也很少,通常需要定期加载、刷新。因此,数据仓库的信息具有很高的稳定性。

图 12.3 演示了家电零售业数据稳定性的一个简单的例子。在 2017 年 10 月 11 日,1111 号客户的消费金额为 20 000.00 元,当时间推移到 2017 年 11 月 11 日,1111 号客户的消费金额变成 90 000.00 元,这一信息在业务系统中被更新了。但是在数据仓库中,2017 年 11 月 12 日的数据提取结果是在数据仓库中增加了记录 5558,原先的记录 5555 并没有发生任何改变,说明 1111 号客户在 2017 年 11 月 11 日的消费金额为 90 000.00 元。可见,数据仓库实际上是为 1111 号客户的消费行为进行了定期拍照,并将快照存储起来供后续的分析工作使用。

图 12.3　数据仓库的数据稳定性示例

4. 随时间变化的

数据的不可更新是指用户进行分析处理时不发生数据更新工作,但可以增加数据。首先,数据仓库的数据随着时间变化而被更新,每隔一段时间间隔后,数据仓库系统就会从其他数据库中抽取、转换数据,而过去的版本仍然保留,实际上数据仓库就是记录系统的各个瞬态,这些数据要随着时间的变化不断地进行重新综合;其次,数据仓库也是有存储期限的,一旦超过了整个期限,过期数据就会被删除。

12.2.2 数据仓库构建的基本方法

自上而下的设计和自下而上的实施,是规划和实现数据仓库的基本方法。在经典的结构化模块设计中,早已提出了自顶向下(top-down)和由底向上(bottom-up)两种设计方法,在数据仓库的构建中可以借用它们的思想和方法。

1. 自上而下的设计

经典的结构化模块设计原则告诉我们,如果设计人员已经全面了解所开发系统的功能需求,采用自顶向下的方法进行总体设计通常是合理的选择。

以第 6 章中单机数据库系统"学生成绩管理系统"的开发为例,由于在需求分析中已经确定需要该系统完成的主要功能,当采用自顶向下方法对这些功能(共 9 项,见第 6.3 节)进行集中、分块后,就不难得出该系统的功能模块图(见图 6.12)。

与此相类似,在对数据仓库进行总体设计前,首先须找出数据仓库必须满足的商业需求。仅当设计人员比较熟悉建立数据仓库的相关工具和技术,具有采用自顶向下方法开发应用程序的丰富经验,加上企业的各级决策者完全清楚本企业数据仓库预期商业目标的情况下,采用自顶向下方法才能把技术和商业目标有机地结合起来,成为非常有利的选择。

2. 由底向上的实施

根据经典的结构化模块设计的原则,由底向上的设计常常用于设计人员对所开发的系统缺乏把握的场合,不是对系统的需求了解不透,就是对系统的开发技术经验不足。其一般做法是,先在原来熟悉的应用系统中找一个类似的系统作参考,然后在待开发的系统中选择一个(或一组)关键的、缺少经验的模块,先把这部分设计出来,再让系统其余部分的设计去适应它(们)。由此可见,这种设计实际上是"走着瞧",在一定程度上带有试探的性质。

在数据仓库的构建中,由底向上的基本思想可以应用于数据仓库系统的实现。一般地,它主要适合于以下的情况。

(1)企业尚未确实掌握构建数据仓库的技术和工具,希望通过试点来积累经验。

(2)企业希望了解实现与运行数据仓库所需要的各类费用。

(3)通过快速实现数据仓库,帮助企业做出投资选择。

由此可见,上述方法对于希望从数据仓库的投资中获得快速反馈的企业是十分有用的。它使企业可以充分利用不同的技术和工具进行试验,而不需要冒很大的风险。

12.2.3 数据仓库处理

作为决策支持的信息源,数据仓库的数据在很大程度上取决于它所在企业(或组织)的状况,如贸易情况、市场需求、发展趋势等。不少常用的数据库系统已能从市场上买到现成的软件,而数据仓库却不是花钱就可以购买的现成商品,只能在 Inmon 定义的新概念下,由企业自行构建。通常把这一构建的过程称为"数据仓库处理",一般地,这一过程(process)将涉及"数据准备""数据展现""过程管理"三个方面的内容。

1. 数据准备

"数据准备"包括获得数据和组织数据。其目的是将企业范围内的一切数据,集成到一个统一的仓库中,以方便用户进行信息查询、报表生成和数据分析,进而有效地支持企业决策。因此,"数据仓库处理"的首要任务就是把分布在传统业务模型基础上的数据,通过加工和提炼转移到数据仓库中。为此,首先要按照需求分析的结果设计出数据仓库的结构,然后通过"数据转换",把来自多个业务系统或外部资源的数据,自动转换为面向决策活动的各种主题或准确可靠的数据。由此可见,数据转换是保证数据质量的关键环节。

一般地,数据转换可能包括以下操作。

"数据精炼":把原业务系统中分散的数据,按一定的规则集中到一个数据仓库中。

"数据清洗":用于排除因表达方法不统一引起的混乱,如 John. Doe、J. Doe 与 hn Doe 看似三个客户,其实可能是两个甚至一个。

"数据分布":统一的数据仓库,并不意味着库中的数据必须在物理上集中存储。恰恰相反,数据的灵活分布更容易保障数据仓库的灵活性和可扩展性。事实上,数据仓库既可以是在物理上集中的,也可以是在逻辑上集中而物理上是分布的,网络环境下更是如此。

2. 数据展现

在同一个企业或组织中,数据仓库的数据可以展现为下列几类不同的系统,以便为包括各级领导在内的不同用户服务。

(1) 主管信息系统(executive information system,EIS)面向企业的高层决策者,能提供界面丰富、定制容易的决策分析。

(2) 联机分析处理(OLAP)面向企业的中层领导和业务分析人员,能提供灵活、丰富的多维分析与查询,从不同的角度分析企业的运作情况,并对未来进行预测。

(3) 专门查询系统面向企业的业务分析人员,能从多个角度提供专门的查询。

(4) 灵活报表系统(reporting)面向报表制作人员,提供灵活的报表设计。

为了适合于网络环境,数据展现还可以采用客户机/服务器模式或浏览器模式。

3. 过程管理

数据仓库的建立通常要经历以下 5 步,即需求分析、概念模型设计、逻辑模型设计、物理模型设计、数据仓库生成。其整个过程与软件工程中过程开发的方法相似,不再赘述。

值得指出,由于数据仓库的建立是一个过程,它从建立简单的基本框架入手,不断地使整个系统丰富和完善。因此,在全过程中还须特别注意以下两点。

(1) 随着企业的业务发展,系统很可能产生新的需求。为了适应这种变化,数据仓库在建立过程中也须随之扩充和调整系统的需求。

（2）计算机技术发展迅速，建立数据仓库的工具和技术亦层出不穷。为确保企业在市场竞争中维持优势，最好在建立数据仓库的过程中采用"自上而下的总体设计，自下而上地实施"方法，使开发人员更容易做到随时引入新的工具和技术。

12.2.4 数据仓库建模

数据模型是对现实事物的抽象，它可以让我们更加清晰地了解客观世界。对于传统的 OLTP 系统，总是按照应用来建立它的模型。也就是说，OLTP 系统是面向应用的。而数据仓库是面向主题的，一般按照主题来建模。主题是一个在较高层次将数据进行归类的标准，每个主题基本对应一个宏观的分析领域，满足该领域决策的需要。例如，从整个家电零售业的角度考虑，其数据模型不再面向个别应用，而是面向整个家电零售业的主题，如客户、产品、员工、渠道等。主题的抽取按照分析的要求来确定。

关系数据库采用二维数据（记录和列）模型来组织数据，它们用于数据不多的实体，并且在这个数据模型下各个实体之间是对等的，但是在数据仓库中数据是按照主题来组织的。主题是一个在较高层次将数据进行归类的标准，每个主题基本对应一个分析领域，满足该领域决策的需要。

建设数据仓库项目必然会遇到数据仓库建模的问题，合理而完备的数据模型是用户业务需求正确的体现，是数据仓库实施成败的技术因素。因此，数据模型的创建能直接反映出业务需求，对系统的实施起着指导性的作用，是数据仓库的核心问题。在设计数据仓库模型时，不仅要考虑数据存储效率，同时也要考虑数据仓库系统查询性能、OLAP 分析性能和数据挖掘性能，并根据具体项目情况灵活调整。

1. 数据仓库中两种主要模型

目前两类主流的数据仓库模型分别是由 Inmon 提出的企业级数据仓库模型和由 Kimball 提出的多维模型。

Inmon 提出的企业级数据仓库模型采用第三范式（3NF），其设计数据仓库时必须首先考虑关系数据库的基本范式，其操作：先建立企业级数据仓库，再在其上开发各种具体的应用。按照这种模型设计数据仓库的优点是信息全面、系统灵活；缺点是系统建设过程长、周期长、难度大、复杂度高、风险大、容易失败。由于采用了第三范式，其数据表中属性不依赖于其他非主属性。因此，设计方案具有数据冗余度低、组织结构性好、业务主题反映突出等特点，但同时会存在大量的数据表、表之间的联系比较多、比较复杂、跨表操作多、查询效率较低、对数据仓库系统的硬件性能要求高等问题。

Kimball 提出的多维模型利用维和度量的概念来刻画数据。其过程如下：以维模型开发分析主题，在取得实际效果的基础上，再逐渐增加应用主题，循序渐进，积累经验，逐步建成企业级数据仓库。这种模型由于降低了范式化，以分析主题为基本框架来组织数据。这种模型的优点是查询速度效率高，报表速度快；缺点是存在大量的预处理，其建模过程相对来说就比较慢、繁杂，比如当业务问题发生变化时，原来维不能满足要求，必须增加新维从而产生一系列需要修改的问题。

上述两种模型通常单独使用,但是根据需要也可将它们混合到一起使用。

2. 多维建模(dimensional modeling)

数据仓库是为应用中某个主题服务、为数据分析服务的,其采用多维数据模型。多维数据建模以直观的方式组织数据,并支持高性能的数据访问。每一个多维数据模型由多个多维数据模式表示,每一个多维数据模式都是由一个事实表和一组维表组成的。为此,Ralph Kimball 在其著作 *The Data Warehouse Toolkit* 中阐述了多维建模方法。常用多维模型建模方法有星形模式、雪花模式、事实星座、标准/非标准化 E-R 图和聚集等级模式等。

1) 星形模式(star join schema)

星形模式由事实表(fact table)和维表(dimension table)组成。事实表位于星形中央,维表分布在星形的周围。事实表是用户最关心的基本实体和查询活动中心,为数据仓库的查询活动提供定量数据。每个事实表包含有大量数据的实体,用来存储事实的度量值和各个维的键值,从而完成某些指定的功能。维表位于星形的周围,它的作用是限制用户查询的结果,将数据过滤,从而使得从事实表查询返回较少的数据集,因此缩小了访问范围,提高了查询效率。事实表和维表通过关键字相关联。

图 12.4 给出某家电零售业销售的星形模式的一个例子。从四维考虑销售,分别是时间、商品、零售店和仓库。该模式包含一个中心事实表销售事实,位于星形连接的中央。它是被大量载入数据的实体。在其周围分别是时间、商品、零售店、仓库等实体。这些实体产生的数据量不大。销售事实表包含了销售事实独有的数据标识,也包含了销售本身的独有数据,还包含一些指向其周围维表的外键。

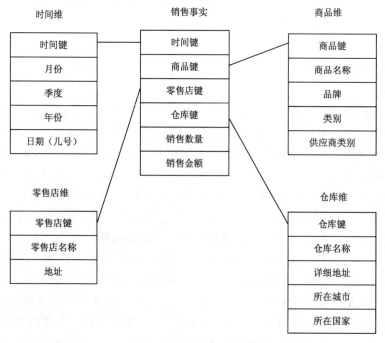

图 12.4　多维数据的星形模式

在星形模式中,每维只用一个表表示,而每个表包含一组属性。例如,维表仓库维包含属性集仓库键、仓库名称、详细地址、所在城市、所在国家。从符合关系模式规范讲,这个设计是有冗余的。这也是星形模式与 OLTP 系统中的关系模式的基本区别。使用星形模式是为提高查询的效率。因为数据仓库中主要数据集中事实表中,扫描事实表就可以进行查询,而不必把多个庞大的表连接起来,查询访问效率较高。此外,由于维表一般都很小,与事实表作连接时其速度较快。

2) 雪花模式(snowflake schema)

对于内部层次复杂的维,纯粹使用星形模式是不能够表达的,在此基础之上产生了很多星形模式的变种,如星系模式、星座模式、二级维表和雪花模式。在这些模式中,以雪花模式为最好,因此在此仅介绍雪花模式。雪花模式是对星形模式维表的进一步层次化,将某些维表扩展成事实表(能够存储大量事实数据),这样操作有以下优点:满足不同用户的查询;源数据的综合,从而提高了查询功能。

雪花模式与星形模式的主要区别在于,雪花模式维度表是基于范式理论的,因此是介于第三范式和星形模式之间的一种设计模式,通常是部分数据组织采用第三范式的规范结构,部分数据组织采用星形模式的事实表和维表结构。在某些情况下,雪花模式的形成是由于星形模式在组织数据时,为减少维表层次和处理多对多关系而对数据表进行规范化处理后形成的。此外,由于执行查询需要更多的连接操作,雪花模式可能降低浏览的性能。这样,系统的性能可能会受到影响。因此尽管雪花模式减少了冗余,但是在数据仓库设计方案中,雪花模式不如星形模式流行。

图 12.5 给出某家电零售业销售的雪花模式的一个例子。对比图 12.4 和图 12.5 可

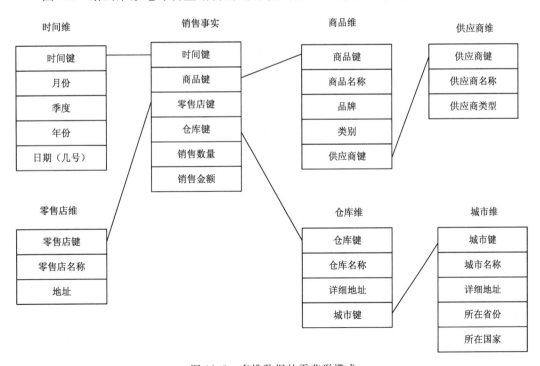

图 12.5　多维数据的雪花形模式

知,雪花模式和星形模式的事实表相同,两个模式不同的是维表的定义。星形模式中商品维/仓库维的单个维表在雪花模式中规范化,导致新的维表产生,如商品维、供应商维、仓库维、城市维。此外,如果需要可以把城市维中所在省份、所在国家进一步规范化。

　　3) 事实星座模式(fact constellation)

　　对于数据仓库建模过程中需要针对某些复杂的应用,星形模式或雪花形模式也不能满足需要,因此提出了事实星座模式。它是星形模式的直接扩充,为了表示多个事实间的关系,可以共享多个维,这些共享维对每个拥有它的事实表来说都具有相同的意义。将多个星形模式连接在一起构成一种新的模式,称为星座模式,或称为事实星座形模式。图 12.6 是一个事实星座模式的例子。它说明了两个事实表和维表之间的关系,从中可以知道,事实星座模式允许事实表共享维表。

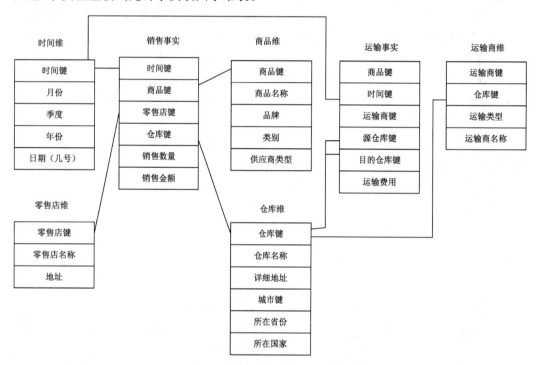

图 12.6　多维数据的事实星座模式

12.3　数据仓库的应用

　　数据仓库集中了巨大的数据集,但如果缺乏有效的应用手段,反而可能把它变成一所数据监狱。本节将简述数据仓库的两种应用途径之一,即联机分析处理。

12.3.1　联机分析处理介绍

　　从联机事务处理到联机分析处理,数据库的应用发生了深刻的变化。在关系数据库系统中,数据存储量由 20 世纪 80 年代的兆字节(MB)到千兆字节(GB),迅速扩展为当前的兆兆(TB)和千兆兆(PB)字节(即由 $10^6 \sim 10^9$ B 上升至 $10^{12} \sim 10^{15}$ B),基本上可满足日益增长的联机事务处理的需求。但如果面对系统的几千万条记录,仍然用传统方法进行"数据分析和信息汇总",单靠关系数据库就无能为力了。于是,一种新型的数据库系统——数据仓库应运而生。以这一新技术为依托,辅之以不断增强的 OLAP 工具,OLAP 终于脱胎而出,与 OLTP 分道扬镳了。

在决策支持的过程中,数据仓库(data warehouse,DW)和联机分析处理(online analytical processing,OLAP)系统被广泛应用。数据仓库为用户提供了一种有利于表达复杂查询的数据组织方式,同时这种数据组织方式确保了查询的效率和正确性。OLAP 系统常被用于查询和分析数据仓库中的数据,其多维数据集和数据聚集技术可以根据分析人员的需求,迅速、灵活地对大量数据进行复杂的查询处理,并以直观、容易理解的形式将查询结果提供给各类决策人员。针对某公司财务报告分析的问题研究,专家们结合数据仓库和 OLAP 技术设计出从账目数据到分析报告的完整信息处理过程,包括数据仓库与多维数据集的设计和构建以及数据的展示和分析。运用多维化和层次化的数据组织形式来解决多角度分析和数据详略需求的问题,针对复杂的会计科目结构,提出了采用父子维度来实现科目维度的多层次的数据分析。

1. 多维分析

数据仓库中的数据,总是以多维(multi-dimension)的形式组织起来的。如果对它们采取切片(slicing)、切块(dicing)等操作进行数据分析,即可使用户从多个角度、对数据仓库中的数据展开多侧面的观察,达到深入理解数据中内涵信息的目的。

通俗地说,"维"可以理解为"观察数据的角度"。通过"维"的精心设计,可以使数据仓库更方便地反映现实世界。维还可分为层次,如时间维可分为年、季、月、日等层次。

设想一个按地区、产品、时间三个维来考察营业额的数据仓库。如果已经选定了某个地区的某种产品,就可在数据仓库中获得由该地区、该产品共同决定的二维数据子集,这时若另外在时间维上再选定一个时间"2017 年 10 月",就可得到在特定的地区与产品这两个维上的一个切片。假如在时间维上的取值是一个区间"2017 年 10 月至 2017 年 11 月",就可以得到一个数据切块了。

2. ROLAP 和 MOLAP

ROLAP 和 MOLAP 代表联机分析处理的两种类型,即关系(relational)OLAP 和多维(multi-dimensional)OLAP。从本质上来说,数据仓库的数据都具有多维的特征。面对越来越庞大的数据量,如何使它们在数据分析与查询中继续保持合理的响应时间? 为此,ROLAP 和 MOLAP 在数据结构、应用工具及分析操作上都采取了不同的做法。现分述如下。

1) ROLAP

ROLAP 是以关系型数据仓库为核心的决策支持系统。众所周知,关系数据库系统是采用二维关系表来表达数据之间关系的。但关系型数据仓库可以扩充为多维结构,

图 12.7 显示了它的三维结构示意图。由图可见,该结构包含了两类表:一类用于存放多维结构的各个维,称为"维表";另一类用于存储分析所得的度量值(measures),称为"事实表"。事实表通过各个维的键值同维表相联系,显而易见,这类结构具有良好的安全性和可扩展性,不受维数、数据量和用户数的限制。通常称这类结构为星形模型(star schema)。

例如,分析某集团公司的主产品在各个直辖市的营业额。其中时间按季(Q1～Q4)计算,营业额单位为人民币万元,如图 12.8 所示。

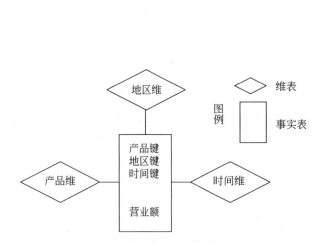

地区	时间	营业额/元
北京	Q1	2972
北京	Q2	3044
北京	Q3	3058
北京	Q4	3129
上海	Q1	4355
上海	Q2	4824
上海	Q3	5622
上海	Q4	4563
天津	Q1	2726
天津	Q2	2322
天津	Q3	2564
天津	Q4	2312
重庆	Q1	1234
重庆	Q2	1348
重庆	Q3	1598
重庆	Q4	2031

图 12.7 星形模型结构示意图　　图 12.8 关系数据库的二维关系表

从题意可知,本例中的产品已特定为公司的主产品,如电视机。在上述关系表的三个列中,地区键、时间键各占一列,营业额也占一列。如果查询某城市某季度的营业额是多少,可直接从二维表获得结果。但假如查询每个市的全年营业额或季度平均营业额,就需要先找出若干个数据,然后将它们"聚集"起来。显然,让 RDBMS 在一次查询中完成这些计算和操作,需要耗费相当多的时间。如果把地区维扩充到包含全国的数十个省会城市,耗费的时间将更多,有可能超出合理的响应时间。这就是 ROLAP 方法的限制。

2) MOLAP

MOLAP 也称 MDOLAP,它是多维联机分析处理的简称。鉴于数据仓库中的数据本质上具有多维的特征,它一开始就以多维矩阵的形式来组织数据和显示数据。仍举刚才的例子,由产品、地区和时间三个维构成的三维结构,可以表示为数据的立方体(cube),立方体的每个面为一维,如图 12.9 所示。

在图 12.9 所示的立方体中,图 12.8 所示的二维表由原来的 3 列变成 2 列,"地区"列

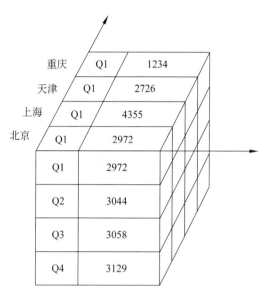

图 12.9　用立方体表示三维数据仓库的示例

变换为"地区"维。不仅更加直观,而且消除了 ROLAP 查询中必需的多表连接,从而加快了查询的速度。

不言而喻,多维结构并不局限于三维。大于三维的对象,一般用超立方体(或立方体的立方体)来表示。详细的讨论因涉及较多数学知识,不属于本书范围。这里仅说明两点。

(1) 采用"聚集"处理。维数增加时,立方体的数量将急剧增加。因此多维查询大多数采用汇总和高层的数据,即在各维上预先计算出逻辑小计和总计数据(称为"预聚集"),以加快查询的执行。

(2) 采用压缩矩阵。多维数据仓库常采用矩阵来存储。由于矩阵中通常存在许多"空"值或重复值的单元,因此在 MOLAP 服务器中把稠密数据和稀疏数据分开,并以压缩的方式存储数据,不仅可极大地减小数据仓库的容量,而且减少了所需的计算量。

由此可见,一个预聚集,一个稀疏矩阵管理,从时间和空间上改善了 MOLAP 的性能,与此同时,也向 MOLAP 服务器的功能提出了更高要求。

3. OLAP 工具

从以上讨论可见,同 OLTP 相比,OLAP 的理论与操作都要复杂得多。幸运的是,OLAP 为用户提供了各种工具,极大地方便了用户的使用。

1993 年,关系数据库的创始人 E. F. Codd 就制订了选择 OLAP 工具的 12 条原则,包括支持企业的多维模型视图、支持 C/S 结构的应用、数据源透明性(数据源的差异对用户透明,无论是同构还是异构)、性能稳定性(维数或数据量增大时,关键数据的计算和响应时间不会改变)、各维等同性(在各个维上的操作能力等价,不偏向任何维)、维数无限性(最多可支持 15 个维,维的聚集层次不受限制)、支持动态稀疏矩阵处理等。随着数据仓库的应用,OLAP 工具也发展为 ROLAP、MOLAP 与 MQE(管理的查询环境)三大类。

需要注意的是,随着可视化设计的流行,OLAP 工具日益强烈地反映了"可视化"的倾向。也就是说,用户可应用这些工具帮助自己建立"可视化"的分析模式。举例如下。

(1) 柱图、饼图、线图:可用来反映企业的营业额、销售趋势。

(2) 区域分布图:可用来显示事件的发生频率。

(3) 三维全景图:可综合各个维上的多个因素来反映问题。

(4) 地理图:直接选取地图上的某一地区,显示该地区的相关信息。

(5) 决策树和级次图:前者可用于显示逻辑上涉及的各种决策,后者可用于显示相关维的粒度等。

4. 查询与报表

如上所述,OLAP 用户的需求是十分广泛的。从图表到图形,从专门分析到标准报表,直到基于 Web 的查询与浏览应有尽有。OLAP 应该全方位地满足用户的这些需求。

但是,怎样使数据仓库的投资获得快速的回报,始终是企业领导应该考虑的根本问题。企业用数据仓库查询数据,在 OLAP 服务器中对检索到的数据进行分析,最终还须用报表显示出来。报表生成虽位于 OLAP 的后端,但毕竟在很大程度上反映了 OLAP 的分析结果。

因此,如何实现报表的智能化,用最短的时间和精力以及最小的曲折获得最恰当的信息,理所当然地成为报表设计者要研究解决的首要问题。

12.3.2 OLAP 和 OLTP 的区别

数据处理大致可以分成两大类,即联机事务处理 OLTP 和联机分析处理 OLAP。OLTP 是传统的关系型数据库的主要应用,主要是基本的、日常的事务处理,如银行交易。OLAP 是数据仓库系统的主要应用,支持复杂的分析操作,侧重决策支持,并且提供直观易懂的查询结果。

OLTP 系统强调数据库内存效率、强调内存各种指标的命令率、强调绑定变量、强调并发操作;OLAP 系统则强调数据分析、强调 SQL 执行市场、强调磁盘 I/O、强调分区等。

OLTP 与 OLAP 之间的比较见表 12.3。

表 12.3 OLTP 和 OLAP 的比较

比较项	OLTP	OLAP
用户	操作人员,低层管理人员	决策人员,高级管理人员
功能	日常操作处理	分析决策
DB 设计	面向应用	面向主题
数据	当前的,最新的,细节的,二维的,分立的	历史的,聚集的,多维的,集成的,统一的
存取	通常一次读/写数十条记录	可能读/写百万条以上记录
工作单元	简单的事务	复杂的查询
用户数	成千上万个	可能只有几十或上百个
时间要求	具有实时性	对时间的要求不严格
主要应用	数据库	数据仓库

小结

从传统的数据库到数据仓库,数据处理技术经历了巨大的变化。传统的数据库系统执行以事务处理为主要内容的操作型处理,而数据仓库系统执行的是以分析决策为主要内容的分析型处理。前者以企业的现有数据为对象,对数据库的记录可随时进行查询、修改、插入、删除等操作。后者不仅要访问现有的数据,而且要访问历史数据,甚至要提供竞争对手的相关数据。如果在传统的关系数据库系统中同时进行 OLTP 与 OLAP,则一方面两者的处理时间悬殊(事务处理对用户操作的响应时间一般很短,而 DSS 应用程序有时会连续运行几个小时);另一方面数据的集成状况也大相径庭(DSS 使用集成或聚集的数据,而企业内部的数据一般是分散而不是集成的),无法兼顾双方的需求,所以最终导致分道扬镳。

作为决策分析的数据源,数据仓库可以定义为面向主题的、集成的、不可更新而又与时俱进的数据集合。不可更新是因为数据仓库的数据仅供用户查询和分析,不像事务处理那样经常对数据进行修改,所以进入仓库的数据一般是稳定和不可更新的。与时俱进主要是指仓库中的数据将随着时间的变化不断地重新综合,随时可能增加新的综合数据,删去过时的综合数据。因此这 4 条定语实际上阐明了数据仓库的 4 个特点。

但是,建立数据仓库的目的归根结底是为了应用。本章主要介绍的是数据仓库的概述以及 OLAP 的应用,都是比较基础的,作为非计算机专业的本科学生,读者只需要了解它们的基本概念和发展趋势就可以了,不必深究,对于很感兴趣的学生,可以查阅其他的书籍。

习题

1. 选择题

(1) 数据仓库的特点不包括(　　)。

    A. 易失的　　　　　　　　　　　B. 集成的

    C. 面向主题的　　　　　　　　　D. 随时间变化的

(2) OLAP 的含义是(　　)。

    A. 面向对象分析处理　　　　　　B. 面向过程分析处理

    C. 联机事务处理　　　　　　　　D. 联机分析处理

(3) 以下关于 OLAP 和 OLTP 的叙述中,错误的是(　　)。

    A. OLTP 事务量大,但事务内容比较简单且重复率高

    B. OLAP 的最终数据来源与 OLTP 是完全不一样的

    C. OLAP 面对的是决策人员和高层管理人员

    D. OLTP 以应用为核心,是应用驱动的

2. 填空题

(1) 数据仓库就是一个面向＿＿＿＿、＿＿＿＿、随时间变化的、但信息本身相对稳定的数据集合。

(2) 数据仓库在制造业信息化中的两大作用：分别是＿＿＿＿和＿＿＿＿。

(3) ROLAP 是以＿＿＿＿为核心的决策支持系统，而 MOLAP 是以多维矩阵的形式来组织数据和显示数据。

3. 简答题

(1) 什么是数据仓库？

(2) 数据仓库的四大基本特征是什么？

(3) 数据库系统与数据仓库系统的主要区别是什么？

(4) 规划和实现数据仓库的基本方法有哪些？

(5) 联机分析处理 OLAP 有哪两种类型？OLAP 工具有哪几类？

(6) OLAP 的主要特征是什么？

第13章 数据挖掘相关技术

一种流行的说法是"我们生活在信息时代",实际上我们生活在"数据时代"。每时每刻,来自商业、社会、科学和工程、医学以及我们日常生活的方方面面的数据不断产生,并注入计算机网络、万维网和各种数据存储设备。随着数据库技术的迅速发展以及数据管理系统的广泛应用,海量数据被收集和存储。激增的数据背后隐藏着许多重要的信息,人们希望能够对其进行更高层次的分析,以便更好地利用这些数据。目前的数据库管理系统虽然可以高效地实现数据的录入、查询、统计等功能,但无法发现数据中存在的关系和规则,也无法根据现有的数据预测未来的发展趋势。快速增长的海量数据收集、存放在大型的数据库中,没有强有力的工具,理解它们已经远远超出了人的能力,形成了"数据丰富,但信息贫乏"的现状。数据的丰富带来了对强有力的数据分析工具的需求,基于此,数据挖掘(data mining,DM)和数据库中知识发现(knowledge discovery in database,KDD)被提出来,并得到了深入研究和快速发展。

13.1 数据挖掘的定义

数据挖掘是一种信息处理技术,主要针对数据库中的大量业务数据进行抽取、转换、分析和模型化处理,从中提取辅助决策的关键性数据。从技术角度,数据挖掘就是从大量的、不完全的、有噪声的、模糊的、随机的实际应用数据中提取隐含在其中的、人们事先不知道的、但又是潜在有用的信息和知识的过程。简单地说,就是从存放在数据库、数据仓库或其他信息库的大量数据中提取或挖掘用户感兴趣的、可接受、可理解、可运用的知识的过程。

数据挖掘是一种深层次的数据分析方法。它发现的知识可以用于决策、过程控制、信息管理、查询处理等。数据挖掘涉及多学科领域,从中汲取营养。这些学科包括数据库技术、人工智能、机器学习、神经网络、统计学、模式识别、知识库系统、知识获取、信息检索、高性能计算和数据可视化等。因此,数据挖掘被信息产业界认为是数据库系统最重要的前沿之一,是信息产业最有前途的交叉学科。

13.2 数据挖掘技术

数据挖掘涉及多个学科,主要包括数据库、统计学和机器学习三大技术。利用数据挖掘技术进行数据分析常用的方法有关联分析、分类和预测、聚类、回归分析、特征、变化和偏差分析、Web页挖掘等,它们分别从不同的角度对数据进行挖掘。下面着重讨论关联分析、分类和预测、聚类、孤立点检测。

13.2.1 关联分析

世间万物的事情发生多多少少会有一些关联。一件事情的发生很可能会引起另一件事情的发生;或者说,这两件事情很多时候很大程度上会一起发生。人们通过发现这个关联的规则,可以由一件事情的发生推测出另一件事情的发生,从而更好地了解和掌握事物的发展和动向等。

关联分析是一种简单、实用的分析技术,是从一大堆真实数据中发现事物之间可能存在的关联规则,它是数据挖掘中的一个很重要技术。

1. 关联规则的相关概念

1)项目(item)和项集(itemset)

交易数据库中不可分割的最小单位信息称为项目,用符号 i 表示。项目的集合称为项集 I。设 $I=\{i_1, i_2, \cdots, i_k\}$ 是 k 个不同项目的集合,则集合 I 称为 k-项集(k-itemset)。

对于表 13.1 所示的交易数据库,每个商品就是一个项目,即 i_1=乒乓拍、i_2=乒乓球、i_3=篮球、i_4=运动鞋、i_5=运动衣,其商品的项集为

$$I=\{乒乓拍,乒乓球,篮球,运动鞋,运动衣\}$$

项集 I 中包含 5 个项目,则称为 5-项集。

表 13.1 体育用品交易数据库

交易号 TID	顾客购买的商品	编码后的商品列表
T1	乒乓拍,乒乓球	i_1, i_2
T2	乒乓拍,乒乓球,运动鞋	i_1, i_2, i_4
T3	乒乓拍,乒乓球	i_1, i_2
T4	乒乓拍,运动鞋	i_1, i_4
T5	乒乓球,运动衣	i_2, i_5
T6	乒乓球,运动鞋	i_2, i_4
T7	篮球,运动衣	i_3, i_5
T8	乒乓拍,乒乓球,运动鞋,运动衣	i_1, i_2, i_4, i_5
T9	乒乓拍,乒乓球,运动衣	i_1, i_2, i_5
T10	运动鞋,篮球,运动衣	i_3, i_4, i_5

2)事务(transaction)T

交易数据库 D 中的每笔交易称为一个事务,它是项集 I 上的一个子集,即 $T \subseteq I$。每一个事务有一个标识符,称为 TID。交易数据库 D 中包含的交易个数(即事务数)记为 $|D|$。

表 13.1 所示的交易数据库包含 10 笔交易,则 $|D|=10$;交易号 $T1$ 是一个 2-项集{乒乓拍,乒乓球},是所有商品的项集 $I=\{乒乓拍,乒乓球,篮球,运动鞋,运动衣\}$ 的一个子集。

3)项集的支持度和频繁集

对于项集 $A(A \subseteq I)$,在交易数据库 D 中出现的次数占 D 中总交易量的百分比叫作项集 A 的支持度。它是 I 出现的概率,反映的是 A 的重要性。如果项集 A 的支持度超过

了用户给定的最小支持度阈值($\sup_{\min}$),就称 A 为频繁集。

【例 13.1】 设用户定义的最小支持度分别为 0.3 和 0.6,判断项集 $A=\{$乒乓拍,乒乓球$\}$是否为频繁集。

【解】 从表 13.1 可以看出,2-项集 $A=\{$乒乓拍,乒乓球$\}$出现在 $T1$、$T2$、$T3$、$T8$ 和 $T9$ 中,$\mathrm{count}(A)=5$,总交易个数$|D|=10$,则 A 项集的支持度为

$$\mathrm{support}(A)=\frac{\mathrm{count}(A)}{|D|}=\frac{5}{10}=\frac{1}{2}=0.5$$

结论:①若最小支持度为 0.3,则 $A=\{$乒乓拍,乒乓球$\}$为 2-频繁集;②若最小支持度是 0.6,则 A 为非频繁集。

4)关联规则

关联规则可以表示为一个蕴涵式,即

$$R:A \rightarrow B$$

其中 $A \subset I$(A 是 I 的子集),$B \subset I$(B 是 I 的子集),$A \cap B=\varnothing$(A 和 B 的交集为空)。这一规则表示如果项集 A 在某一交易中出现,则会导致项集 B 以某一概率同时出现在这一交易中。A 为规则的条件,B 为规则的结果。

例如,规则 R_1:$\{$乒乓拍$\} \rightarrow \{$乒乓球$\}$,规则 R_2:$\{$乒乓拍,乒乓球$\} \rightarrow \{$运动鞋$\}$,都可能是用户感兴趣的运动规则。判断某规则是否是用户感兴趣的,可通过关联规则的支持度和可信度这两个标准来衡量。

5)关联规则的支持度和可信度

关联规则的支持度是指事务集中同时包含 A 和 B 的事务数与总事务数之比,记为 $\mathrm{support}(A{\rightarrow}B)$,即

$$\mathrm{support}(A \rightarrow B)=\frac{\mathrm{count}(A \bigcup B)}{|D|}$$

关联规则的可信度是指事务集中包含 A 和 B 的事务数与包含 A 的事务数之比,记为 $\mathrm{confidence}(A{\rightarrow}B)$,即

$$\mathrm{confidence}(A \rightarrow B)=\frac{\mathrm{support}(A \rightarrow B)}{\mathrm{support}(A)}$$

【例 13.2】 计算规则 R_1:$\{$乒乓拍$\} \rightarrow \{$乒乓球$\}$和规则 R_2:$\{$乒乓拍,乒乓球$\} \rightarrow \{$运动鞋$\}$的支持度和可信度。

【解】

$$\mathrm{support}(R_1)=\mathrm{support}(\{\text{乒乓拍},\text{乒乓球}\})=\frac{5}{10}=\frac{1}{2}=0.5$$

$$\mathrm{support}(R_2)=\mathrm{support}(\{\text{乒乓拍},\text{乒乓球},\text{运动鞋}\})=\frac{2}{10}=0.2$$

$$\mathrm{confidence}(R_1)=\frac{\mathrm{support}(\{\text{乒乓拍},\text{乒乓球}\})}{\mathrm{support}(\{\text{乒乓拍}\})}=\frac{5/10}{6/10}=\frac{5}{6}$$

$$\mathrm{confidence}(R_2)=\frac{\mathrm{support}(\{\text{乒乓拍},\text{乒乓球},\text{运动鞋}\})}{\mathrm{support}(\{\text{乒乓拍},\text{乒乓球}\})}=\frac{2/10}{5/10}=\frac{2}{5}$$

【结果】 规则 R_1:$\{$乒乓拍$\} \rightarrow \{$乒乓球$\}$的支持度和可信度分别为 0.5 和 0.83,规则 R_2:$\{$乒乓拍,乒乓球$\} \rightarrow \{$运动鞋$\}$的支持度和可信度分别为 0.2 和 0.4。

2. 关联规则挖掘过程

关联规则挖掘则是从事务集合中挖掘出满足支持度和可信度最低阈值要求的所有关联规则,这样的关联规则也称为强关联规则。

关联规则挖掘过程分为以下两步。

(1) 找出所有频繁项集。通过用户给定的最小支持度寻找所有频繁项集,即满足最小支持度阈值的所有项目子集。

(2) 利用频繁项集生成所需要的关联规则,根据用户设定的最小可信度阈值筛选出强关联规则。

在上述步骤中,第(2)步是在第(1)步的基础上进行的,故挖掘关联规则的总体性能由第(1)步决定。

13.2.2 分类和预测

1. 基本概念

分类(classification)和预测(prediction)是数据挖掘中的两种数据分析形式,可以用于提取描述重要数据类的模型或预测未来的数据趋势。分类是预测分类标号,而预测建立连续值函数模型。

分类是构造模型对样本的类标号进行预测,而预测则是构造和使用模型评估无标号样本,或评估给定样本可能具有的属性值或值区间。基于此,也可以把分类和回归作为两类主要预测问题。其中,分类是预测离散或标称值,回归用于预测连续或有序值。但学术界最为广泛接受的观点仍为预测类标号为分类、预测连续值为预测。

2. 决策树

决策树方法在分类、预测、规则提取等领域有着广泛的应用。决策树是一树状结构,它的每一个叶节点对应着一个分类,非叶节点对应着在某个属性上的划分,根据样本在该属性上的不同取值将其划分成若干个子集。对于非纯的叶节点,多数类的标号给出达到这个节点的样本所属的类。构造决策树的核心问题是在每一步如何选择适当的属性对样本做拆分。

3. 贝叶斯分类

贝叶斯分类是统计学分类方法,可以预测类成员关系的可能性,如给定样本属于一个特定类的概率。贝叶斯分类基于贝叶斯定理,各种分类算法的比较研究发现,朴素贝叶斯分类的效果甚至可以与判定树和神经网络分类算法相媲美,即便对于大型数据库,也能获得较高的分类效率和准确率。

4. 神经网络

神经网络是涉及生物、电子、计算机、数学和物理等学科,具有广泛应用背景的交叉学科。神经网络最早是由心理学家和神经学家提出的,旨在寻求开发和测试神经的计算模拟。粗略地说,神经网络是一组连接的输入输出单元,其中每个连接都与一个权值相连。在学习阶段,不断调整神经网络的权,通过使其能够正确预测输入样本的类标号来学习。

从机器学习的角度,神经网络是相对于符号主义学习算法的连接主义机器学习方法。神经网络可以很容易地解决具有上百个参数的问题,在数据挖掘中常用于解决两类问题,即分类和回归。具有代表性的神经网络模型包括前馈型网络、输入输出有反馈的前馈型网络、前馈内层互联网络以及反馈型全互联网络。

在结构上,可以把一个神经网络划分为输入层、输出层和隐含层,输入层的每个节点对应一个个的预测变量。输出层的节点对应目标变量,可有多个。在输入层和输出层之间是隐含层,隐含层的层数和每层节点的个数决定了神经网络的复杂度。除了输入层的节点,神经网络的每个节点都与很多它前面的节点(称为此节点的输入节点)连接在一起,每个连接对应一个权重,此节点的值就是通过它所有输入节点的值与对应连接权重乘积的和作为一个函数的输入而得到的,该函数称为挤压函数。

调整节点间连接的权重就是建立(也称为训练)神经网络时要做的工作。常用的权重调整方法包括错误回馈法、变化坡度法、类牛顿法、Levenberg-Marquardt法和遗传算法等。无论采用哪种训练方法,都需要有一些参数来控制训练的过程,防止训练过度以及控制训练速度。

决定神经网络拓扑结构(或体系结构)的是隐含层及其所含节点的个数,以及节点之间的连接方式。要设计一个神经网络,必须要决定隐含层和节点的数目以及挤压函数的形式和对权重的限制等。在诸多类型的神经网络中,最常用的是前馈神经网络,如图13.1中所描绘的那种,由于前馈神经网络多采用反向传播学习(back propagation learning algorithm,BP)算法进行训练,有时也称为BP网络。

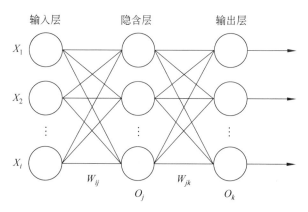

图 13.1 多层前馈神经网络示意图

神经网络具有自适应、自组织和自学习能力,以及非线性、非局部性、非凸性等特点。神经网络的优点包括对噪声数据的高承受能力以及对未经训练的数据分类模式的能力。神经网络的模型需要经过长时间的训练,并且需要大量的经验参数,这使得神经网络不适合高效率及高精度的计算。

5. k-近邻算法

k 近邻(k-nearest neighbor, kNN)分类算法是一个理论上比较成熟的方法,也是最简单的机器学习算法之一,1968 年由 Cover 和 Hart 提出。该方法的思路是:如果一个样本在特征空间中的 k 个最相似(即特征空间中最邻近)的样本中的大多数属于某一个类别,则该样本也属于这个类别。kNN 算法中,所选择的邻居都是已经正确分类的对象。该方法在分类决策上只依据最邻近的一个或者几个样本的类别来决定待分样本所属的类别。

k-近邻分类是一种懒散学习法,它存放所有的训练样本,并且直到新的(未标记的)样本需要分类时才建立分类。当与给定的无标号样本比较的可能的邻近者(即存放的训练样本)数量很大时,这种懒散学习法可能导致很高的计算开销。因而需要有效的索引技术对样本数据进行管理。懒散学习法在训练时速度比较快,但在分类时却比较慢,因为所有的计算都推迟到那时。与判定树归纳和后向传播不同,最邻近分类对每个属性指定相同的权。当数据中存在许多不相关属性时可能导致混淆。

6. 预测

预测与分类的不同之处在于,预测是建立连续值模型。连续值的预测可以用回归统计技术建模。许多预测问题可以用线性回归解决。

线性回归是最简单的回归形式,采用直线建模。

多元回归是线性回归的扩展,涉及多个预测变量。

非线性回归用于对不呈现线性特性的数据建模,通过在基本线性模型上添加多项式项,多项式回归可以用于建模。通过对变量进行变换,可以将非线性模型转换成线性的,然后用最小二乘法求解。

广义线性模型提供了将线性回归用于分类响应变量的理论基础。对数线性模型近似离散的多维概率分布,可以使用它们估计与数据方单元相关的概率值。除预测之外,对数线性模型还可以用于数据压缩和数据平滑。

13.2.3 聚类

俗话说:"物以类聚,人以群分",在自然科学和社会科学中,存在着大量的分类问题。所谓类,通俗地说,就是指相似元素的集合。聚类分析起源于分类学,在古老的分类学中,人们主要依靠经验和专业知识来实现分类,很少利用数学工具进行定量分类。随着人类科学技术的发展,对分类的要求越来越高,以致有时仅凭经验和专业知识难以确切地进行分类,于是人们逐渐地把数学工具引用到了分类学中,形成了数值分类学,之后又将多元分析的技术引入到数值分类学形成了聚类分析。

聚类是将数据对象分组成为多个类或簇(cluster),同一簇中的对象之间具有较高的相似度,而不同簇中的对象差别较大。衡量对象之间关系的相异度是基于描述对象的属性值来计算的。距离是较为常用的度量方式。与分类不同,聚类分析处理的数据对象的类是未知的,因此在机器学习领域,聚类被归为无指导学习。与有指导学习(如分类)相比,无指导学习不依赖预先定义的类和训练样本。因此,聚类是观察式学习,而不是示例式学习。

按照聚类的标准,聚类方法可分为以下两种。

(1) 统计聚类方法。统计聚类方法基于对象之间的几何距离。该聚类方法是一种基于全局比较的聚类,需要考察所有的个体才能决定类的划分。因此,要求所有的数据必须事先给出,不能动态地增加新的数据对象。

(2) 概念聚类方法。概念聚类方法基于对象具有的概念进行聚类。在概念聚类中,当一组对象可以被一个概念描述时,则形成一个簇。概念聚类不同于传统聚类,它由两部分组成:①发现合适的簇;②形成对每个簇的描述。

在数据挖掘领域,聚类研究主要集中在为大规模数据库设计高效实用的聚类算法。研究热点主要集中在聚类方法的可伸缩性,对复杂形状和类型数据的有效性,高维聚类分析技术,以及针对大规模数据库中混合数值和分类数据的聚类方法。下面简单介绍几种主要的聚类方法,包括划分法、层次法、基于密度的方法、基于网格的方法。

1. 划分法

划分法是最基本的聚类方法。给定一个由 n 个记录或元组组成的数据库,以及要生成的簇的数目 k,划分法就是构建数据的 $k(k \leqslant n)$ 个分组,每个分组表示一个聚类。而且这 k 个分组满足以下要求:①每个分组至少包含一个记录;②每个记录必须属于且只属于一个分组。对于给定的 k,首先创建一个初始分组,然后采用反复迭代的方法改变分组,使得每一次改进之后的分组方案都较前一次好。好的分组准则是:在同一个分组中记录之间的距离越近越好,而不同分组中记录之间的距离越远越好。

2. 层次法

层次法对给定的数据集进行层次分解,直到某种条件满足为止。它又可分为凝聚的(即自底向上)和分裂的(即自顶向下)两种。

凝聚(agglomerative)的层次聚类:该方法采用的是自底向上的层次分解策略,首先将每个记录作为一个组,然后合并这些原子组为越来越大的组,直到所有的记录都在一个组中为止,或者某个终结条件被满足。绝大多数层次聚类方法属于这一类,不同之处只是在于组间相似度的定义。

分裂(divisive)的层次聚类:该方法采用自顶向下的策略,首先将所有记录置于一个组中,然后逐渐细分为越来越小的组,直到每个记录自成一组,或者达到了某个终结条件。例如,达到了某个希望的组数,或者两个最近的组之间的距离超过了某个阈值。

层次法可以是基于距离的,也可以是基于密度或连通性的。

3. 基于密度的方法

基于密度的聚类方法的提出主要是为了发现任意形状的聚类。这类方法将组看作是数据空间中由低密度区域分割开的高密度对象区域。这个方法的指导思想就是,只要一个区域中的点的密度大过某个阈值,就把它加到与之相近的聚类中去。

4. 基于网格的方法

基于网格的聚类方法采用一个多分辨率的网格数据结构,将空间量化为有限数目的单元,这些单元形成了网格结构,所有的聚类操作都在网格上进行。这种方法的主要优点是处理速度快,其处理时间独立于数据对象的数目,仅依赖于量化空间中每一维上的单元数目。

13.2.4 孤立点检测

孤立点(outlier)是数据库中与其他部分不同或不一致的数据对象,它们不符合数据的一般模型,是一类比较特殊的数据。孤立点可能是由于度量或执行错误所导致的,也可能是固有数据变异的结果。

许多数据挖掘算法把孤立点看作噪声,试图排除他们或使其影响最小化。但事实上,孤立点本身可能是非常重要的,去除孤立点可能导致重要的隐藏信息的丢失。例如,在欺诈探测中,孤立点可能恰恰预示着欺诈行为。因此,探测和分析孤立点也是数据挖掘的任务之一,通常被称为孤立点挖掘。

孤立点挖掘可以描述如下:给定一个包含 n 个数据点或对象的集合及预期的孤立点的数目 k,挖掘和发现与剩余的数据相比是相异的、例外的或不一致的头 k 个对象,即为孤立点。该问题包含两个子问题:①定义在给定的数据集合中什么样的数据是不一致的;②找到一个有效的方法来找到这样的孤立点。

孤立点检测方法主要分为三类,即统计学方法、基于距离的方法和基于偏移的方法。

统计的方法对给定的数据集合假设了一个分布或概率模型(如正态分布),然后根据模型采用不一致性检验来确定孤立点。该检验要求数据集参数(如假设的数据分布)、分布参数(如平均值和方差)和预期的孤立点的数目。

基于统计学方法的孤立点检测的主要缺点是绝大多数方法是针对单个属性的,而实际应用中许多数据挖掘问题要求在多维空间中发现孤立点。而且,统计学方法要求事先知道关于数据集和参数的知识,如数据分布。但通常情况下,这些信息是未知的。统计学方法不能确保所有的孤立点被发现。

基于距离的孤立点检测定义如下:如果数据集合 S 中对象至少有 p 部分与对象 o 的距离大于 d,则对象 o 是一个带参数 p 和 d 的基于距离的孤立点,即 DB(p,d)。该方法不依赖于统计检验,基于距离的孤立点可以看作是没有足够邻居的对象,这里的邻居是基于距给定对象的距离来定义的。与基于统计的方法相比,基于距离的孤立点探测拓广了多个标准分布的不一致性检验的思想,并避免了过多的计算。

基于偏离的孤立点检测通过检查一组对象的主要特征来确定孤立点。在检查特征的过程中,那些与给出的特征描述偏离或不一致的对象被认为是孤立点。

13.3　数据挖掘的基本过程

数据挖掘概念的理解主要有两种思路:一种是把数据挖掘视为数据库中知识发现(KDD)的同义词;另一种则是把数据挖掘视为数据库中知识发现过程的一个基本步骤。从后一种理解来看,知识发现过程如图13.2所示。

数据库　　　　　数据仓库　　　　数据挖掘引擎　　　　　　模式　　　　　知识

　　　清理与集成　　　　选择与变换　　　　数据挖掘　　　　评估与表示

图 13.2　数据挖掘流程框图

数据库中知识发现的过程主要由以下步骤组成。

(1) 数据清理与集成:消除噪声或不一致数据,将多种数据源组合在一起。

(2) 数据选择与变换:从数据库中提取与分析任务相关的数据,然后将数据变换或统一成适合挖掘的形式。

(3) 数据挖掘:利用智能方法提取数据模式。

(4) 模式评估与知识表示:根据某种兴趣度度量,识别提供知识的真正有趣的模式,再使用可视化和知识表示技术向用户提供挖掘的知识。

在图13.2中,把数据挖掘作为数据库中知识发现的一个步骤,但现实中人们更倾向于将"数据挖掘"等同于"数据库中知识发现",也就是说,将数据挖掘看作是从存放在数据库、数据仓库或其他信息库中的大量数据中挖掘有趣知识的过程,该过程从大型数据库中挖掘先前未知的、有效的、可实用的信息,并使用这些信息做出决策或丰富知识。

数据挖掘在具体应用中,主要包含以下步骤。

(1) 确定业务对象。清晰明确地定义业务问题,建立工作计划,尽管使挖掘得到的最后结果是新鲜的、有趣的、不可预测的,且具有一定的现实意义。

(2) 数据准备。

① 数据的选择:搜索所有与业务对象有关的内部和外部数据信息,并从中选择出适用于数据挖掘应用的数据。

② 数据的预处理:对数据进行变换和处理,提高数据的质量,为进一步的分析做准备。并确定将要进行的挖掘操作的类型。

③ 数据的转换:将数据转换成分析模型,该模型是针对挖掘算法建立的,为下一步的数据挖掘工作做准备。

(3) 数据挖掘。利用现有的分析方法和工具,对所得到的经过转换的数据进行分析和模式提取。

（4）结果分析。对挖掘得到的模式和知识进行解释和评估。

（5）知识的同化。将分析得到的知识集成到业务信息系统的组织结构中,用于辅助决策和处理。

13.4　数据挖掘技术的应用

目前,在很多领域数据挖掘都是一个很时髦的词,尤其是在银行、电信、保险、交通、零售(如超级市场)等领域。数据挖掘所能解决的典型商业问题包括数据库营销(database marketing)、客户群体划分(customer segmentation & classification)、背景分析(profile analysis)、交叉销售(cross-selling)等市场分析行为,以及客户流失性分析(churn analysis)、客户信用记分(credit scoring)、欺诈发现(fraud detection)等。

13.4.1　数据挖掘在金融业的应用

数据挖掘在金融领域应用广泛,包括金融市场分析和预测、账户分类、银行担保和信用评估等。这些金融业务都需要收集和处理大量数据,很难通过人工或使用一两个小型软件进行分析预测。而数据挖掘可以通过对已有数据的处理,找到数据对象的特征和对象之间的关系,并可观察到金融市场的变化趋势;然后利用学习到的模式进行合理的分析预测,进而发现某个客户、消费群体或组织的金融和商业兴趣等。

1. 客户关系管理

数据挖掘可以进行客户行为分析来发现客户的行为规律,包括整体行为表现和群体行为模式,市场部门可以根据这些规律制订相应的市场战略与策略;也可以利用这些信息找出客户的关注点及消费趋势,从而提高产品的市场占有率及企业的竞争能力。数据挖掘能够帮助企业找出对企业有重要意义的客户,包括能给企业带来丰厚利润的黄金客户和对企业进一步发展至关重要的潜在客户。

2. 风险识别与管理

可以建立一个分类模型,对银行贷款的安全或风险进行分类,也可利用数据挖掘技术进行信贷风险的控制。信贷风险管理主要包括风险识别、风险测量、选择风险管理工具、效果评价。信息的庞杂造成手工评估、管理的难度大大增加。而现有的银行信贷系统一般都是业务运营系统,并非为决策分析应用而建立,其数据的集成性、完整性、可访问性、可分析性都难以满足信贷风险分析的需求。为此,可以建立一套独立于业务系统的数据仓库,专门解决信贷分析和风险管理的问题。

3. 市场趋势预测

数据挖掘技术可以进行数据的趋势预测,如金融市场的价格走势预测、客户需求的变化趋势等。

4. 识别金融欺诈、洗钱等经济犯罪

金融犯罪是当今业内面临的棘手问题之一,包括恶意透支、盗卡、伪造信用卡、盗取账户密码以及洗黑钱等。要侦破洗黑钱和其他金融犯罪,重要的是要把多个数据库的信息集成起来,然后采用多种数据挖掘工具寻找异常模式,发现短时间内少数人员之间的巨额现金的流动,发现可疑线索。

13.4.2 数据挖掘在入侵检测方面的应用

入侵检测(intrusion detection),顾名思义,就是对入侵行为的发觉。它通过对计算机网络或计算机系统中若干关键点收集信息并对其进行分析,从中发现网络或系统中是否有违反安全策略的行为和被攻击的迹象。入侵检测通过收集和分析网络行为、安全日志、审计图片数据、其他网络上可以获得的信息以及计算机系统中若干关键点的信息,检查网络或系统中是否存在违反安全策略的行为和被攻击的迹象。入侵检测作为一种积极主动的安全防护技术,提供了对内部攻击、外部攻击和误操作的实时保护,在网络系统受到危害之前拦截和响应入侵。

在入侵检测系统中使用数据挖掘技术,通过分析有用的历史数据可以提取出用户的行为特征、总结入侵行为的规律,从而建立起比较完备的规则库来进行入侵检测。该过程主要分为以下几步。

(1) 数据收集,基于网络的检测系统数据来源于网络。

(2) 数据预处理,在数据挖掘中训练数据的好坏直接影响到提取的用户特征和推导出规则的准确性。

(3) 数据挖掘,从预处理过的数据中提取用户行为特征或规则等,再对所得的规则进行归并更新,建立起规则库。

13.4.3 数据挖掘在推荐系统中的应用

个性化推荐是根据用户的兴趣特点和购买行为,向用户推荐他所感兴趣的信息和商品。随着电子商务规模的不断扩大,商品个数和种类快速增长,顾客需要花费大量的时间才能找到自己想买的商品。这种浏览大量无关的信息和产品过程无疑会使淹没在信息过载问题中的消费者不断流失。为了解决这些问题,个性化推荐系统应运而生。个性化推荐系统是建立在海量数据挖掘基础之上的一种高级商务智能平台,以帮助电子商务网站为其顾客购物提供完全个性化的决策支持和信息服务。推荐系统可能使用基于内容的方法、协同方法或者结合基于内容和协同方法的混合方法。

推荐系统表面看就是给出一些信息,可以做得很粗放,也可以做得很精细,其必须考虑到客户需求和商家(包括第三方商家)利益之间能够最大化。比如长尾效应和马太效应,前者在关注重点客户主流需求的同时,也可以挖掘潜在个性化客户,往往会有更大的增长空间;后者可以维持公平竞争兼顾扶植一些成长型的客户;对于客户,你可以准确推

荐,也可以给用户多样化推荐,甚至给用户"惊喜/尝试"型推荐,总之一切尽在细节之中!

小结

本章主要介绍了数据挖掘的基本概念,数据挖掘的流程、功能以及主要研究内容,重点介绍了数据挖掘的几类常用技术。

习题

1. 选择题

(1)(　　)数据挖掘方法能够帮助市场分析人员找出顾客购买商品之间的关联关系。

　　A. 分类　　　　　　B. 预测　　　　　　C. 关联分析　　　　D. 聚类

(2)有关频繁集叙述正确的是(　　)。

　　A. 频繁集是指满足最小支持度阈值和最小可信度阈值的项集

　　B. 频繁集是指满足最小支持度阈值的项集

　　C. 频繁集是指满足最小可信度阈值的项集

　　D. 频繁集是任何项集

(3)若 $I=\{a,b,c,d\}$,D 中含有 8 个事务,$\{a,b,d\}$ 是一个频繁集,则以下叙述错误的是(　　)。

　　A. $\{a,b,c,d\}$ 一定是频繁集　　　　　　B. $\{a,,d\}$ 一定是频繁集

　　C. $\{a,b\}$ 一定是频繁集　　　　　　　　D. $\{d\}$ 一定是频繁集

(4)有关强关联规则叙述正确的是(　　)。

　　A. 同时满足最小支持度阈值和最小可信度阈值的规则是强关联规则

　　B. 满足最小支持度阈值的规则是强关联规则

　　C. 满足最小可信度阈值的规则是强关联规则

　　D. 所有规则均是强关联规则

2. 简答题

(1)数据挖掘的定义是什么?

(2)数据技术主要分为哪几类? 它们的区别是什么?

(3)聚类具体可以分为哪几类?

(4)数据挖掘的基本过程是什么?

(5)数据挖掘的具体应用有哪些?

(6)数据预处理包括哪些步骤?

附录 上机实验安排

本附录包括实验 7 个。其中,SQL Server 2 个;Access 4 个;网络数据库 1 个。

实验环境:PC,操作系统版本 Windows 7。

1. 创建 SQL Server 数据库和表

1) 实验目的

(1) 熟悉 SQL Server Management Studio(SSMS)工具的基本环境。

(2) 了解 SQL Server 的基本数据类型。

(3) 学会使用 SSMS 图形化方法创建数据库和表。

(4) 学会使用 T-SQL 语句创建数据库和表。

2) 实验内容

(1) 使用 SSMS 图形化方法创建一个教工数据库 JGSJK,要求如下。

① 数据文件初始大小为 3MB,最大文件大小为 40MB,文件按 10% 比例自动增长。

② 日志文件初始大小为 1MB,最大大小为 3MB,文件按 2% 比例自动增长。

(2) 删除数据库 JGSJK。

使用 SSMS 图形化方法,删除刚创建的教工数据库 JGSJK。

(3) 重新创建数据库 JGSJK。

使用 T-SQL 语句创建教工数据库 JGSJK,将 T-SQL 语句保存在 SY11. sql 文件中。

(4) 创建数据表。

使用 SSMS 图形化方法,为 JGSJK 数据库创建 TeacherInfo(教师信息)、DeptInfo(部门信息)、TeachingInfo(授课信息)和 IncomeInfo(收入信息)4 个表。各表的数据结构见表 A. 1～表 A. 4。

表 A. 1 TeacherInfo 表结构

列名	数据类型	长度	是否允许空值	含义
TID	Char	6	否	工号
Name	Char	8	否	姓名
BirthDay	Datetime	8		生日
Sex	Char	2		性别
Address	Char	20		家庭地址
PostalCode	Char	6		邮编
PhoneNumber	Char	14		电话
Email	Char	30		电子邮箱
DeptID	Char	3	否	所在部门编号

表 A. 2　DeptInfo 表结构

列名	数据类型	长度	是否允许空值	含义
DeptID	Char	3	否	部门编号
DeptName	Char	20	否	部门名称
Note	Text	16		备注

表 A. 3　TeachingInfo 表结构

列名	数据类型	长度	是否允许空值	含义
CID	Char	6	否	课程号
CName	Char	16	否	课程名
TID	Char	6		工号
Credit	Float	8		学分

表 A. 4　IncomeInfo 表结构

列名	数据类型	长度	是否允许空值	含义
TID	Char	6	否	工号
InCome	Float	8	否	收入
PayOut	Float	8	否	支出
net	Float	8		实际收入

（5）删除刚创建的 4 个数据表。

使用图形化方法，删除刚创建的 TeacherInfo（教师信息）、DeptInfo（部门信息）、TeachingInfo（授课信息）和 IncomeInfo（收入信息）这 4 个表。

（6）重新创建数据表。

使用 T-SQL 语句创建 TeacherInfo（教师信息）、DeptInfo（部门信息）、TeachingInfo（授课信息）和 IncomeInfo（收入信息）4 个表，将 T-SQL 语句保存在 SY12. sql 文件中。

3）思考题

JGSJK 数据库中各表关系如何，请举例说明。

2. SQL Server 表的索引和维护

1）实验目的

（1）学会使用 T-SQL 语句为基本表创建和删除索引。

（2）学会对基本表进行插入、修改和删除数据的操作。

2）实验内容

（1）创建索引。

① 在 TeacherInfo 表的 BirthDay 字段上创建一个索引 INBD。

② 为 TeacherInfo 表创建一按 DeptID 降序、TID 升序的唯一索引，索引名为 DeptTID。

③ 在 TeachingInfo（授课信息）表的 TID 字段上创建一个索引 INTID。

（2）删除索引。

删除 TeacherInfo 表中索引名为 INBD 的索引。

（3）输入数据

① 在数据库引擎中向数据库 JGSJK 中的 DeptInfo（部门信息）表加入如表 A.5 所示的数据。

表 A.5　DeptInfo 表中的数据记录

DeptID	DeptName	Note	DeptID	DeptName	Note
01	校长办公室		12	基教院	
02	宣传部		21	信息学院	
03	人事处		31	社会学院	
04	教务处		32	法学院	
09	后勤		33	商学院	
11	化工学院				

② 在数据库引擎中向数据库 JGSJK 中的 TeacherInfo（教工信息）表加入如表 A.6 所示的数据。

表 A.6　TeacherInfo 表中的数据记录

TID	Name	BirthDay	Sex	Address	Postal Code	Phone Number	Email	DeptID
000127	章山	1977-1-16	男	梅陇路 235 号	200237	54356475	shanz@ecust.edu.cn	04
002134	马银山	1965-2-16	男	淮海中路 435 弄 5 号	200045	21445543	ysma@163.com	02
002311	李晓	1960-4-21	女	中山北路 132 号	200020	12345678	xiaoli@ecust.edu.cn	02
002330	谭殷	1978-12-6	女	北京西路 122 号	200298	32454578	ty0001@tom.com	11
002435	李英	1956-11-1	女	巨鹿路 35 弄 23 号	200042	98876512	yinli346@ecust.edu.cn	12
004323	王潇潇	1973-10-7	女	汉中路 123 号	200037	76242676	xxw@citiz.net	03
004567	赵武	1977-2-22	男	高安路 34 号	200023	43534566	zhwu@tom.com	04
007655	李旭	1976-2-27	男	南京西路 298 弄 3 号	200041	32324543	xuli123@ecust.edu.cn	11
008971	李思寺	1972-2-18	女	汉口路 12 号	200235	87656123	liss@163.com	09

③ 在数据库引擎中向数据库 JGSJK 中的 TeachingInfo（授课信息）表加入如表 A.7 所示的数据。

表 A.7　TeachingInfo 表中的数据记录

CID	CName	TID	Credit
000001	高等数学	002435	8
000002	高等数学	002435	5

CID	CName	TID	Credit
000004	线性代数	000127	3
000011	化工材料	007655	3
000012	化工材料	002330	3
000013	化工原理	002330	4
000016	高分子材料	007655	3

④ 在数据库引擎中向数据库 JGSJK 中的 IncomeInfo(收入信息)表加入如表 A.8 所示的数据。

表 A.8　IncomeInfo 表中的数据记录

TID	InCome	PayOut	net
000127	2314.45	123.78	2190.67
002134	2687	158.1	2528.9
002311	2758.5	174.23	2584.27
002330	2441.25	128.2	2313.05
002435	2780.2	201.25	2578.95
004323	2564.1	145.2	2418.9
004567	2547.8	142.12	2405.68
007655	2478.5	132.45	2346.05
008971	2345.25	129.38	2215.87
010010	1500.3	78	1422.3

(4) 使用 T-SQL 语句,插入一个记录。

使用 T-SQL 的插入语句(INSERT)将新教工的数据加入 TeacherInfo 和 IncomeInfo 表。具体如下:

```
TeacherInfo 表 (010010,赵晓燕,1983-3-10,女,凌云路 123 号,200237,15900234513,
zhaoxy@tom.com,32)
IncomeInfo 表 (010010,1500.3,78)
```

(5) 用 T-SQL 中的成批插入语句(INSERT into),创建一个 TeacherInfo(教工信息)的备份表 TeacherInfoB。

提示:先使用 CREATE 创建表结构,然后使用下述语句:

```
INSERT into TeacherInfoB
  SELECT *
  FROM TeacherInfo;
```

(6) 删除数据记录。

① 使用 T-SQL 语句删除备份表 TeacherInfoB 中部门编号为 11 职工的数据记录,查看结果。

② 使用 T-SQL 语句删除备份表 TeacherInfoB 中所有数据记录。

（7）综合练习。

由于学校机构改革，撤销原有的"基教院"，教职工分别进入相应的学院，教职工表中的"002435 李英"转到"理学院"工作。因此，①删除 DeptInfo 表中"基教院"所在的数据记录；②修改 TeacherInfo 表中"002435 李英"的 DeptID 字段，将 12（基教院）改为 22（理学院）。

3）思考题

综合练习中的删除和修改操作次序能否颠倒？若颠倒将会出现什么信息？

3. Access 数据库的建立和维护

1）实验目的

（1）熟练掌握建立数据库和表。

（2）掌握输入数据、修改数据和删除数据的操作。

2）实验内容

在 Access 中创建"教工社团"数据库（JGSTSJK.accdb），数据库中包括三个基本表：

职工（工号，姓名，年龄，性别，所在学院，电子邮箱，电话，说明）；

社团（编号，名称，负责人）；

参加（工号，编号，参加日期）。

其中：①"职工"表的主码为工号；②"社团"表的主码为编号，外码为负责人，被参照表为"职工"表，对应属性为工号；③"参加"表的工号和编号为主码，工号为外码，其被参照表为"职工"表，对应属性为工号；编号为外码，其被参照表为"社团"表，对应属性为编号。

（1）试用 SQL 语句定义职工表、社团表和参加表（结构如表 A.9～表 A.11），并说明其主码和参照关系。

表 A.9　"职工表"数据结构

字段名称	数据类型	字段大小	主关键字
工号	文本	5	是
姓名	文本	8	
年龄	数字	整型	
性别	文本	2	
所在学院	文本	20	
电子邮箱	文本	40	
电话	文本	20	
说明	备注		

表 A.10　"社团表"数据结构

字段名称	数据类型	字段大小	主关键字
编号	文本	4	是
名称	文本	12	
负责人	文本	5	

表 A. 11 "参加表"数据结构

字段名称	数据类型	字段大小	主关键字
工号	文本	5	是
编号	文本	4	是
参加日期	日期/时间		

(2) 图 A.1~图 A.3 所示为各表输入数据记录。

图 A.1 "职工表"数据记录

图 A.2 "社团表"数据记录   图 A.3 "参加表"数据记录

3) 思考题

作为外码的数据能否在主码中不出现?

4. Access 数据库的简单查询和连接查询

1) 实验目的

(1) 掌握简单表的数据查询的操作方法。

(2) 掌握数据连接查询的操作方法。

(3) 熟练掌握 SQL 的简单查询和连接查询。

2) 实验内容

分别使用 Access 的查询设计视图和 SQL 语句实现下列要求。

（1）显示所有教工的工号和姓名。

（2）查找年龄在 30～40 岁教工的工号和年龄。

（3）查找参加社团中年龄大于 40 岁的教工的姓名和年龄。

（4）查找年龄最大的职工的工号、姓名和年龄（使用排序方法，然后显示第一个记录。在 Select 子句的输出字段名前加上"Top 1"）。

（5）查找参加体操队或篮球队教工的工号和姓名，去除重复值。

（6）显示参加了任一社团男教工的工号、姓名和年龄，去除重复值，并按年龄升序排列。

（7）查找参加了两个以上社团教工的工号。

5．Access 数据库的嵌套查询和数据更新

1）实验目的

（1）加深对嵌套查询语句的理解。

（2）加深对数据更新语句的理解。

2）实验内容

（1）用你想到的若干种解题方案解答下列各题，并保存。要求：解题方案中至少有一种是嵌套查询。

① 显示没有参加任何社团的教工的工号和姓名。

② 查找参加了所有社团的教工情况。

③ 查找参加了工号为"00002"的教工所参加的全部社团的教工的工号和姓名。

④ 显示参加人数最多的社团的名称和参加人数。

⑤ 显示参加人数超过 3 人的社团的名称和负责人。

（2）设商品数据库中有两个基本表：

商品（商品名称，供应商名称，类别名称，单位数量，单价，库存量，进货日期）

供应商（供应商名称，联系人姓名，地址，城市，电话）

试用 SQL 语句完成下列操作。

① 将一个新商品（原味酸奶，家乐家，饮料，每板 8 杯，9.6，50，2006-8-3）加入商品表中。

② 将"康富食品"的"牛奶"单价改为 35 元。

③ "妙生"公司提供的"饮料"类商品全部九折。

④ 将"佳佳乐"公司的城市和地址字段分别改为"上海"和"江宁路 3 号"。

⑤ 删除"供应商"表中"美美"公司的数据记录。

6．窗体的设计

1）实验目的

（1）熟练掌握创建窗体的方法和常用控件的使用。

（2）掌握窗体和控件属性的设置。

（3）掌握宏、条件宏及宏组的创建过程。

（4）熟悉 VBA 程序设计。

2）实验内容

（1）模仿例 6.1，创建一个"教工社团管理系统"启动界面，界面中须包括"进入"和"退出"按钮，样式自定。

（2）模仿例 6.3，创建一个"社团数据表"窗体，设计界面如图 A.4 所示，运行界面如图 A.5 所示。

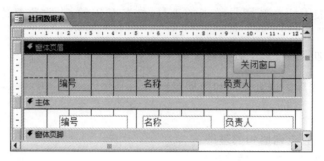

图 A.4　"社团数据表"窗体

图 A.5　"社团数据表"窗体运行界面

（3）模仿例 7.2，为"教工社团管理系统"启动界面中的"进入"和"退出"按钮创建宏，使得单击"进入"按钮即进入下一界面，单击"退出"按钮结束程序运行。

（4）设计如图 A.6 所示的窗体，用于查询参加指定社团人员的基本信息。查到则显示如图 A.7 所示的窗体；否则，显示如图 A.8 所示的消息对话框。要求用条件宏实现。

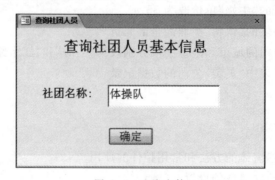

图 A.6　查询窗体

图 A.7 显示结果窗体

图 A.8 未查到消息框

（5）参考7.2.2小节，自行设计"教工社团管理系统"登录界面，并用 VBA 编写实现代码。

（6）模仿"用户管理"窗体设计一个"社团管理"窗体，用于对"社团"数据表进行维护和修改。

7. Web 数据库应用

1）实验目的

（1）熟悉 IIS 设置。

（2）练习发布数据库技术，并使用 ASP 访问网络数据库，将得到的数据显示在网页上。

2）实验内容

（1）安装和配置 IIS。

（2）模仿第9章的例子，使用前面创建的数据库开发一个"教师信息管理网站"。